应用型本科规划教材

工程估价

主　编　李立新
副主编　温日琨

浙江大学出版社

内容提要

本书在系统阐述工程项目的费用结构、计价依据、计量规则等工程估价原理基础上，结合现行工程量清单计价规范和浙江省建设工程定额，详细讲解了项目决策阶段、设计阶段、竞标阶段、施工阶段和竣工阶段等贯穿建设全过程的工程估价实务，全书在讲解理论方法的同时辅以大量实例。本书可作为大专院校土木工程、工程管理及相关专业的教材，也可供从事工程估价的技术人员参考。

图书在版编目（CIP）数据

工程估价／李立新主编．—杭州：浙江大学出版社，2008.8(2015.3 重印)

ISBN 978-7-308-05897-1

Ⅰ.工… Ⅱ.李 … Ⅲ.建筑工程－工程造价 Ⅳ.TU723.3

中国版本图书馆 CIP 数据核字（2008）第 054180 号

工程估价

李立新　主编

丛书策划　樊晓燕
责任编辑　王　波
文字编辑　魏文娟
封面设计　刘依群
出版发行　浙江大学出版社
（杭州市天目山路 148 号　邮政编码 310007）
（网址：http://www.zjupress.com）
排　　版　杭州中大图文设计有限公司
印　　刷　德清县第二印刷厂
开　　本　787mm×1092mm　1/16
印　　张　15.75
字　　数　383 千
版 印 次　2008 年 8 月第 1 版　2015 年 3 月第 2 次印刷
书　　号　ISBN 978-7-308-05897-1
定　　价　26.00 元

应用型本科院校土木工程专业规划教材

编委会

总　序

近年来我国高等教育事业得到了空前的发展，高等院校的招生规模有了很大的扩展，在全国范围内发展了一大批以独立学院为代表的应用型本科院校，这对我国高等教育的持续、健康发展具有重要的意义。

应用型本科院校以培养应用型人才为主要目标，目前，应用型本科院校开设的大多是一些针对性较强、应用特色明确的本科专业，但与此不相适应的是，当前，对于应用型本科院校来说作为知识传承载体的教材建设远远滞后于应用型人才培养的步伐。应用型本科院校所采用的教材大多是直接选用普通高校的那些适用研究型人才培养的教材。这些教材往往过分强调系统性和完整性，偏重基础理论知识，而对应用知识的传授却不足，难以充分体现应用类本科人才的培养特点，无法直接有效地满足应用型本科院校的实际教学需要。对于正在迅速发展的应用型本科院校来说，抓住教材建设这一重要环节，是实现其长期稳步发展的基本保证，也是体现其办学特色的基本措施。

浙江大学出版社认识到，高校教育层次化与多样化的发展趋势对出版社提出了更高的要求，即无论在选题策划，还是在出版模式上都要进一步细化，以满足不同层次的高校的教学需求。应用型本科院校是介于普通本科与高职之间的一个新兴办学群体，它有别于普通的本科教育，但又不能偏离本科生教学的基本要求，因此，教材编写必须围绕本科生所要掌握的基本知识与概念展开。但是，培养应用型与技术型人才又是应用型本科院校的教学宗旨，这就要求教材改革必须淡化学术研究成分，在章节的编排上先易后难，既要低起点，又要有坡度、上水平，更要进一步强化应用能力的培养。

为了满足当今社会对土木工程专业应用型人才的需要，许多应用型本科院校都设置了相关的专业。土木工程专业是以培养注册工程师为目标，国家土木工程专业教育评估委员会对土木工程专业教育有具体的指导意见。针对这些情况，浙江大学出版社组织了十几所应用型本科院校土木工程类专业的教师共同开展了“应用型本科土木工程专业教材建设”项目的研究，探讨如何编写既能满足注册工程师知识结构要求、又能真正做到应用型本科院校“因材施教”、适合应用型本科层次土木工程类专业人才培养的系列教材。在此基础上,组建了编委会,确定共同编写"应用型本科院校土木工程专业规划教材"系列。

本套规划教材具有以下特色:

在编写的指导思想上,以"应用型本科"学生为主要授课对象,以培养应用型人才为基本目的,以"实用、适用、够用"为基本原则。"实用"是对本课程涉及的基本原理、基本性质、基本方法要讲全、讲透,概念准确清晰。"适用"是适用于授课对象,即应用型本科层次的学生。"够用"就是以注册工程师知识结构为导向,以应用型人才为培养目的,达到理论够用,不追求理论深度和内容的广度。

在教材的编写上重在基本概念、基本方法的表述。编写内容在保证教材结构体系完整的前提下,注重基本概念,追求过程简明、清晰和准确,重在原理。做到重点突出、叙述简洁、易教易学。

在作者的遴选上强调作者应具有应用型本科教学的丰富教学经验,有较高的学术水平并具有教材编写经验。为了既实现"因材施教"的目的,又保证教材的编写质量,我们组织了两支队伍,一支是了解应用型本科层次的教学特点、就业方向的一线教师队伍,由他们通过研讨决定教材的整体框架、内容选取与案例设计,并完成编写;另一支是由本专业的资深教授组成的专家队伍,负责教材的审稿和把关,以确保教材质量。

相信这套精心策划、认真组织、精心编写和出版的系列教材会得到相关院校的认可,对于应用型本科院校土木工程类专业的教学改革和教材建设起到积极的推动作用。

系列教材编委会主任
浙江大学建筑工程学院常务副院长
教育部长江学者特聘教授
陈云敏
2007 年 1 月

前 言

为了适应21世纪人才培养的需要，浙江大学出版社积极策划，组织协调浙江省内独立学院骨干教师，编写出版"应用型本科土木专业规划教材"。本系列教材以应用型定位为出发点，以"知识、能力、素质"三位协调发展为准则，反映教学改革的成果，力争打造市场针对性强、应用特色鲜明的培养目标。"工程估价"作为系列教材之一，在此背景下酝酿并出炉。

本书秉承"教材建构与人才培养相一致，教材建设与学科发展共创新"的编写宗旨，以工程计量与计价为主线，理论结合实践，内容结合训练，力争体现下列特点：

1. 课程设置相互衔接。作为规划教材之一，本书在考虑单门课程自身体系完整的基础上，还考虑了不同课程的内容衔接，以避免出现课程内容的重复现象。教材内容界定为"造价确定"范畴，"造价控制"、"造价软件应用"内容并入"工程项目管理"、"计算机辅助工程项目管理"等课程中。

2. 教材内容新颖先进。本教材编写以最新颁布的国家和行业法规、标准、规范为依据，力争体现我国当前工程造价管理体制改革中的最新精神、国内外本学科的最新动态和本课程教学的先进经验。理论概念的阐述、实际操作的要点和工程实例的介绍，都尽量反映工程估价的新内容。

3. 教材体系结构分明。本书针对"定额计价"和"清单计价"两大模式并行现状，结合现行工程量清单计价规范和浙江省建设工程定额特点，以招标、投标作为"分水岭"，规划内容体系结构。全书既有工程估价原理的系统阐述，又有涵盖建设全过程的工程估价实务的详细描述。

4. 教学理论突出应用。本书在编写过程中始终坚持"理论够用、重在技能"的原则，力求体现"两多两少"，即图形表格多、例题实例多、理论探讨少和复杂公式少。通过覆盖面宽的小型例题和步骤详尽的大型实例，促进理论分析与案例分析的有机结合，力争提高读者的操作能力。

本书共分9章，第1章、第5章由浙江大学宁波理工学院李立新编写，第2章、第8章由浙江大学城市学院温日琨编写，第4章的4.3与4.4、第6章、第7章由浙江大学宁波理工学院蒋园园编写，第4章的4.1与4.2由浙江树人大学傅群编写，第3章、第9章由浙江大学宁波理工学院黄大文编写。全书由李立新统稿并担任主编，温日琨担任副主编。浙江大学毛义华教授审阅了全书并提出了许多宝贵意见，在此表示感谢。

工程估价是一门政策性、应用性很强的学科，当前，工程造价管理体制仍处于变革与调整时期，部分问题有待深入研究探讨。因此，编写工程估价教材是一项艰巨的任务，而想编出一本有些思想、有些特色的教材，更具挑战性。承蒙浙江大学出版社的积极支持，使本书得以顺利出版，在此表示衷心感谢。在本书编写过程中，参阅和引用了许多专家、学者的有关学术资料，在此一并致谢。

由于本书作者的理论水平和实践经验有限，加上编写过程尚显仓促，书中难免有不当之处，敬请各位专家和读者不吝指教。

编 者

2008年6月于学府苑

目　录

第 1 章　工程估价概论

【教学目标和要求】

- 掌握工程估价的内涵及特点；
- 熟悉工程估价的阶段任务与编制要求；
- 熟悉工程估价的编制原理与模式特征；
- 了解现代工程项目对造价工程师的素质要求。

1.1　工程估价概念

工程估价是工程项目管理的重要环节。工程估价的正确性直接影响到项目投资的有效控制与合理收益。建筑工程估价是根据建筑工程的特点，对拟建工程要付出的全部工程费用的额度进行估计。本书介绍的工程估价主要以建筑工程为对象，其方法与原理同样适用于其他土木工程项目的估价。

1.1.1　工程估价含义辨析

工程估价是指工程估价人员在项目进行过程中，遵循科学化估价原则，按照规范化估价程序，采用合理的估价方法，对项目最可能实现价格作出科学的推测和判断，从而确定项目工程造价经济文件的行为。

1. 工程造价与成本、价格

在工程建设中，广泛地存在着对工程造价含义的两种不同理解。

含义 1：工程造价是指完成一个建设项目所需费用的总和。

这种含义实质上是指建设项目的建设成本，也就是对建设项目的全部资金投入，包括建筑工程费、安装工程费、设备费以及其他的相关费用（例如建设期贷款利息、建设单位本身对项目的管理费）。

含义 2：工程造价是指发包工程的承包价格。

工程发包即由于项目需要，在建筑市场环境中进行的工程采购。发包的工程内容有建筑、有装饰、有安装，也有的是包括全部建筑安装工作在内的范围更广的“交钥匙”工程。在建筑交易活动中的造价，主要是指施工的承包价格。对建设单位而言，建设项目的建筑安装工程费用，就是支付给施工单位的工程价款。

建设项目的建设成本与工程施工的承包价格之间，既有密切的联系，也存在着明显的区别。但随着建筑市场上承包范围的不断扩大、工程承包方式的不断演变,工程造价两种含义的区别将越来越小。

(1)建设成本是对应于投资主体和项目法人而言的,承包价格是对应于承发包双方而言的。建设成本的外延是全方位的,即建设工程所有的费用支出;承包价格的涵盖范围即使对"交钥匙"工程而言也不是全方位的。如建设期贷款利息、建设单位本身对项目的管理费等都是不可能纳入的。在总体数额及内容组成等方面,建设成本总是大于承包价格的总和。

(2)与两种含义相对应,就有两种造价管理:一是建设成本的管理,二是承包价格的管理。这是两个性质不同的主题。前者属投资管理范畴,需努力提高投资效益,主要是投资主体、项目法人需精心从事的;同时,国家实施必要的政策指导和监督。后者属价格管理范畴,要通过宏观调控、市场管理来求得价格的总体合理,项目法人则需对具体项目的承包价搞好微观管理。建设成本的管理要服从承包价格的市场管理,承包价格的管理要适当顾及建设成本的承受能力。

2. 工程估价与询价、报价

在市场经济条件下,工程造价的确定涉及询价、估价和报价 3 个环节和方法。询价是获得材料、设备、劳务、分包等市场价格的方法和工作,是估价的基础;估价是完成工程所需要支出的费用的估计,是报价的基础;报价是投标人向招标人提出的承包价格,是在估价基础上作出的决策。

(1)询价

询价是工程估价的一个非常重要的环节,是估价的基础工作。

工程投标活动中,施工单位不仅要考虑投标报价能否中标,还应考虑中标后所承担的风险。因此,在估价前必须通过各种渠道、采用各种方式对所需劳务、材料、施工机械等要素进行系统的调查,掌握各要素的价格、供应时间、供应数量等数据。这一工作过程称为询价。

询价除了解生产要素价格外,还应了解影响价格的各种因素,这样才能够为估阶提供可靠的依据。

(2)估价

估价是指在施工总进度计划、主要施工方法、分包单位和资源安排确定之后,根据企业定额以及询价结果,对完成招标工程所需要支出的费用的估价。其原则是根据本单位的实际情况合理补偿成本,不考虑其他因素,不涉及投标决策问题。

(3)报价

报价是在估价的基础上,分析竞争对手的情况,评估本单位在该招标工程上的竞争地位,从本单位的经营目标出发,确定在该工程上的预期利润水平。报价的实质是投标决策问题,需要考虑运用适当的投标技巧或策略。报价与估价的任务和性质不同,因此,报价通常是由施工单位主管经营管理的负责人作出。

3. 工程概预算与全过程造价、全寿命造价

(1)工程概预算

工程概预算是指根据不同设计阶段设计图纸的具体内容和国家规定的定额、指标及各项费用取费标准等资料,在工程建设之前预先计算其建设费用的经济性文件。由此所确定的每一个建设项目、单项工程或单位工程的建设费用,实质上就是相应工程的计划价格。

(2)全过程造价(Whole Process Cost,WPC)

全过程造价是指从项目决策阶段开始到竣工验收、交付使用为止的各阶段的工程造价，侧重于工程项目的一次性建设成本。全过程造价对传统的以实物测量和估价为主的概预算从广度上进行了拓展。

(3)全寿命造价(Life Cycle Cost,LCC)

全寿命造价是指从工程项目全生命周期(包括项目建设、运营和维护等阶段)角度出发，综合考虑一次性建设成本、运营及维护成本而确定的工程造价，其目的是实现工程项目整个生命期中总成本的最小化。

1.1.2　工程造价特定职能

工程造价的职能既是价格职能的反映，也是价格职能在建设工程领域的特殊表现。工程造价的职能除一般商品价格职能以外，还有自己特殊的职能，主要表现为预测职能、控制职能、评价职能和调控职能等。

1. 预测职能

工程造价的大额性和多变性特征，决定了投资者与建造商都要对拟建工程进行预先测算。投资者预先测算的工程造价不仅作为项目决策依据，同时也是筹集资金、控制造价的依据。承包商对工程造价的测算，既为投标决策提供依据，也为投标报价和成本管理提供依据。

2. 控制职能

工程造价的控制职能表现在两方面：一方面是它对投资的控制，即在投资的各个阶段，根据对造价的多次性预估，对造价进行全过程多层次的控制；另一方面，是对以承包商为代表的商品和劳务供应企业的成本控制。在价格一定的条件下，企业实际成本开支决定企业的盈利水平。成本越高盈利越低，成本高于价格就危及企业的生存。所以企业要以工程造价来控制成本，利用工程造价提供的信息资料作为控制成本的依据。

3. 评价职能

工程造价是评价总投资、分项投资合理性以及投资效益的主要依据之一。在评价土地价格、建筑安装产品和设备价格的合理性时，必须利用工程造价资料；在评价建设项目偿贷能力、获利能力和宏观效益时，也需要依据工程造价。此外，工程造价还是评价建筑安装企业管理水平和经营成果的重要依据。

4. 调控职能

工程建设直接关系到经济增长，也直接关系到国家重要资源分配和资金流向，对国计民生都产生重大影响。所以，国家对建设规模、结构进行宏观调控，在任何条件下都是不可或缺的，对政府投资项目进行直接调控和管理也是必需的。这些都要以工程造价作为经济杠杆，对工程建设中的物质消耗水平、建设规模和投资方向等进行调控和管理。

1.1.3　工程造价估算特征

工程造价的估算就是在遵守客观性、科学性和完整性等原则的前提下，在分别确定“量”(基本构造要素的实物工程数量)和“价”(基本构造要素的工程单价)的基础上，通过一定的计算将“量”、“价”结合的过程。工程造价的估算原理以及建筑产品本身的技术经济特点决定了其具有单件计价、多次计价、组合计价等特征。

1. 单件计价

每一项建设工程都有其专门用途，为了适应不同用途的要求，项目在结构类型、外观造型、建筑面积或建筑体积、工艺设备和建筑材料等方面表现出诸多差异，从而导致工程造价难以批量作业。即使是用途相同的建设项目，由于建筑等级、建筑标准、技术水平、地区经济条件、市场需求、自然地质条件不同，其造价也不相同。因此，对工程价格的估计必须通过特殊的计价程序来确定各个项目的价格。

2. 多次计价

由于建设项目具有体形庞大、结构复杂、内容繁多、个体性强等特点，致使其生产过程是一个周期长、环节多、消耗量大、占用资金多的生产耗费过程。为了适应工程建设过程中各有关方面经济关系的建立，适应项目管理、工程造价控制和经济核算的要求，需要对建设项目按照设计阶段的划分和建设阶段的不同，进行多次性的计价。

3. 组合计价

一个建设项目可以分解为许多有内在联系的独立和非独立的工程，建设项目的这种组合性决定了计价过程是一个逐步组合的过程。这一特征在计算概算造价和预算造价时尤为明显，相应地也反映在合同价和结算价中。其计算过程和计算顺序是：分部分项工程单价—单位工程造价—单项工程造价—建设项目总造价。

1.2 工程估价基础

工程项目是单件性与多样性组成的复杂系统，在要求一定准确度的前提下，对其造价进行一次性的整体确定较为困难，应当按照不同阶段的估价要求，针对适当深度的构造要素，采用特定的计价程序和计价方法进行计算。为此，需要对工程项目本身及其建设过程进行分解，在此基础上编制相应的估价文件。

1.2.1 项目系统结构分解

工程项目的结构分解可以依据一定的结构分解理论进行，但目前尚无通用的分解方法。按照我国在建设领域的有关规定和习惯做法，依据组成内容的不同，可以将工程项目划分为建设项目、单项工程、单位工程、分部工程和分项工程等。

1. 建设项目

建设项目是指在一个总体设计或初步设计的范围内，经济上实行统一核算，行政上有独立机构或组织形式，实行统一管理的基本建设单位。建设项目的特征是，每一个建设项目都编制有独立的总体设计，如一个工厂或学校建设，均可称为建设项目。建设项目由一个或若干个单项工程组成。

2. 单项工程

单项工程是指具有独立的设计文件，能够独立存在的完整的建筑安装工程的整体。单位工程的特征是，该单项工程建成后，可以独立进行生产或交付使用。单项工程是建设项目的组成部分，如某工厂建设项目中的一个车间或生产线工程，学校建设项目中的教学楼、办公楼、图书馆、学生宿舍、职工住宅工程等。单项工程由一个或若干个单位工程组成。

3. 单位工程

单位工程是指具有独立的施工图纸，可以独立组织施工，但完工后不能独立交付使用的工程，例如工厂一个车间建设中的土建工程、设备安装工程、电气安装工程、管道安装工程等。单位工程由一个或若干个分部工程组成。

4. 分部工程

分部工程是单位工程的组成部分。它是按照单位工程的各个部分，由不同工种的工人利用不同的工具、材料和机械完成的局部工程。分部工程的特征是，分部工程往往按建筑物、构筑物的主要部位划分，如土石方工程分部、混凝土和钢筋混凝土工程分部、装修工程分部等。分部工程由一个或若干个分项工程组成。

5. 分项工程

分项工程一般是按照选用的施工方法、材料类型、构件规格等因素划分的，用较为简单的施工过程就能完成，以适当的计量单位就能计价的建安产品。分项工程是分部工程的组成部分。它是将分部工程进一步划分为若干部分，如砖石工程中的砖基础、墙身、零星砖砌体等。

以某大学为例，其建设项目的组成如图1-1所示。

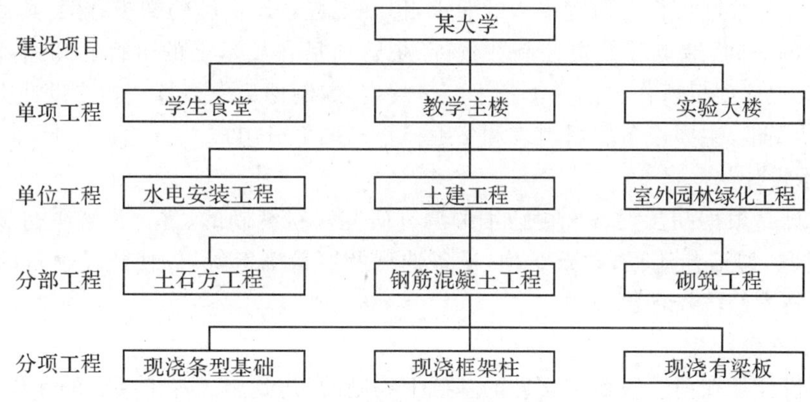

图1-1 建设项目分解结构

1.2.2 项目周期阶段划分

工程项目的建设是一项特殊的社会经济活动，有着内在的次序性和规律性。为此，需要认真识别工程项目发展的次序法则和内在规律，科学制定建设程序。我国现行的工程建设程序可概括为项目建议书、可行性研究、设计工作、建设准备、建设实施和竣工验收等阶段。

1. 项目建议书阶段

项目建设书是对拟建项目轮廓的设想，是投资决策前的建议性文件。项目建议书是对拟建项目的初步说明，论述项目建设的必要性、可行性和获利的可能性，供基本建设管理部门选择，并确定是否进行下一步工作。

项目建议书的内容一般包括以下几个方面：①建设项目提出的必要性和依据；②拟建规模、产品方案、建设地点的初步设想；③资源条件、建设条件、协作关系的初步分析；④建设项目投资估算和筹资方法；⑤建设项目经济效益和社会效益的初步估计。

2. 可行性研究阶段

可行性研究是在项目建议书被批准后，对项目在技术上和经济上是否可行所进行的科学分析和论证。可行性研究是一个由粗到细的分析研究过程，可以分为初步可行性研究和详细可行性研究两个阶段。

可行性研究过程形成的工作成果一般编制为可行性研究报告，其基本内容包括市场研究、技术研究和经济评价三大部分。其中，市场研究主要解决工程项目建设的“必要性”问题，技术研究需要解决工程项目在建设上的“可行性”问题，经济评价则要解决工程项目在经济上的“合理性”问题。

3. 设计工作阶段

设计是对建设工程的实施在技术上和经济上所进行的全面而详尽的安排，是建设计划的具体化，是组织施工的依据。

我国建设项目设计工作的模式，有两阶段设计和三阶段设计之分。一般项目进行两阶段设计，即初步设计和施工图设计。对于技术上比较复杂而又缺乏设计经验的项目，在初步设计阶段后增加技术设计(扩大初步设计)阶段。

(1)初步设计

初步设计是根据可行性研究报告的要求，拟订工程建设实施的初步方案。其目的是为了阐明在指定的时间、地点和投资控制数额内，拟建项目在技术上的可行性和经济上的合理性，并通过对工程项目所作出的基本技术经济规定，编制项目总概算。初步设计文件由设计说明书、设计图纸、主要设备原材料表和工程概算书四部分组成。

(2)技术设计

技术设计是根据初步设计和更详细的调查研究资料编制的，进一步解决初步设计中的重大技术问题，如工艺流程、建筑结构、设备选型及数量确定等，以使建设项目的设计更具体、更完善，技术经济指标更理想。

(3)施工图设计

施工图设计是在前阶段设计文件的基础上编制的，达到施工深度要求的深化设计，包括建筑施工图、结构施工图以及设备施工图等。施工图是工程招标投标和现场施工作业技术活动，如编制工程招标文件、工程造价、施工合同、施工组织设计、工程项目管理实施规划等的直接依据。

4. 建设准备阶段

项目在开工建设之前要切实做好各项准备工作，为工程项目的实施从空间、资源和技术等方面提供保障。主要内容包括：征地、拆迁；完成场地平整、施工用水、电、路等设施；组织设备、材料订货；准备必要的施工图纸；组织施工招投标，择优选定施工单位。

5. 建设实施阶段

建设项目经批准开工建设后，即进入了建设实施阶段，该阶段是项目实体的形成阶段。项目新开工时间，按照建设项目设计文件中规定的任何一项永久性工程(无论生产性或非生产性)第一次正式破土开槽开始施工的日期确定。对于不需要开槽的工程，以建筑物组成的打桩日期作为正式开工日期。

在工程建设实施阶段，还要进行生产准备工作。生产准备是衔接建设和生产的桥梁，是建设阶段转入生产经营的必要条件。建设单位应根据建设项目或主要单项工程的生产技术特点，适时组成专门班子或机构，有计划地做好生产准备工作，以保证项目或工程建成后能及时投产。

6. 竣工验收阶段

竣工验收是建设全过程的最后一个环节，是全面考核建设项目成果、检验设计和工程质量的必要步骤，也是建设项目转入生产或使用的标志。凡新建、改建、扩建、迁建的项目，按批准的设计文件所规定的内容建成，具备投产和使用条件，即工业项目在负荷试运转合格，形成生产能力，并能正常生产合格产品的，以及非工业项目符合设计要求，能够正常使用的，都要及时组织验收，办理固定资产移交手续。

按我国现行规定，建设项目验收根据规模大小及复杂程度，分为初步验收和竣工验收两个阶段。规模大的项目先进行初步验收，然后进行竣工验收；规模较小、较简单的项目可一次验收完成。

1.2.3　工程估价文件编制

由于工程建设周期长、规模大，在项目建设全过程中，需要按照建设程序要求和国家有关文件规定，分阶段分别编制投资估算、设计概算、施工图预算、工程结算和竣工决算等计价文件，作为工程项目建设与管理所需经济文件的重要组成部分。

1. 投资估算

投资估算是指在项目建议书和可行性研究阶段对拟建项目所需投资的预先测算。投资估算是项目决策、筹集资金和控制造价的重要依据。根据我国规定，可行性研究报告一经批准，其投资估算应作为工程造价的最高限额，不得任意突破。

投资估算一般由项目业主或其委托的工程咨询机构编制。

2. 设计概算

设计概算是指在初步设计阶段，根据设计意图，对工程造价作出的预先测算和确定。概算造价较投资估算准确性有所提高，但它受估算造价的控制。概算造价的层次性十分明显，分为建设项目概算总造价、各单项工程概算综合造价、各单位工程概算造价。

在采用三阶段设计的技术设计阶段，根据技术设计的要求，通过编制修正概算文件预先测算和确定的工程造价。修正概算对初步设计概算进行修正调整，比概算造价准确，但受概算造价的控制。

设计概算一般由设计单位编制。

3. 施工图预算

施工图预算是指在施工图设计阶段，根据施工图纸，对工程造价作出的预先测算和确定。它比概算造价或修正概算造价更为详尽和准确，但同样要受前一阶段所确定的工程造价的控制。施工图预算是当前进行工程招标的主要基础，其工程量清单是招标文件的组成部分，其造价是标底的主要依据，在其基础上增加必要的包干费、施工技术措施费、分包工程管理费以及风险费用等，即成为完整的标底文件。

施工图预算一般由设计单位编制，工程标底一般由咨询公司编制，而投标报价则由施工企业编制。

4. 工程结算

工程结算是指在合同实施阶段，按照合同调价范围和调价方法，根据阶段性建筑产品进行现场计量，对工程量的增减、设备和材料的价差等进行调整，分期对工程价格作出的计算和确定。结算价是该结算工程的实际价格。

工程竣工结算是指单项工程完成并达到验收标准，取得竣工验收合格签证后，施工企业与建设单位之间办理的工程财务结算。竣工结算的完成，标志着工程承发包双方合同义务和经济责任的结束。

5. 竣工决算

竣工决算是指反映竣工项目建设成果和财务状况的总结性文件，是建设单位与使用单位办理交付使用财产价值的依据，也是建设项目进行经济后评估的依据。

建设项目竣工决算是竣工验收报告的重要组成部分，由建设单位组织有关人员进行编报，设计、施工、物资供应及使用单位应密切配合并负责提供有关资料，确保建设项目竣工决算编制及时、数字真实、内容完整。

建设程序与估价文件的对应关系如图 1-2 所示。

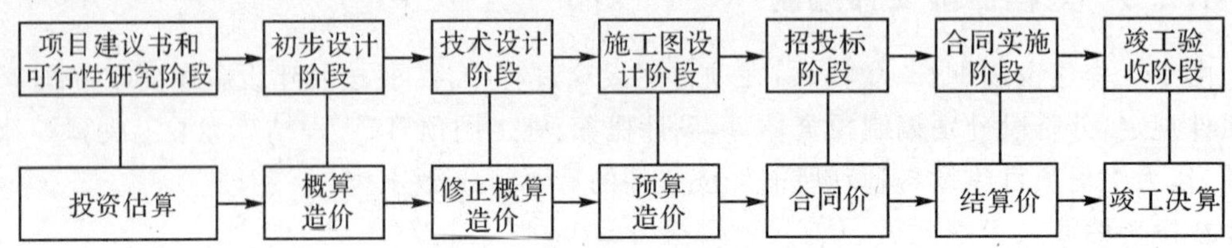

图 1-2 建设程序与估价文件对应关系

上述估价文件相互关联、相互影响，前者是后者的基础和依据，后者是前者的具体化和准确化，从外在形式上串联成一组连续过程中的不同“里程碑”，共同构成了工程估价的客体。

1.3 工程估价模式

目前，国际上通行的计价模式主要有英联邦制计价模式、日本计价模式和美国计价模式三种。而我国尚处于计划经济向市场经济转轨的过渡时期，建设工程造价实行“双轨制”计价管理办法，即定额计价模式和清单计价模式并行。其中，清单计价模式作为一种市场价格的形成机制，主要在工程招投标和结算阶段使用。

1.3.1 定额计价模式

1. 定额计价概念

定额计价是指以定额为依据，按定额规定的分部分项子目，逐项计算工程量，套用定额单价确定直接费，然后按规定取费标准确定构成工程价格的其他费用和利税，获得建筑安装工程造价的计价方式。

建设工程概预算书就是根据不同设计阶段的设计图纸以及国家规定的定额指标和取费标准等资料，预先计算和确定的新建、扩建、改建工程全部投资额的技术经济文件。由建设工程概预算书所确定的每一个建设项目、单项工程或单位工程的建设费用，实质上就是相应工程的计划价格。

2. 定额计价程序

以施工图预算的单价法为基础，可总结出定额计价模式的基本程序，如图 1-3 所示。

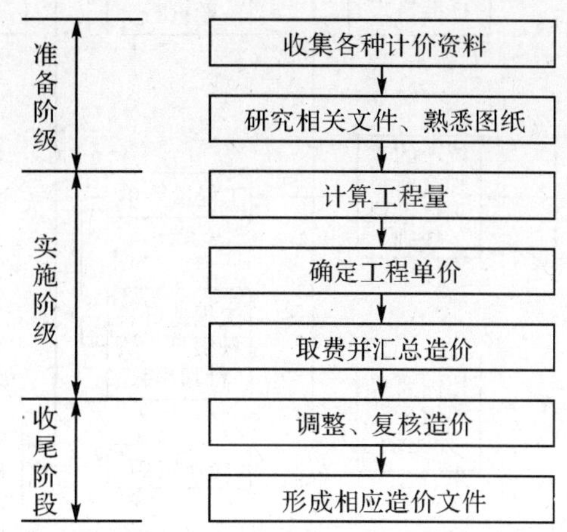

图 1-3　定额计价的基本程序

具体步骤如下：

(1)基本构造要素的直接工程费＝人工费＋材料费＋机械费

其中，人工费 $=\sum$(工日消耗量 × 人工日工资单价)

材料费 $=\sum$(材料消耗量 × 材料预算价格)

机械费 $=\sum$(机械台班消耗量 × 机械台班预算价格)

(2) 单位工程直接费 $=\sum$(假定建筑产品工程量 × 直接工程费单价) + 措施费

(3) 单位工程概预算造价 = 单位工程直接费 + 间接费 + 利润 + 税金

(4) 单项工程概预算造价 $=\sum$ 单位工程概预算造价 + 设备、工器具购置费

(5) 建设项目总工程概算造价 $=\sum$ 单项工程概预算造价 + 预备费 + 有关其他费用

1.3.2　清单计价模式

1. 清单计价概念

工程量清单计价，是指在建设工程招投标中，按照国家统一的工程量清单计价规范，由具有编制招标文件能力的招标人或由招标人委托具有资质的中介机构编制反映工程实体性消耗和措施性消耗的工程量清单，并作为招标文件的一部分提供给投标人，由投标人依据工程量清单，根据各种渠道所获得的工程造价信息和经验数据，结合企业定额自主报价的计价方式。

清单计价模式引入市场因素，将工程计价划分为清单编制和投标报价两个阶段，既有利于规范建设市场主体行为，规范建设市场交易秩序，又实现了招标方与投标方的风险分担，促进建设市场有序竞争和企业健康发展。

2. 清单计价程序

工程清单计价的基本程序如图 1-4 所示。

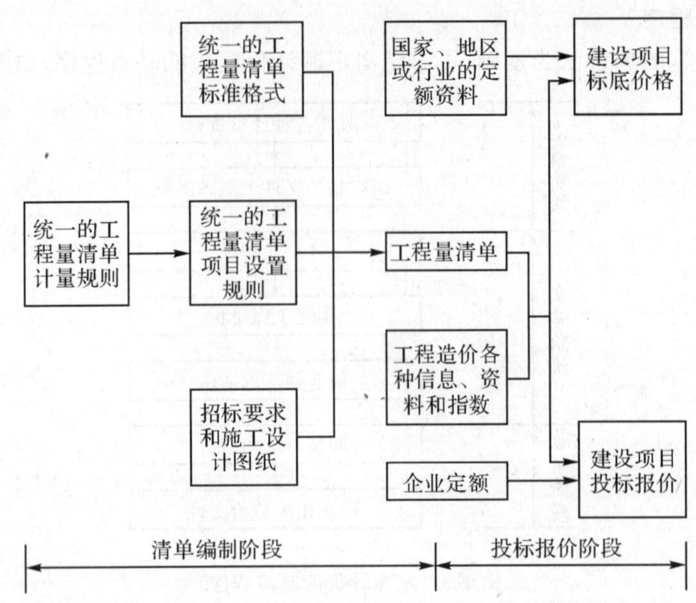

图 1-4 清单计价的基本程序

具体步骤如下：

(1) 分部分项工程费 $=\sum$(分部分项工程量 × 相应分部分项工程综合单价)

其中，分部分项工程综合单价 = 人工费 + 材料费 + 机械费 + 管理费 + 利润

(2) 措施项目费 $=\sum$(措施项目工程量 × 措施项目综合单价)

(3) 单位工程报价 = 分部分项工程费 + 措施项目费 + 其他项目费 + 规费 + 税金

(4) 单项工程报价 $=\sum$ 单位工程报价

(5) 建设项目总报价 $=\sum$ 单项工程报价

1.3.3 两种模式比较

自《建设工程工程量清单计价规范》颁布之后，我国建设工程计价逐渐转向以清单计价为主、定额计价为辅的局面。但由于当前市场经济程度与预期目标尚存在一定距离，定额计价模式在一定时期内还有发挥空间。定额模式与清单模式的差异，除了上述的计价程序之外，还体现在计价原则、计价依据和计量规则等方面。

1. 计价原则不同

在定额模式下，价格来源是固定的，按照“控制一头、放活一片、两法并举、科学管理”的原则进行管理。“控制一头”是指由政府部门制定统一的预算价，所有的单位和人员必须按此执行。“放活一片”就是把所有人工、材料价格在政府控制的范围内放开。“两法并举”就是可以采用实物法和系数法对价格进行调整。“科学管理”是指在编制社会平均水平的定额和预算基价时要做到科学、合理。

在清单模式下，价格来源则是多样的，按照“全部放开、自由询价、预测风险、宏观管理”的原则进行管理。“全部放开”是指凡与组价有关的价格全部放开，政府不进行任何限制。“自由询价”是指企业在组价过程中采用什么方式得到的价格都有效，对价格来源的途径不作任何限制。“预测风险”是指企业在确定价格时必须是完成该清单项的完全价格。由于社会、环境、内部、外部原因造成的风险必须在投标时就得预测，并包括在报价内。“宏观管理”是指政府从微观上不再管理，而是从总体上进行宏观调控，政府造价管理部门应当定期或不定期地发布信息价，编制反映社会平均水平的消耗量定额，用于指导企业快速组价及确定企业自身的技术水平。

2. 计价依据不同

在定额模式下，依据政府部门统一制定的预算定额及基价表，通过汇总计算得到定额直接费，再按统一的费用定额形成工程造价，计价依据具有法定性和固定性特征。

在清单模式下，完全形成了“量价分离”，业主计算清单工程量，施工单位对照清单，依据企业自主维护管理的内部定额及有参考价值的政府消耗量定额自由组价，计价依据表现出参考性和自主性特征。

3. 计量规则不同

定额模式未区分施工实物性损耗和施工措施性损耗，而清单模式把施工措施与工程实体项目进行分离，将施工措施费用纳入到市场竞争的范畴。清单模式下工程量计算规则的编制原则是以工程实体的净尺寸计算，甚至没有包含工程量的合理消耗，此特点也揭示了两种模式下工程量计算规则的本质区别。

1.4　工程造价咨询

“咨询(Consulting)”一般意指征求意见(从咨询者角度看)、顾问(从被咨询者角度看)。现代咨询是以信息为基础，依靠专家的知识和经验，对客户委托的任务进行分析、研究，提出建议、方案和措施，并在需要时协助实施的一种智力密集型的服务。工程造价咨询是工程咨询的一个重要分支，其业务内容属于管理咨询范畴。

1.4.1　工程造价咨询业

工程造价咨询业是独立的社会中介机构，其最典型的特点是它的服务性、中介性、高度自律性和非政府性。它不属于政府组织系列，又不属于生产企业组织系列；本身不从事商品生产，也不从事商品经营；以其知识和能力为各社会主体提供有偿服务。在政府、企业、个人之间发挥着它们的协调、服务、引导、交流、公正、自律和监督的功能，减少各社会主体矛盾，维护其利益，在市场经济中发挥着重要作用。

1. 国外工程造价咨询业

工程造价咨询起源于16世纪前的英国，在19世纪下半叶成为一个独立行业，是近代工业化的产物，随后在西方各个国家得到了发展。伴随着建筑工程规模的日趋扩大和建筑生产的高度专业化，工程造价咨询业逐渐形成了较为完善的管理体系，表现为：在市场经济大前提下，以管理体制为核心，以法制为出发点，以机制为保障。

当前，国际工程咨询市场运行机制的基本模式为，政府行业主管部门发挥宏观管理职能，为行业发展制定总体战略，作出长期规划，加强行业立法工作，负责各部门间的协调、监督和权力制衡；咨询企业在管理法规的约束下，围绕工程建设的全过程造价确定与控制服务，通过与市场中的其他方构成相互制约的合同关系，以优质的服务获取收益；工程造价咨询行业的从业人员在达到专业教育标准、实践标准后，要经过执业资格考试并经过注册才能取得个人的执业资格。执业人员必须加入相关的行业协会，接受行业协会在执业、继续教育及执业资格复核等方面的管理。

2. 我国工程造价咨询业

我国工程造价咨询业是随着社会主义市场经济应运而生的产物，是伴随基建投资管理体制的改革而逐步发展起来的。在计划经济时期，国家以指令性的方式进行工程造价的管理，并且培养和造就了一大批工程概预算人员。进入 20 世纪 90 年代中期以后，投资体制的的多元化以及招标投标法的颁布，工程造价更多的是通过招标竞争定价。市场环境的变化，客观上要求有专门从事工程造价咨询的机构提供工程造价咨询服务。

1996 年，建设部发布了《工程造价咨询单位资质管理办法(试行)》和《造价工程师执业资格暂行制度》，审批了一批工程造价咨询单位，建立了造价工程师执业资格制度，这些标志着我国工程造价咨询业的正式诞生。经过一段时间的迅速发展，目前我国已经初步建立起了工程造价咨询机构自主经营、自担风险、自我约束、自我发展、平等竞争的新秩序，但在管理上与 WTO 规则和国际惯例尚存在很大差距，在企业制度方面也不能适应国际市场竞争的要求，需要进一步改革完善。

1.4.2 工程造价咨询企业

工程造价咨询企业是指接受委托，对建设项目工程造价的确定与控制提供专业服务，出具工程造价成果文件的中介组织或咨询服务机构。工程造价咨询企业应取得《工程造价咨询单位资质证书》，并在资质证书核定的范围内从事工程造价咨询业务。

1. 工程造价咨询企业资质等级

工程造价咨询企业资质等级分为甲级和乙级。甲级工程造价咨询企业的资质标准比乙级在技术负责、专职人员、注册资金、工作业绩等方面都有更高的要求，具体标准如表 1-1 所示。

表 1-1 工程造价咨询企业资质标准

资质等级	甲 级	乙 级
技术负责	取得造价工程师注册资格证书，具有工程或工程经济类高级专业技术职称，从事工程造价专业工作 15 年以上。	取得造价工程师注册资格证书，具有工程或工程经济类高级专业技术职称，从事工程造价专业工作 10 年以上。
专职人员	不少于 20 人，其中，具有工程或工程经济类中级以上专业技术职称人员不少于 16 人，取得造价工程师注册证书的人员不少于 10 人。	不少于 12 人，其中，具有工程或工程经济类中级以上专业技术职称人员不少于 8 人，取得造价工程师注册证书的人员不少于 6 人。
注册资本	不少于人民币 100 万元。	不少于人民币 50 万元。
组织机构	具有固定的办公场所，人均办公建筑面积不少于 10 平方米，技术档案管理制度、质量控制制度、财务管理制度齐全。	
工作业绩	近 3 年工程造价咨询营业收入累计不低于人民币 500 万元。	暂定期内工程造价咨询营业收入累计不低于人民币 50 万元。

2. 工程造价咨询企业业务范围

工程造价咨询企业应当在资质证书核定的范围内从事工程造价咨询活动，不受行政区域限制。其中，甲级工程造价咨询企业可以从事各类建设项目的工程造价咨询业务，乙级工程造价咨询企业可以从事工程造价 5000 万元人民币以下的各类建设项目的工程造价咨询业务。当工程造价咨询企业跨省、自治区、直辖市承接工程造价咨询业务时，应当自承接业务之日起 30 日内到建设工程所在地省、自治区、直辖市人民政府建设主管部门备案。

工程造价咨询业务范围包括：

(1)建设项目建议书及可行性研究投资估算、项目经济评价报告的编制和审核；

(2)建设项目概预算的编制与审核，并配合设计方案比选、优化设计、限额设计等工作进行工程造价分析与控制；

(3)建设项目交易价格的确定(包括招标工程工程量清单和标底、投标报价的编制和审核)；合同价款的确定与调整(包括工程变更、工程洽商和索赔费用的计算)及工程款支付，工程结算及竣工结(决)算报告的编制与审核等；

(4)工程造价经济纠纷的鉴定和仲裁的咨询。

造价信息工程造价咨询企业可以对建设项目的组织实施进行全过程或者若干阶段的造价业务咨询和造价信息服务。

1.4.3　注册造价工程师

造价工程师在国外称为 Cost Engineer 或 Quantity Surveyor(工料测量师)。按照我国现行规定，注册造价工程师是指通过全国造价工程师执业资格统一考试或者资格认定、资格互认，取得造价工程师执业资格，并按照规定进行注册，取得造价工程师注册执业证书和执业印章，从事工程造价活动的专业人员。

1. 造价工程师资格考试

造价工程师执业资格考试实行全国统一大纲、统一命题、统一组织的方法，原则上每年举行一次。建设部负责考试大纲的拟订、培训教材的编写和命题工作，统一计划和组织考前培训等有关工作。人事部负责审定考试大纲、考试科目和试题，组织或授权实施各项考务工作。

(1)报考条件

凡中华人民共和国公民，工程造价或相关专业大学毕业，从事工程造价业务工作满 4 年左右，均可申请参加造价工程师执业资格考试。

(2)考试科目

造价工程师执业资格考试分为 4 个科目：《工程造价管理基础理论与相关法律法规》、《工程造价计价与控制》、《建设工程技术与计量》和《工程造价案例分析》。4 个科目分别单独考试，单独计分，参加考试人员必须在连续两个年度内通过。

(3)证书取得

通过造价工程师执业资格考试合格者，由省、自治区、直辖市人事部门颁发造价工程师执业资格证书，该证书在全国范围内有效，并作为造价工程师注册的凭证。

2. 造价工程师执业特征

(1)复合性

复合性包括业务复合性和专业复合性。一方面,造价工程师的执业范围涵盖工程造价的确定、评价、控制、管理等诸方面,其业务活动充分体现技能型与管理型的有机统一;另一方面,造价工程师产出的是"软产品",其执业过程是一项系统工程,涉及多学科知识,需要将工程技术知识与经济管理知识有机结合,才能很好地完成工作。

(2)针对性

无论是从不同的合作对象,还是从项目立项到竣工验收的不同阶段看,造价工程师的执业都具有针对性。首先,就合作对象而言,造价工程师主要面对的是业主方、设计方、施工方和咨询方。其次,就工程建设各阶段而言,造价工程师的执业范围决定了其服务贯穿项目建设全过程,并且在每一阶段均有不同的具体业务内容,从而形成系列化、网络化的管理体系,保证工程投资目标的完成。

(3)实务性

造价工程师执业资格制度更突出了造价工程师执业的实务性。一是准入条件中,明确了申报人从事工程造价业务必须达到的年限;二是执业形式上,必须经过注册才能取得执业资格,对于初始注册和续期注册都要经过严格考核并提供相关业绩证明才准予申请;三是专业素质上,须具备丰富的专业知识和实践经验,能独立分析、解决工程经济管理中遇到的实际问题。

3. 造价工程师素质要求

随着建筑业的发展,估价工作的内容日益增多,工作范围也日趋广阔。造价工程师应当紧跟时代发展步伐,不断掌握新知识、新技能和新方法,提高自身的综合素质,并将继续教育贯穿于自身的整个工作过程。

美国造价工程师协会 (American Association of Cost Engineering,AACE)对工程造价专业人士提出了以下 4 个方面的知识和技能要求。

(1)基本知识,包括工程经济学、生产率学、统计与概率、预测学、优化理论、价值工程等。

(2)成本估算与控制技能,包括项目分解、成本构成、成本和价格的估概预算方法、成本指数、风险分析和现金流量等。

(3)项目管理知识,包括管理学、行为科学、工期计划、资源管理、生产率管理、合同管理、社会和法律等。

(4)经济分析技能,包括现金流量、盈利分析等。

随着我国加入 WTO,为了满足现代工程的要求,我国造价工程师也应尽快与国际惯例接轨,应使自己具备以下基本能力。

(1)具有对工程项目各阶段估价的能力。能根据工程图纸和统一的工程量计算规则,掌握工程量计算、工程量清单编制、工程单价的制定方法和工程估价的审核;掌握工程结算方法,协助编制与审查工程决算。

(2)能够运用现代经济分析方法,对拟建项目寿命期内的投入、产出等诸多因素进行调查,通过可行性研究,做好工程项目的预测工作,为业主优选投资方案提供依据。

(3)熟悉与工程相关的法律法规,了解工程项目中各方的权利、责任与义务。能对合同协议中的条款作出正确的解释;掌握招投标及评标方法,并具备谈判和索赔的才能与技巧。

(4)了解建筑施工技术、方法和过程，正确理解施工图、施工组织设计和施工安排；合理地编制费用项目，为正确估价提供保障。

(5)有获得工程信息、资料的能力，并能运用工程信息系统提供的各类技术与经济指标，结合工程项目具体特点，对已完工程的经济性作出评价和总结。

思考题

1. 工程估价的主要特点有哪些？
2. 工程估价的基本原则是什么？
3. 建设项目是如何划分的？
4. 工程估价人员应具备的基本能力有哪些？

第 2 章　工程造价构成

【教学目标和要求】

- 熟悉工程造价的构成；
- 了解措施费、间接费的具体项目；
- 掌握有关建筑安装工程费的计算方法与具体操作步骤；
- 掌握设备购置费和进口设备抵岸价的计算方法。

2.1　工程造价的费用结构

工程造价的构成是指按项目建设过程中各类费用支出或花费的性质、途径等来确定的工程费用分解结构。例如:用于购买项目各种设备的费用称设备及工器具购置费;用于建筑施工和安装施工的费用称建安工程费;用于委托工程设计的费用称勘察设计费;用于购置土地的费用等称土地使用费等。

按照"建设项目总投资中的固定资产投资与建设项目的工程造价在量上相等"的原则及2003 年 10 月 15 日建设部、财政部发布的"关于印发《建筑安装工程费用项目组成》的通知"(2004 年 1 月 1 日起实施),建设工程造价的构成内容见表 2-1。

表 2-1　工程造价的构成

	费用内涵	费用项目
建筑安装工程费用	用于建筑施工和安装施工的费用	(1)直接费 (2)间接费 (3)利润 (4)税金
设备及工器具购置费	用于购买项目各种设备或工器具的费用	(1)设备购置费 (2)工器具及生产家具购置费
工程建设其他费用	工程建设全过程中发生的不能归属于上述两类费用的其他费用	(1)土地使用费 (2)与项目建设有关的费用 (3)与未来企业生产经营有关的其他费用
预备费	工程建设过程中由于难以预料及价格等变化引起造价调整的预留费用	(1)基本预备费 (2)涨价预备费
建设期贷款利息	建设项目需支付给银行的贷款利息	(1)建设期贷款利息
固定资产投资税费	国家为贯彻产业政策,引导投资方向而设的税种	(1)固定资产投资方向调节税

2.2　建筑安装工程费用的构成与确定

根据建设部、财政部发布的“关于印发《建筑安装工程费用项目组成》的通知”的原则，现在分别适用于全国及浙江省的建筑安装工程费用构成如表 2-2 所示。

表 2-2　建筑安装工程费用的构成

<table>
<tr><td rowspan="8">建筑安装工程费</td><td colspan="2">国家规定</td><td>浙江省实际操作</td></tr>
<tr><td rowspan="3">直接费</td><td>直接工程费</td><td>直接工程费</td></tr>
<tr><td rowspan="2">措施费</td><td>施工技术措施费</td></tr>
<tr><td>施工组织措施费</td></tr>
<tr><td rowspan="2">间接费</td><td>规费</td><td>规费</td></tr>
<tr><td>企业管理费</td><td rowspan="2">综合费用</td></tr>
<tr><td>利润</td><td>利润</td></tr>
<tr><td>税金</td><td>税金</td><td>税金</td></tr>
</table>

需要指出，关于建筑安装工程费用的构成，国家规定与浙江省实际操作两者之间并无矛盾。浙江省实际操作中只是将措施费分为施工技术措施费和施工组织措施费，分别按不同的方法计算费用取值，将企业管理费和利润合并为综合费用统一取费等两块上有一定差异。具体计算方法后面将详细介绍。

2.2.1　直接费

1. 直接工程费

直接工程费是指施工过程中耗费的构成工程实体的各项费用。它包括工程施工过程中所消耗的人工费、材料费、施工机械使用费。

(1)人工费

人工费是指为直接从事建筑安装工程施工的生产工人开支的各项费用。其内容包括：基本工资、工资性补贴、生产工人辅助工资、职工福利费以及生产工人劳动保护费。

具体计算公式按定额计价与清单计价两种方式的不同，表示如下：

①定额计价计算公式

工程人工费 $=\sum$(分项工程工程量 × 人工定额消耗量 × 生产工人的日工资单价)，或

工程人工费 $=\sum$(分项工程工程量 × 分项工程定额人工费)　(2-1)

② 清单计价计算公式

工程人工费 $=\sum$(分项工程工程量 × 人工实际消耗量 × 生产工人的日工资单价)，或

工程人工费 $=\sum$(分项工程工程量×分项工程实际人工费)　(2-2)

(2)材料费

材料费是指施工过程中耗费的构成工程实体的原材料、辅助材料、构配件、零件、半成品的费用。内容包括：材料原价(或供应价格)、材料运杂费、运输损耗费、采购及保管费、检验试验费等。

①定额计价计算公式

工程材料费 $=\sum(\sum$ 分项工程工程量 × 材料定额消耗量 × 材料预算单价)，或

工程材料费 $=\sum$(分项工程工程量 × 分项工程定额材料费)　(2-3)

② 清单计价计算公式

工程材料费 = $\sum$(分项工程工程量 × 材料实际消耗量 × 材料预算单价)，或

工程材料费 = $\sum$(分项工程工程量 × 分项工程实际材料费) (2-4)

(3) 施工机械使用费

施工机械使用费是指施工机械作业所发生的机械使用费。

① 定额计价计算公式

工程施工机械使用费 = $\sum$(分项工程工程量×机械定额消耗量×机械台班单价)，或

工程施工机械使用费 = $\sum$(分项工程工程量×分项工程定额机械费) (2-5)

②清单计价计算公式

工程施工机械使用费 = $\sum$(分项工程工程量 × 机械实际消耗量 × 机械台班单价)，或

工程施工机械使用费 = $\sum$(分项工程工程量 × 分项工程实际机械费) (2-6)

2. 措施费

措施费是指为完成工程项目施工，发生于该工程施工前和施工过程中非工程实体项目的费用，其所含内容及计算方法如表 2-3 所示。

表 2-3 措施费的构成

	构成	费用项目	计算方法
措施费	施工技术措施费	大型机械设备进出场及安拆费	工程量×定额单价
		混凝土、钢筋混凝土模板及支架费	工程量×定额单价
		脚手架费	工程量×定额单价
		施工排水、降水费	工程量×定额单价
		其他施工技术措施费	根据工程实际取定
	施工组织措施费	环境保护费	直接工程费和施工技术措施费中人工费、机械费合计×定额费率
		文明施工费	直接工程费和施工技术措施费中人工费、机械费合计×定额费率
		安全施工费	直接工程费和施工技术措施费中人工费、机械费合计×定额费率
		临时设施费	直接工程费和施工技术措施费中人工费、机械费合计×定额费率
		夜间施工费	直接工程费中人工费、机械费合计×定额费率
		缩短工期增加费	直接工程费和施工技术措施费中人工费、机械费合计×定额费率
		材料二次搬运费	直接工程费中人工费、机械费合计×定额费率
		已完工程及设备保护费	直接工程费和施工技术措施费中人工费、机械费合计×定额费率
		其他施工组织措施费	根据工程实际确定

(1)施工技术措施费

①大型机械设备进出场及安拆费

大型机械设备进出场及安拆费是指机械整体或分体自停放场地运至施工现场或由一个施工地点运至另一个施工地点，所发生的机械进出场运输和转移费用及机械在施工现场进行安装、拆卸所需的人工费、材料费、机械费、试运转费和安装所需的辅助设施费用。

具体内容包括：塔式起重机基础费用、安装拆卸费用和场外运输费用。

作为建设单位制定标底的角度而言，基础费用应按固定式基础(带配重)、轨道式基础、施工电梯固定式基础根据工程实际分别套用定额。安装拆卸费用按塔式起重机(60、80、150、250kN · m 四类)、自升式塔式起重机、柴油打桩机、静力压桩机(900、1200、1600、2000、3000、4000kN 六类)、施工电梯(75、100、200m 三类)、潜水钻孔机、混凝土搅拌站等根据工程实际分别套用定额。场外运输费用应按履带式挖掘机、推土机、起重机、强夯机械、柴油打桩机、压路机、静力压桩机、塔式起重机、施工电梯、混凝土搅拌站、潜水钻孔机、转盘钻孔机等根据工程实际分别套用定额取费。其中，基础费用的定额计量单位是“座”，安装拆卸费用和场外运输费用的定额计量单位是“台次”。

作为施工单位投标而言，应按照工程实际及施工单位现有的机械情况根据实际开支取定费用。如果施工单位费用资料不全，也可参照“定额单价×施工预计台次”进行费用计算。

②混凝土、钢筋混凝土模板及支架费

混凝土、钢筋混凝土模板及支架费是指混凝土施工过程中需要的各种钢模板、木模板、支架等的支、拆、运输费用及模板、支架的摊销(或租赁)费用。

涉及的模板具体包括：现浇基础垫层模板；现浇独立基础复合木模、钢模板；现浇基础梁复合木模、钢模板；现浇矩形梁复合木模、钢模板；现浇混凝土板复合木模、钢模板；现浇混凝土柱复合木模、钢模板；现浇混凝土悬挑阳台、雨篷复合木模、钢模板等。具体计算公式如下：

模板费用＝定额基价×相应混凝土构件工程量×混凝土构件含模量系数

其中，混凝土构件含模量系数在《浙江省建筑工程预算定额》(2003 年版)中有表格列出。

例 2-1　某工程主体矩形梁采用现浇工艺施工，模板采用矩形梁复合木模，已知该工程矩形梁工程量为 99.51m^3，梁高为 0.3m 以内，查定额得混凝土矩形梁含模量系数为 13.00、混凝土矩形梁复合木模定额基价为 2479 元/100m^2，试计算该工程矩形梁模板费用。

解：矩形梁模板措施费＝2479×(99.51÷100)×13.00＝32069(元)

③脚手架费

脚手架费是指施工需要的各种脚手架搭、拆、运输等费用以及脚手架的摊销(或租赁)费用。

具体内容按综合脚手架、单项脚手架、烟囱水塔脚手架根据工程实际确定定额项目。其中，综合脚手架按檐高为 7、13、20、30、40、50、60、70、80、90、100m 直至 200m 分列项目，按工程实际选择其一。具体计算公式如下：

综合脚手架措施费＝定额单价×建筑面积

作为建设单位制定标底而言，应参考定额计算脚手架项目措施费；作为施工单位投标报价而言，可根据工程实际支出计算此项措施费，也可根据定额参考计算。

④施工排水、降水

施工排水、降水费用是指为确保工程在正常条件下施工，采取各种排水、降水措施所发生的各种费用。

施工排水、降水费用主要指基础排水。建设单位编制标底时可按轻型井点安拆、使用；喷射井点安拆、使用；真空井点安拆、使用；湿土排水等项目套用“相应定额×定额工程量”取费。投标单位可按工程实际选定具体项目，根据工程预计支出取费，也可参考定额单价取定。以轻型井点降水和湿土排水为例，具体计算公式如下：

轻型井点降水措施费＝定额单价×工程量 (2-7)

湿土排水措施费＝定额单价×工程量 (2-8)

⑤其他施工技术措施费

其他施工技术措施费是指根据各专业、地区及工程特点补充的技术措施费用项目。

(2)施工组织措施费

①环境保护费

环境保护费是指施工现场为达到环保部门要求所需要的各项费用。具体计算公式如下：

环境保护措施费＝直接工程费和施工技术措施费中人工费、机械费合计×定额费率(0.1%～0.2%) (2-9)

②文明施工费

文明施工费是指施工现场文明施工所需要的各项费用。具体计算公式如下：

文明施工措施费＝直接工程费和施工技术措施费中人工费、机械费合计×定额费率(0.9%～1.4%) (2-10)

③安全施工费

安全施工费是指施工现场安全施工所需要的各项费用。具体计算公式如下：

安全施工措施费＝直接工程费和施工技术措施费中人工费、机械费合计×定额费率(0.3%～0.8%) (2-11)

④临时设施费

临时设施费是指施工企业为进行建筑工程施工所必须搭设的生活和生产用的临时建筑物、构筑物和其他临时设施费用等。

临时设施包括：临时宿舍、文化福利及公用事业房屋与构筑物，仓库、办公室、加工厂以及规定范围内道路、水、电、管线等临时设施和小型临时设施。临时设施费用包括：临时设施的搭设、维修、拆除费或摊销费。具体计算公式如下：

临时设施措施费＝直接工程费和施工技术措施费中人工费、机械费合计×定额费率(4.5%～5.1%) (2-12)

⑤夜间施工费

夜间施工费是指因夜间施工所发生的夜班补助费、夜间施工降效、夜间施工照明设备摊销及照明用电等费用。具体计算公式如下：

夜间施工措施费＝直接工程费和施工技术措施费中人工费、机械费合计×定额费率(0.0%～0.1%) (2-13)

⑥缩短工期增加费

缩短工期增加费是指因缩短工期要求发生的施工增加费。《浙江省建设工程施工取费定额》(2003年版)中按缩短工期10%以内、20%以内、30%以内分列费率为(0.0%～2.3%)、(2.3%～3.4%)和(3.4%～4.5%)。具体计算公式如下：

缩短工期措施费＝直接工程费和施工技术措施费中人工费、机械费合计
×定额费率　(2-14)

⑦材料二次搬运费

二次搬运费是指因施工场地狭小等特殊情况而发生的二次搬运费用。具体计算公式如下：

材料二次搬运措施费＝直接工程费和施工技术措施费中人工费、机械费合计
×定额费率(0.9%～1.3%)　(2-15)

⑧已完工程及设备保护费

已完工程及设备保护费是指竣工验收前，对已完工程及设备进行保护所需的费用。具体计算公式如下：

环境保护措施费＝直接工程费和施工技术措施费中人工费、机械费合计
×定额费率(0.0%～0.1%)　(2-16)

⑨其他施工组织措施费

其他施工组织措施费是指根据各专业、地区及工程特点补充的施工组织措施费用。如果有发生可按工程实际预计支出取定。

2.2.2　间接费

1. 规　费

规费是指政府和有关权力部门规定必须缴纳的费用。内容包括：工程排污费、工程定额测定费、社会保障费、住房公积金、危险作业意外伤害保险等。

工程排污费是指施工现场按规定缴纳的工程排污费。工程定额测定费是指按规定支付工程造价(定额)管理部门的定额测定费。

社会保障费内容包含养老保险费、失业保险费和医疗保险费。养老保险费是指企业按规定标准为职工缴纳的基本养老保险费。失业保险费是指企业按照国家规定标准为职工缴纳的失业保险费。医疗保险费是指企业按照规定标准为职工缴纳的基本医疗保险费。

住房公积金是指企业按规定标准为职工缴纳的住房公积金。危险作业意外伤害保险是指按照建筑法规定，企业为从事危险作业的建筑安装施工人员支付的意外伤害保险费。

规费的计算方法是把以上工程排污费、工程定额测定费、社会保障费、住房公积金、危险作业意外伤害保险等 5 项费用合计统一取定，《浙江省建设工程施工取费定额》(2003 年版)中规定的具体计算公式如下：

规费＝(直接费＋综合费用)×4.39%　(2-17)

2. 企业管理费

企业管理费是指建筑安装企业组织施工生产和经营管理所需的费用。内容包括如下：

(1)管理人员工资

管理人员工资是指建筑安装企业管理人员的基本工资、工资性补贴、职工福利费、劳动保护费等。

(2)办公费

办公费是指建筑安装企业管理办公用的文具、纸张、账表、印刷、邮电、书报、会议、水电等费用。

(3)差旅交通费

差旅交通费是指建筑安装企业职工因公出差、调动工作的差旅、住勤补助费,市内交通费和误餐补助费,职工探亲路费,劳动力招募费,职工离退休、退职一次性路费,工伤人员就医路费,工地转移费以及管理部门使用的交通工具的油料、燃料、养路费及牌照费等。

(4)固定资产使用费

固定资产使用费是指建筑安装企业管理和试验部门及附属生产单位使用的属于固定资产的房屋、设备仪器等的折旧、大修、维修或租赁费。

(5)工具用具使用费

工具用具使用费是指建筑安装企业管理使用的不属于固定资产的生产工具、器具、家具、交通工具和检验、试验、测绘、消防用具等的购置、维修和摊销费。

(6)劳动保险费

劳动保险费是指建筑安装企业支付离退休职工的易地安家补助费、职工退职金、六个月以上的长病假人员工资、职工死亡丧葬补助费、抚恤费、按规定支付的离退休干部的各项经费。

(7)工会经费

工会经费是指建筑安装企业按职工工资总额计提的工会经费。

(8)职工教育经费

职工教育经费是指建筑安装企业为职工学习先进技术和提高文化水平,按职工工资总额计提的费用。

(9)财产保险费

财产保险费是指建筑安装企业施工管理为财产、车辆保险的费用。

(10)财务费

财务费是指建筑安装企业为筹集资金而发生的各种费用。

(11)税金

税金是指建筑安装企业按规定缴纳的房产税、车船使用税、土地使用税、印花税等。

(12)其他

其他包括技术转让费、技术开发费、业务招待费、绿化费、广告费、公证费、法律顾问费、审计费、咨询费等。

2.2.3 利 润

利润是指按规定应计入建筑安装工程费用中的利润,是施工单位劳动者为社会和集体劳动所创造的价值。《浙江省建设工程施工取费定额》(2003 年版)关于利润的取定是根据不同的工程类别而定的。建筑工程利润的取费标准如表 2-4 所示。

表 2-4　建筑工程利润的取费标准

定额编号	项目名称	计算基数	费率(%)		
			一类	二类	三类
A2-12	民用建筑工程	人工费+机械费	24～17	20～14	16～12
A2-22	工业建筑工程	人工费+机械费	20～15	16～12	13～9
A2-32	钢结构工程	人工费+机械费	17～12	14～10	11～8
A2-42	构筑物及其他	人工费+机械费	24～18	20～15	16～12
A2-52	专业土石方工程	人工费+机械费	—	7～5	6～4
A2-62	专业打桩工程	人工费+机械费	11～8	9～7	8～5
A2-72	其他专业工程	人工费+机械费	—	10～8	—

而有关建筑物类别的确定在《浙江省建设工程施工取费定额(2003 版)》中有相关约定，如表 2-5 所示。

表 2-5　工程类别的划分标准

			一类	二类	三类
工业建筑	单层	高度 H	>18	$18\geqslant H>12$	$\leqslant 12$
		跨度 L	>36	$36\geqslant L>24$	$\leqslant 24$
	多层	高度 H	>35	$35\geqslant H>20$	$\leqslant 20$
		面积 S	>20000	$20000\geqslant S>10000$	$\leqslant 1000$
民用建筑	居住建筑	高度 H	>87	$87\geqslant H>45$	$\leqslant 45$
		层数 N	>28	$28\geqslant N>14$	$14\geqslant N>6$
		地下室层数 N	>1	1	半地下室
	公共建筑	高度 H	>65	$65\geqslant H>25$	$\leqslant 25$
		层数 N	>18	$18\geqslant N>6$	$\leqslant 6$
		地下室层数 N	>1	1	

利润的计算公式如下：

(1)土建工程

$$\text{利润}=(\text{人工费}+\text{机械费})\times\text{利润率} \tag{2-18}$$

(2)安装工程

$$\text{利润}=\text{人工费}\times\text{利润率} \tag{2-19}$$

2.2.4　税　金

《浙江省建设工程施工取费定额》(2003 年版)中有关税金的内含包含了税费和水利建设基金。

1. 税　费

税费指国家税法规定的应计入工程造价内的营业税、城乡维护建设税和教育费附加。

(1)营业税

营业税是指对从事建筑业、交通运输业和各种服务业的单位和个人就其营业收入征收的一种税。从实际交税操作层面而言，营业税应纳税额的计算公式如下：

营业税＝营业额×适用税率 (2-20)

建筑业适用营业税的税率为3%。营业额是指从事建筑、安装、修缮、装饰及其他工程作业收取的全部收入，还包括建筑、修缮、装饰工程所用原材料及其他物资和动力的价款。当安装设备的价值作为安装工程产值时，亦包括所安装设备的价款。但建筑业的总承包方将工程分包或转包给他人的，其营业额中不包括付给分包或转包人的价款。

(2)城市维护建设税

城市维护建设税是国家为了加强城市的维护建设、扩大和稳定城市维护建设资金来源，而对有经营收入的单位和个人征收的一种税。城市维护建设税与营业税同时缴纳，从实际交税操作层面而言，城市维护建设税应纳税额的计算公式如下：

城市维护建设税＝营业税应纳税额×适用税率 (2-21)

城市维护建设税实行差别比例税率。城市维护建设税的纳税人所在地为市区的，适用税率为7%；所在地为县城、镇的，适用税率为5%；所在地不在市区、县城或镇的，适用税率为1%。

(3)教育费附加

教育费附加是指为加快发展地方教育事业，扩大地方教育资金来源的一种地方税。从实际交税操作层面而言，教育费附加应纳税额的计算公式如下：

教育费附加＝营业税应纳税额×适用税率 (2-22)

教育费附加适用税率一般为3%，教育费附加应与营业税同时缴纳。

2.税　金

以上一方面从建筑企业实际操作层面上分析建筑企业交税的内容和种类及税额的多少，另一方面从施工图预算或工程量清单计价的角度，即实际工程项目实施之前，税金的计算与上述方法相比有较大差异。施工图预算或工程量清单计价中税金的计算如下：

税金＝(直接费＋间接费＋利润)×定额税率 (2-23)

税金的定额税率市区为3.513%，城镇为3.448%，其他为3.320%。税金包括了税费和水利建设基金。以市区为例，3.513%其中税费占了3.413%，水利建设基金占了0.100%。

2.3 设备与工器具购置费用构成与确定

设备及工器具购置费是由设备购置费、工器具购置费、现场自制非标准设备费、生产用家具购置费和相应的运杂费组成。它是固定资产投资中的积极部分。在生产性工程建设中，设备及工器具购置费与资本的有机构成相联系。设备及工器具购置费占工程造价比重的增大，意味着生产技术的进步和资本有机构成的提高。

2.3.1 设备购置费

设备购置费是指为建设项目购置或自制的，达到固定资产标准的设备、工具、器具的费用。确定固定资产的一般标准是使用期限超过一年的、单位价值在规定标准以上(如1000元、1500元或2000元)，并且在使用过程中保持原有物质形态的资产，包括房屋及建筑物、机电设备、运输设备、工具器具等。如果不同时具备以上两个条件的资产为低值易耗品，应列入流动资产范围内。

设备购置费的计算公式如下：

设备购置费=设备原价或进口设备抵岸价+设备运杂费 (2-24)

1. 设备原价

设备原价分为国产标准设备原价、国产非标准设备原价和进口设备原价。

(1)国产标准设备原价

国产标准设备原价是指国产标准设备的设备制造厂的交货价、出厂价或设备成套公司供应的合同价。而国产标准设备是指按照主管部门颁布的标准设计图纸和技术要求，由国内设计制造，成批生产，并符合国家质量检验标准的设备。

(2)国产非标准设备原价

国产非标准设备原价是指国产非标准设备按成本计算估价法计算的费用或实际出厂价。国产非标准设备是指国家尚无定型标准，各设备生产厂不可能在生产工艺过程中采用批量生产，只能按一次订货，并根据具体设计图纸制造的设备。

单台非标准设备原价={[(材料费+加工费+辅助材料费)×(1+专用工具费率)
×(1+废品损失费率)+外购配套件费]×(1+包装费率)
-外购配套件费}
×(1+利润率)+销项税金+非标准设备设计费+外购配套件费 (2-25)

(3)进口设备原价

进口设备的原价是指进口设备的抵岸价，即抵达买方边境港口或边境车站，且交完关税等税费后形成的价格。进口设备抵岸价的构成与进口设备的交货类别有关。

1)进口设备的交货类别

进口设备的交货类别可分为内陆交货类、目的地交货类和装运港交货类。

内陆交货类。即卖方在出口国内陆的某个地点交货。在交货地点，卖方及时提交合同规定的货物和有关凭证，并负担交货前的一切费用和风险；买方按时接受货物，交付货款，负担接货后的一切费用和风险，并自行办理出口手续和装运出口。货物的所有权也在交货后由卖方转移给买方。

目的地交货类。即卖方在进口国的港口或内地交货，有目的港船上交货价、目的港船边交货价(FOS)、目的港码头交货价(关税已付)及完税后交货价(进口国的指定地点)等几种交货价。它们的特点是：买卖双方承担的责任、费用和风险是以目的地约定交货点为分界线，只有当卖方在交货点将货物置于买方控制下才算交货，才能向买方收取货款。这种交货类别对卖方来说承担的风险较大，在国际贸易中卖方一般不愿采用。

装运港交货类。即卖方在出口国装运港交货；主要有装运港船上交货价(FOB)，习惯称离岸价格。运费在内价(C&F)和运费、保险费在内价(CIF)，习惯称到岸价格。它们的特点是：卖方按照约定的时间在装运港交货，只要卖方把合同规定的货物装船后提供货运单据便完成交货任务，可凭单据收回货款。

采用装运港船上交货价(FOB)进口设备，卖方的责任是负责办理出口手续，并将货物运装上船。在所有交货方式中，对买方最有利的是目的地交货类。

2)进口设备抵岸价的构成及计算

进口设备采用最多的是装运港船上交货价(FOB)，其抵岸价的构成可概括如下：

进口设备抵岸价＝货价＋国际运费＋运输保险费＋银行财务费＋外贸手续费＋关税＋增值税＋消费税＋海关监管手续费＋车辆购置附加费 (2-26)

①货价。一般指装运港船上交货价(FOB)。

②国际运费。即从装运港(站)到达我国抵达港(站)的运费。进口设备国际运费计算公式如下：

国际运费(海、陆、空)＝原币货价(FOB)×运费率 (2-27)

国际运费(海、陆、空)＝运量×单位运价 (2-28)

③运输保险费。对外贸易货物运输保险是由保险人(保险公司)与被保险人(出口人或进口人)订立保险契约，在被保险人交付议定的保险费后，保险人根据保险契约的规定对货物在运输过程中发生的承保责任范围内的损失给予经济上的补偿。这是一种财产保险，计算公式如下：

运输保险费＝(原币货价(FOB)＋国外运费)/(1－保险费率)×保险费率 (2-29)

其中，保险费率按保险公司规定的进口货物保险费率计算。

④银行财务费。一般是指中国银行手续费，可按下式简化计算：

银行财务费＝人民币货价(FOB)×银行财务费率 (2-30)

⑤外贸手续费。指按对外经济贸易部规定的外贸手续费率计取的费用，外贸手续费率一般取1.5%。计算公式如下：

外贸手续费＝(装运港船上交货价(FOB)＋国际运费＋运输保险费)×外贸手续费率 (2-31)

⑥关税。由海关对进出国境或关境的货物和物品征收的一种税。计算公式如下：

关税＝到岸价格(CIF)×进口关税税率 (2-32)

其中，到岸价格(CIF)包括离岸价格(FOB)、国际运费、运输保险费等费用，并以它作为关税完税价格。进口关税税率分为优惠和普通两种。

⑦增值税。是对从事进口贸易的单位和个人，在进口商品报关进口后征收的税种。我国增值税条例规定，进口应税产品均按组成计税价格和增值税税率直接计算应纳税额。即

进口产品增值税额＝组成计税价格×增值税税率

组成计税价格＝关税完税价格＋关税＋消费税 (2-33)

⑧消费税。对部分进口设备(如轿车、摩托车等)征收。一般计算公式如下：

应纳消费税额＝(到岸价＋关税)/(1－消费税税率)×消费税税率 (2-34)

其中，消费税税率根据规定的税率计算。

⑨海关监管手续费。指海关对进口减税、免税、保税货物实施监督、管理、提供服务的手续费。其公式如下：

海关监管手续费＝到岸价×海关监管手续费率(一般为0.3%) (2-35)

⑩车辆购置附加费：进口车辆需缴进口车辆购置附加费。其公式如下：

进口车辆购置附加费＝(到岸价＋关税＋消费税＋增值税)×进口车辆购置附加费率 (2-36)

2. 设备运杂费

设备运杂费指除设备原价外的关于设备采购、运输、途中包装及仓库保管等方面支出费用的总和。其包含的主要内容如下：

(1)国产标准设备指制造厂交货点至工地仓库止所发生的运费和装卸费。

(2)设备出厂价格中没有包含的设备包装费和包装材料器具费。

(3)设备供销部门的手续费。

(4)建设单位的采购与仓库保管费。

对于进口设备而言，设备运杂费中的运费和装卸费的含义是由我国到岸港口或边境车站起至工地仓库(或施工组织设计指定的需安装设备的堆放地点)止所发生的运费和装卸费。

包装费指在设备原价中没有包含的，为运输而进行的包装支出的各种费用。设备供销部门的手续费。按有关部门规定的统一费率计算。采购与仓库保管费指采购、验收、保管和收发设备所发生的各种费用，包括设备采购人员、保管人员和管理人员的工资、工资附加费、办公费、差旅交通费，设备供应部门办公和仓库所占固定资产使用费、工具用具使用费、劳动保护费、检验试验费等。这些费用可按主管部门规定的采购与保管费费率计算。

设备运杂费的计算公式如下：

$$设备运杂费=设备原价\times设备运杂费率 \tag{2-37}$$

其中，设备运杂费率按各部门及省、市等的规定计取。

例 2-2　某建设项目欲引进全套进口设备和技术，建设期 2 年，总投资 1.09 亿元。总投资中引进部分的合同总价是 588 万美元。辅助生产装置、公用工程等均由国内设计配套。引进合同价款的细项如下：

①硬件费 510 万美元。

②软件费 78 万美元。其中，计算关税的项目有设计费、非专利技术及技术秘密费用 55 万美元；不计算关税的有技术服务及资料费 23 万美元。人民币兑换美元的外汇牌价均按 1 美元＝8.10 元计算。

③中国远洋公司的现行海运费率 6%，海运保险费率 3.5‰，现行外贸手续费率、中国银行财务手续费率、增值税率和关税税率分别按 1.5%、5‰、17%、17%计取。

④国内供销手续费率 0.4%，运输、装卸和包装费率 0.1%，采购保管费率 1%。

问题：试计算该进口设备的设备购置费。

解：(1)进口设备的抵岸价(见表 2-6)。

(2)国内运杂费＝6907.84×(0.4%＋0.1%＋1%)＝103.62(万元)

(3)引进设备购置费＝6907.84＋103.62＝7011.46(万元)

表 2-6 引进设备硬、软件原价计算表 单位:万元

序号	费用名称	计算公式	费用
①	货价	货价＝510×8.10＋78×8.10＝4131＋631.8＝4762.80	4762.80
②	国外运输费	国外运输费＝4131×6%＝247.86	247.86
③	国外运输保险费	国外运输保险费＝(4131＋247.86)×3.5‰/(1－3.5‰)＝15.38	15.38
④	硬件关税 软件关税	硬件关税＝(4131＋247.86＋15.38)×17%＝4394.24×17%＝747.02 软件关税＝55×8.10×17%＝445.50×17%＝75.74	822.76
⑤	增值税	增值税＝(4394.24＋445.50＋822.76)×17%＝962.63	962.63
⑥	银行财务费	银行财务费＝4762.80×5‰＝23.81	23.81
⑦	外贸手续费	外贸手续费＝(4394.24＋445.50)×1.5%＝72.60	72.60
⑧	引进设备抵岸价	①＋…＋⑦	6907.84

2.3.2 工器具及生产家具购置费

工器具及生产家具购置费是指新建项目或扩建项目初步设计规定必须购置的，不够固定资产标准的设备、仪器、工卡模具及备品备件的费用。

工器具及生产家具购置费的计算公式如下：

工器具及生产家具购置费＝设备购置费×定额费率 (2-38)

由此，设备及工器具购置费构成可简述如表 2-7 所示。

表 2-7 设备与工器具购置费构成

费用构成		费用内容	计算式
设备购置费	设备原价	指国产设备及进口设备的原价	
	设备运杂费	运费和装卸费 包装费 设备供销部门手续费 采购与仓库保管费	设备原价×设备运杂费率
工具、器具及生产家具购置费		未达到固定资产标准的设备、仪器、工卡模具、器具、生产家具和备品备件	设备购置费×定额费率

2.4　工程建设其他费用构成

2.4.1　土地使用费

土地使用费是指通过划拨方式取得土地使用权而支付的土地征用及迁移补偿费，或者通过土地使用权出让方式取得土地使用权而支付的土地使用权出让金。

1. 土地征用及迁移补偿费

土地征用及迁移补偿费是指建设项目通过划拨方式取得土地使用权，依照《中华人民共和国土地管理法》等规定所支付的费用。其总和一般不得超过被征土地年产值的 20 倍，土地年产值则按该地被征用前 3 年的平均产量和国家规定的价格计算。土地征用及迁移补偿费内容包括：

(1)土地补偿费

征用耕地的补偿标准，为该耕地年产值的 6～10 倍，具体补偿标准由省、自治区、直辖市人民政府在此范围内制定。

(2)青苗补偿费和被征用土地上的房屋、水井、树木等附着物补偿费

此补偿费的标准由省、自治区、直辖市人民政府制定。征用城市郊区的菜地时，还应按照有关规定向国家缴纳新菜地开发建设基金。

(3)安置补助费

征用耕地的，每个农业人口的安置补助费为该耕地平均年产值的 4～6 倍，每公顷耕地的安置补助费最高不得超过其年产值的 15 倍。

(4)缴纳的耕地占用税或城镇土地使用税、土地登记费及征地管理费等

县市土地管理机关从征地费中提取土地管理费的比率，要按征地工作量的大小，视不同情况，在 1%～4%幅度内提取。

(5)征地动迁费

征地动迁费包括征用土地上的房屋及附着构筑物、城市公共设施等拆除、迁建的补偿费和搬迁运输费，企业单位因搬迁造成的减产、停工损失补贴费，拆迁管理费等。

2. 土地使用权出让金

土地使用权出让金是指建设项目通过土地使用权出让方式，取得有限期的土地使用权，依照《中华人民共和国城镇国有土地使用权出让和转让暂行条例》规定，支付的土地使用权出让金。

《中华人民共和国城镇国有土地使用权出让和转让暂行条例》明确了国家是城市土地的唯一所有者，并分层次、有偿、有限期地出让、转让城市土地。

第一层次是城市政府将国有土地使用权出让给用地者，该层次由城市政府垄断经营。出让对象可以是有法人资格的企事业单位，也可以是外商。第二层次及以下层次的转让则发生在使用者之间。

《中华人民共和国城镇国有土地使用权出让和转让暂行条例》规定，城市土地的出让和转让可采用协议、招标、公开拍卖等方式。

协议方式是由用地单位申请，经市政府批准同意后双方洽谈具体地块及地价。该方式适

用于市政工程、公益事业用地以及需要减免地价的机关、部队用地和需要重点扶持、优先发展的产业用地。

招标方式是在规定的期限内，由用地单位以书面形式投标，市政府根据投标报价、所提供的规划方案以及企业信誉综合考虑，择优而取。该方式适用于一般工程建设用地。

公开拍卖是指在指定的地点和时间，由申请用地者叫价应价，价高者得。这完全是由市场竞争决定，适用于赢利高的行业用地。

关于政府有偿出让土地使用权的年限，各地可根据时间、区位等各种条件作不同的规定，一般可在30～99年之间；按照地面附属建筑物的折旧年限来看，以50年为宜。

土地使用者和所有者要签约，明确使用者对土地享有的权利和对土地所有者应承担的义务。有偿出让和转让使用权，要向土地受让者征收契税；转让土地如有增值，要向转让者征收土地增值税；在土地转让期间，国家要区别不同地段、不同用途向土地使用者收取土地占用费。

2.4.2 与项目建设有关的其他费用

(1)建设单位管理费

建设单位管理费是指建设项目从立项、筹建、建设、联合试运转、竣工验收交付使用及后评估等全过程管理所需费用。内容包括如下：

1)建设单位开办费

建设单位开办费指新建项目为保证筹建和建设工作正常进行所需的办公设备、生活家具和用具、交通工具等购置费用。

2)建设单位经费

建设单位经费包括工作人员的基本工资、工资性补贴、职工福利费、劳动保护费、劳动保险费、办公费、差旅交通费、工会经费、职工教育经费、固定资产使用费、工具用具使用费、技术图书资料费、生产人员招募费、工程招标费、合同契约公证费、工程质量监督检测费、工程咨询费、法律顾问费、审计费、业务招待费、排污费、竣工交付使用清理及竣工验收费、后评估费用等。

$$\text{建设单位管理费}=(\text{设备及工器具购置费}+\text{建筑安装工程费用})\times\text{建设单位管理费率} \tag{2-39}$$

建设单位管理费率按照建设项目的不同性质、不同规模确定。有的建设项目按照建设工期和规定的金额计算建设单位管理费。

(2)勘察设计费

勘察设计费是指为本建设项目提供项目建议书、可行性研究报告及设计文件等所需费用。内容包括：编制项目建议书、可行性研究报告及投资估算、工程咨询、评价以及为编制上述文件进行勘察、设计、研究试验等所需费用；委托勘察、设计单位进行初步设计、施工图设计及概预算编制等所需费用；在规定范围内由建设单位自行完成的勘察、设计工作所需费用。

勘察设计费中，项目建议书、可行性研究报告按国家颁布的收费标准计算，设计费按国家颁布的工程设计收费标准计算，勘察费一般民用建筑6层以下的按3～5元/m^2计算，高层建筑按8～10元/m^2计算，工业建筑按10～12元/m^2计算。

(3)研究试验费

研究试验费是指为建设项目提供和验证设计参数、数据、资料等所进行的必要的试验费用,以及设计规定在施工中必须进行试验、验证所需费用。研究试验费按照设计单位根据本工程项目的需要提出的研究试验内容和要求计算。

(4)建设单位临时设施费

建设单位临时设施费是指建设期间建设单位所需临时设施的搭设、维修、推销费用或租赁费用。临时设施包括:临时宿舍、文化福利及公用事业房屋与构筑物、仓库、办公室、加工厂以及规定范围内的道路、水、电、管线等临时设施和小型临时设施。

(5)工程监理费

工程监理费是指建设单位委托工程监理单位对工程实施监理工作所需费用。根据国家物价局、建设部《关于发布工程建设监理费用有关规定的通知》等文件规定的计算方法如下:

①一般情况应按工程建设监理收费标准计算,即占所监理工程概算或预算的百分比计算;

②对于单工种或临时性项目可根据参与监理的年度平均人数按3.5万~5万元/人·年计算。

(6)工程保险费

工程保险费是指建设项目在建设期间根据需要实施工程保险所需的费用,包括以各种建筑工程及其在施工过程中的物料、机器设备为保险标的的建筑工程一切险,以安装工程中的各种机器、机械设备为保险标的的安装工程一切险,以及机器损坏保险等。工程保险费根据不同的工程类别,分别以其建筑、安装工程费乘以建筑、安装工程保险费率计算。

民用建筑占建筑工程费的0.2%~0.4%;其他建筑(如工业厂房、仓库、道路、码头、水坝、隧道、桥梁、管道等)占建筑工程费的0.3%~0.6%;安装工程占建筑工程费的0.3%~0.6%。

(7)引进技术和进口设备的其他费用

引进技术及进口设备其他费用包括出国人员费用、国外工程技术人员来华费用、技术引进费、分期或延期付款利息、担保费以及进口设备检验鉴定费。

出国人员费用指为引进技术和进口设备派出人员在国外培训和进行设计联络、设备检验等的差旅费、制装费、生活费等。国外工程技术人员来华费用指为安装进口设备、引进国外技术等聘用外国工程技术人员进行技术指导工作所发生的费用,包括技术服务费、外国技术人员在华工资、生活补贴、差旅费、医药费、住宿费、交通费、宴请费、参观游览等招待费用。

技术引进费指为引进国外先进技术而支付的费用,包括专利费、专有技术费(技术保密费)、国外设计及技术资料费、计算机软件费等。这项费用根据合同或协议的价格计算。

分期或延期付款利息指利用出口信贷引进技术或进口设备采取分期或延期付款的办法所支付的利息。担保费指国内金融机构为买方出具保函的担保费。这项费用按有关金融机构规定的担保费率计算(一般为承保金额的0.5%)。进口设备检验鉴定费用指进口设备按规定付给商品检验部门的进口设备检验鉴定费。这项费用为进口设备货价的0.3%~0.5%。

(8)工程承包费

工程承包费是指具有总承包条件的工程公司,对工程建设项目从开始建设至竣工投产全过程的总承包所需的管理费用。具体内容包括设备材料采购、非标准设备设计制造与销售、施工招标、发包、工程预决算、项目管理、施工质量监督、隐蔽工程检查、验收和试车直至竣工投产的各种管理费用。《浙江省建设工程施工取费定额》(2003 年版)中规定工程承包费应计入建筑安装工程费用,劳务分包施工取费费率如表 2-8 所示。

表 2-8 建设工程劳务分包施工取费费率

定额编号	项目名称		计算基数	费率(%)
G1	综合费用		人工费	16～8
G1-1	其中	企业管理费	人工费	9～5
G1-2		利润	人工费	7～3
G2	规费		人工费	22.35
G3	税金		人工费	3.53

2.4.3 与未来企业生产经营有关的其他费用

(1)联合试运转费

联合试运转费是指新建企业或新增加生产工艺过程的扩建企业在竣工验收前,按照设计规定的工程质量标准,进行整个车间的负荷或无负荷联合试运转发生的费用支出大于试运转收入的亏损部分。联合试运转费一般根据项目的不同性质,按需要试运转车间的工艺设备购置费的百分比计算。

(2)生产准备费

生产准备费是指新建企业或新增生产能力的企业,为保证竣工交付使用进行必要的生产准备所发生的费用。内容包括如下:

①生产人员培训费。包括自行培训、委托其他单位培训人员的工资、工资性补贴、职工福利费、差旅交通费、学习资料费、学习费、劳动保护费等。

②生产单位提前进厂费。包括提前进厂参加施工、设备安装、调试等以熟悉工艺流程及设备性能等人员的工资、工资性补贴、职工福利费、差旅交通费、劳动保护费等。

生产准备费一般根据需要培训和提前进厂人员的人数及培训时间按生产准备费指标进行估算。

(3)办公和生活家具购置费

办公和生活家具购置费是指为保证新建、改建、扩建项目初期正常生产、使用和管理所必须购置的办公和生活家具、用具的费用。这项费用按照设计定员人数乘以综合指标计算,一般为 600～800 元/人。

2.5 工程建设相关费用构成

2.5.1 预备费

按我国现行规定,预备费包括基本预备费和涨价预备费。

(1)基本预备费

基本预备费是指在初步设计及概算内难以预料的工程费用。费用内容包括如下：

①在批准的初步设计范围内，技术设计、施工图设计和施工过程中所增加的工程费用以及设计变更、局部地基处理等增加的费用。

②一般自然灾害造成的损失和预防自然灾害所采取的措施的费用。实行工程保险的工程项目费用应适当降低。

③竣工验收时为鉴定工程质量对隐蔽工程进行必要的挖掘和修复费用。

基本预备费的计算公式如下：

基本预备费＝(设备及工器具购置费＋建筑安装工程费用＋工程建设其他费用)
×基本预备费率　(2-40)

基本预备费率的取值应执行国家及部门的有关规定。

(2)涨价预备费

涨价预备费是指建设项目在建设期间内由于价格等变化引起工程造价变化的预测预留费用。费用内容包括：人工、设备、材料、施工机械的价差费，建筑安装工程费及工程建设其他费用调整，利率、汇率调整等增加的费用。

2.5.2　建设期贷款利息

建设期贷款利息包括向国内银行和其他非银行金融机构贷款、出口信贷、外国政府贷款、国际商业银行贷款以及在境内外发行的债券等在建设期间内应偿还的贷款利息。建设期贷款利息实行复利计算。

2.5.3　固定资产投资方向调节税

为了贯彻国家产业政策，控制投资规模，引导投资方向，调整投资结构，加强重点建设，促进国民经济持续稳定协调发展，对在我国境内进行固定资产投资的单位和个人征收固定资产投资方向调节税。

固定资产投资方向调节税的税率，根据国家产业政策和项目经济规模实行差别税率，税率为 0%、5%、10%、15%、30%等五个档次。差别税率按两大类设计：一是基本建设项目投资；二是更新改造项目投资。对前者设计了四档税率，即 0%、5%、15%、30%；对后者设计了两档税率，即 0%、10%。各固定资产投资项目按其单位工程分别确定适用税率。例如：农业、林业、水利、能源适用零税率；钢铁、化工、石油实行 5%的税率；“楼堂馆所”以及国家严格限制的项目，税率为 30%；不属于上述三类的项目投资，税率为 15%等。

具体计算公式如下：

固定资产投资方向调节税＝(建安工程费＋设备工器具购置费
＋工程建设其他费用＋预备费)×相应税率　(2-41)

1999 年 12 月 17 日，财政部、国家税务总局、国家发展计划委员会颁发了“关于暂停征收固定资产投资方向调节税的通知”，此项费用于 2000 年暂停征收，目前实际税率为 0。

思考题

1.工程造价的构成中包含哪些内容？各项内容来源于工程建设的何种用途？

2.建筑安装工程费中包括哪些内容？各项内容的计算方法如何？

3.直接工程费包含哪些内容？

4.什么是直接费？直接费与直接工程费的差异主要体现在哪些方面？

5.措施费一般包含哪些内容？

6.哪些项目属于施工技术措施费？哪些项目属于施工组织措施费？两者计算方法的区别在哪里？

7.什么是间接费？包括哪些内容？

8.计入建筑安装工程造价中的税金包括哪些内容？

练习题

1.某工程项目的直接工程费为70万元，施工技术措施费为7.85万元，直接工程费和施工技术措施费中人工费、机械费合计为20万元，组织措施费中环境保护费、文明施工费、安全施工费、临时设施费费率分别为0.2%、0.9%、0.8%、5.1%，综合费和规费费率分别为30%和4.39%。试计算该工程的建筑安装工程造价。

2.某建设项目欲引进全套进口设备和技术，建设期3年，总投资1.18亿元。总投资中引进部分的合同总价是682万美元。辅助生产装置、公用工程等均由国内设计配套。引进合同价款的细项如下：

(1)硬件费620万美元。

(2)软件费62万美元。其中，计算关税的项目有：设计费、非专利技术及技术秘密费用48万美元；不计算关税的有：技术服务及资料费14万美元。人民币兑换美元的外汇牌价均按1美元=8.10元计算。

(3)中国远洋公司的现行海运费率6%，海运保险费率3.5‰，现行外贸手续费率、中国银行财务手续费率、增值税率和关税税率分别按1.5%、5‰、17%、17%计取。

(4)国内供销手续费率0.35%，运输、装卸和包装费率0.16%，采购保管费率0.8%。

试计算该进口设备的设备购置费。

第3章　工程估价依据

【教学目标和要求】

- 掌握工程定额的基本原理；
- 熟悉工程定额的概念、作用和分类；
- 熟悉工程定额的编制原则，掌握人工消耗、材料消耗、机械台班定额的编制；
- 掌握工程定额的套用、换算、补充；
- 掌握工程单价的编制；
- 掌握工程造价指数的分类、确定和应用。

3.1　工程定额概述

3.1.1　工程定额的概念与特性

所谓定额，“定”就是规定，“额”就是额度或限度。从广义上讲，定额就是规定在单位产品生产中人力、物力或资金消耗的标准额度或限度，即标准或尺度。

在建筑工程施工过程中，为了完成一定的合格产品，就必须消耗一定数量的人工、材料、机械台班和资金，这种消耗的数量受各种生产因素及生产条件的影响。简单地讲，建筑工程定额就是指在合理的劳动组织和合理地使用材料和机械的条件下，完成单位合格产品所必须消耗的资源数量标准。这个资源数量标准，反映出了建筑产品和生产资源消耗之间的数量关系，如根据《浙江省建筑工程预算定额》(2003年版)4-127，见表3-1，浇筑10m^3混凝土及钢筋混凝土基础(现浇现拌)，材料需用10.150m^3的C20混凝土、人工费需239.20元、机械需500L混凝土搅拌机0.340台班。

定额中规定的资源消耗的多少反映了定额水平，定额水平是一定时期社会生产力的综合反映。在制定建筑工程定额、确定定额水平时，要正确、及时地反映先进的建筑技术和施工管理水平，以促进新技术的不断推广和提高，施工管理的不断完善，以达到合理使用建设资金的目的。

表 3-1 现浇现拌混凝土定额

基 础

工作内容：混凝土搅拌、水平运输、浇捣、养护等　　　　计量单位：10m³

定额编号				4～125	4～126	4～127	4～128	4～129	4～130
项目				垫层	毛石混凝土基础	混凝土及钢筋混凝土基础	地下室底板、满堂基础	混凝土及钢筋混凝土挡土墙、地下室墙（直、弧形）	毛石混凝土挡土墙
基价（元）				1963	1755	1931	2092	2216	1884
其中	人工费（元）			270.40	226.20	239.20	252.20	369.20	312.00
	材料费（元）			1648.89	1494.05	1649.58	1796.96	1777.42	1512.43
	机械费（元）			43.88	34.93	42.42	42.42	69.86	59.88
名称		单位	单价（元）	消耗量					
人工Ⅱ类		工日	26.00	10.400	8.700	9.200	9.700	14.200	12.000
材料	现浇现拌混凝土 C20(40)	m³	158.96	10.150	8.320	10.150	—	—	8.630
	防水混凝土 C20/P6(40)	m³	172.58	—	—	—	10.150	10.150	—
	块石　毛石 200～500	t	27.77	—	4.810	—	—	—	4.270
	草袋	m²	4.48	5.300	4.200	3.800	5.100	1.000	1.000
	水	m³	1.95	6.000	9.800	9.800	11.500	10.900	9.000
机械	混凝土搅拌机 500L	台班	106.05	0.340	0.280	0.340	0.340	0.560	0.480
	混凝土振捣器　插入式	台班	9.35	—	0.560	0.680	0.680	1.120	0.960
	混凝土振捣器　平板式	台班	11.50	0.680	—	—	—	—	—

注：1. 电梯井坑并入相应基础内计算。
2. 杯形基础每 10m³ 增加 1：2 水泥砂浆 0.04m³。

建设工程定额的特性取决于社会制度的性质。在社会主义市场经济条件下，其特性表现在以下几个方面。

(1)定额的科学性

建设工程定额的科学性包括两重含义。一是指定额的制定是在当时的实际生产力水平条件下，是在实际生产中大量测定、综合分析研究、广泛搜集资料的基础上制定出来的。建设工程定额必须和生产力发展水平相适应，反映出工程建设中生产消费的客观规律，否则它就难以作为国民经济中计划、调节、组织、预测、控制工程建设的可靠依据，难以实现它在管理中的作用。二是指建设工程定额管理在理论、方法和手段上必须科学化。它一般是通过专家经过科学的方法并吸收了群众的智慧来实现的，以适应现代科学技术和信息社会发展的需要。

此外，其科学性还表现在定额制定和贯彻的一体化上。制定是为了提供贯彻的依据；贯彻是为了实现管理的目标，也是对定额的信息反馈。

(2)定额的权威性和强制性

我国的建筑定额是由国家或其授权机关组织编制和颁发的一种法令性指标，在执行范围之内，任何单位都必须严格遵守和执行。未经原制定单位批准，不得任意改变其内容和水平。如果需要进行调整、修改和补充，必须经授权部门批准，必须在内容和形式上同原定额保持一致。因此，这种权威性在一些情况下具有经济法规性质和执行的强制性。权威性反映统一的意志和统一的要求，也反映信誉和信赖程度，而建设工程定额的权威性和强制性的客观基础是定额的科学性。在当前市场不规范的情况下，赋予建设工程定额以强制性是十分重要的，它不仅是定额作用得以发挥的有力保证，而且也有利于理顺工程建设有关各方的经济关系和利益关系。但是，这种强制性也有相对的一面。在竞争机制引入工程建设的情况下，定额的水平必然会受市场供求状况的影响，从而在执行中可能产生浮动。

应该指出的是，在社会主义市场经济条件下，对定额的权威性和强制性不应绝对化。定额的权威性虽有其客观基础，但定额毕竟是主观对客观的反映，定额的科学性会受到人们认识的局限。与此相关，定额的权威性也就会受到削弱，定额的强制性也受到了新的挑战。在社会主义市场经济条件下，随着投资体制的改革和投资主体多元化格局的形成，随着企业经营机制的转换，投资者和承包商都可以根据市场的变化和自身的情况，自主地调整自己的决策行为。在这里，一些与经营决策有关的工程建设定额的强制性特征，也就弱化了。但直接与施工生产相关的定额，在企业经营机制转换和增长方式转换的要求下，其权威性和强制性还必须进一步强化。

(3)定额的系统性和统一性

建设工程定额是相对独立的系统。它是由多种定额结合而成的有机整体。它的结构复杂，有鲜明的层次，有明确的目标。

建设工程定额的系统性是由工程建设的特点决定的。按照系统论的观点，工程建设就是庞大的实体系统，建设工程定额是为这个实体系统服务的。因为工程建设本身的多种类、多层次就决定了以它为服务对象的工程建设定额的多种类、多层次。各类工程的建设都有严格的项目划分，如建设项目、单项工程、单位工程、分部工程、分项工程；在计划和实施过程中有严密的逻辑阶段，如初步设想、可行性研究、设计、施工、竣工交付使用，以及投入使用后的维修。与此相适应必然形成工程建设定额的多种类、多层次。

建设工程定额的统一性，主要是由国家对经济发展的宏观调控职能决定的。为了使国民经济按照既定的目标发展，就需要借助于某些标准、定额、参数等，对工程建设进行规划、组织、调节和控制。而这些标准、定额、参数必须在一定范围内是一种统一的尺度，才能实现上述职能，才能利用它对项目的决策、设计方案、投标报价、成本控制进行比选和评价。建设工程定额的统一性按照其影响力和执行范围来看，有全国统一定额、地区统一定额和行业统一定额等，层次清楚，分工明确；按照定额的制定、颁布和贯彻使用来看，有统一的程序、统一的原则、统一的要求和统一的用途。

(4)定额的相对稳定性和可变性

定额中所规定的各种活劳动与物化劳动消耗量的多少，是由一定时期的社会生产力水平所决定的。随着科学技术和管理水平的提高，社会生产力的水平也必然提高，但社会生产力的发展有一个由量变到质变的过程，有一个变动周期。因此，定额的执行也有一个相对稳定的过程。当生产条件变化，技术水平有了较大的提高，原有定额已不能适应生产需要时，授权部门才根据新的情况对定额进行修订和补充。所以，定额不是固定不变的，但也绝不是朝定夕改的，它有一个相对稳定的执行期间，地区和部门定额一般为 5～8 年，国家定额一般为 8～10 年。

(5)定额的针对性

建筑工程定额的针对性很强，一种产品（或工序）一项定额，而且一般不能相互套用。一项定额，它不仅是该产品（或工序）的资源消耗的数量标准，而且还规定了完成该产品（或工序）的工作内容、质量标准和质量要求。具有较强的针对性，应用时不能随意套用。

3.1.2 工程定额的分类体系

建筑安装工程定额的种类很多，根据使用对象和组织施工的具体目的、要求的不同，定额的形式、内容和种类也不同。

建筑安装工程定额可按不同的标准进行划分。

1.按生产要素分类

按生产要素可分为三类，如图 3-1 所示。

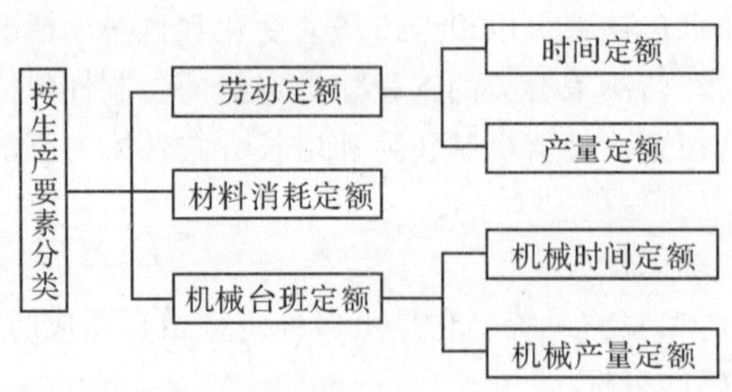

图 3-1 按照生产要素分类

(1)劳动定额

劳动定额也称工时定额或人工定额，是指在合理的劳动组织条件下，工人以社会平均熟练程度和劳动强度在单位时间内生产合格产品的数量。

建筑安装工程劳动定额是反映建筑产品生产中活劳动消耗量的标准数量，是指在正常的生产(施工)组织和生产(施工)技术条件下，为完成单位合格产品或完成一定量的工作所预先规定的必要劳动消耗量的标准数额。

劳动定额是建筑安装工程定额的主要组成部分，反映建筑安装工人劳动生产率的社会平均先进水平。劳动定额有以下两种基本表示形式。

①时间定额：是指在一定的生产技术和生产组织条件下，某工种、某种技术等级的工人小组或个人，完成单位合格产品所必须消耗的工作时间。定额工作时间以工日为单位。其计算公式如下：

单位产品时间定额＝1/每工产量 (3-1)

②产量定额：是指在一定的生产技术和生产组织条件下，某工种、某种技术等级的工人小组或个人，在单位时间内(工日)应完成合格产品的数量。其计算公式如下：

每工产量＝1/单位产品时间定额(工日) (3-2)

(2)材料消耗定额

材料消耗定额是指在生产(施工)组织和生产(施工)技术条件正常、材料供应符合技术要求、合理使用材料的条件下，完成单位合格产品所需一定品种规格的建筑材料或构、配件消耗量的标准数量。其包括净用在产品中的数量以及在施工过程中发生的自然和工艺性质的损耗量。

(3)机械台班使用定额

机械台班使用定额是指施工机械在正常的生产(施工)和合理的人机组合条件下，由熟悉机械性能的、有熟练技术的工人或工人小组操纵机械时，该机械在单位时间内的生产效率或产品数量，也可以表述为该机械完成单位合格产品或某项工作所必需的工作时间。

机械台班定额有以下两种表现形式。

①机械台班产量定额:是指在合理的劳动组织和一定的技术条件下,工人操作机械在一个工作台班内应完成合格产品的标准数量。

②机械时间定额:是指在合理的劳动组织和一定的技术条件下,生产某一单位合格产品所必须消耗的机械台班数量。

劳动定额、材料消耗定额、机械台班定额反映了社会平均必须消耗的水平,它是制定各种实用性定额的基础,因此也称为基础定额。

2. 按照定额的编制用途分类

按照定额的编制用途可分为四类,如图 3-2 所示。

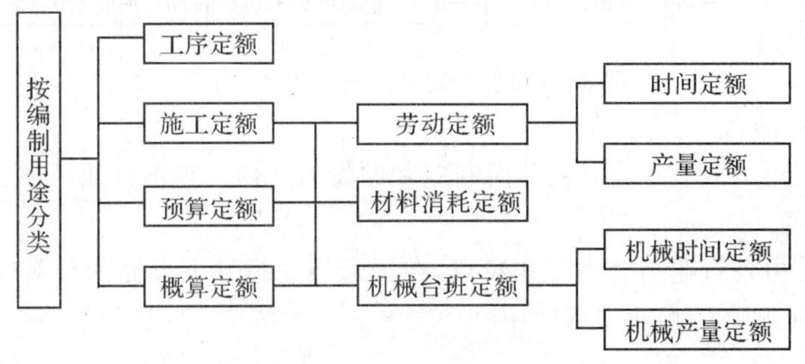

图 3-2　按照编制用途分类

(1)工序定额

工序定额以个别工序为测定对象,是组成一切工程定额的基本元素。除了为计算个别工序的用工量外,工序定额在施工中很少采用,但却是劳动定额成形的基础。

(2)施工定额

施工定额以同一性质的施工过程为测定对象,表示某一施工过程中的人工、主要材料和机械消耗量。它以工序定额为基础综合而成,在施工企业中,用来编制班组作业计划,签发工程任务单,限额领料卡以及结算计件工资或超额奖励,材料节约奖等。施工定额是企业内部经济核算的依据,也是编制预算定额的基础。

施工定额中,只有劳动定额部分比较完整,目前还没有一套完整的全国统一的包括人工、材料、机械台班的施工定额。材料消耗定额和机械台班使用定额都是直接在预算定额中表现出来。

(3)预算定额

预算定额是以工程中的分项工程,即在施工图纸上和工程实体上都可以区分开的产品为测定对象,其内容包括人工、材料和机械台班使用量等三个部分。经过计价后,预算定额可编制单位估价表。它是编制施工图预算(设计预算)的依据,也是编制概算定额、概算指标的基础。预算定额在施工企业被广泛用于编制施工准备计划,编制工程材料预算,确定工程造价,考核企业内部各类经济指标等。因此,预算定额是用途最广泛的一种定额。

(4)概算定额

概算定额是预算定额的合并与扩大,用于初步设计深度条件下,编制设计概算,控制设计项目总造价,评定投资效果和优化设计方案。

3.按照制定单位和执行范围分类

按照制定单位和执行范围可分为五类,如图 3-3 所示。

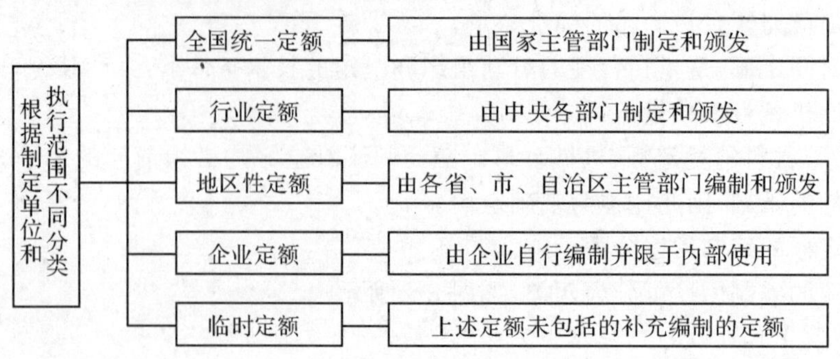

图 3-3 按照制定单位和执行范围分类

(1)全国统一定额

全国统一定额是由国务院有关部门制定和颁发的定额。它不分地区,全国通用。

(2)行业定额

行业定额是由各行业结合本行业特点,在国家统一指导下编制的具有较强行业或专业特点的定额,一般只在本行业内部使用。

(3)地区性定额

地区性定额是由各省、自治区、直辖市在国家统一指导下,结合本地区特点编制的定额,只在本地区范围内执行。

(4)企业定额

企业定额是由企业自行编制,只限于企业内部使用的定额。例如:施工企业及附属的加工厂、车间编制的用于企业内部管理、成本核算、投标报价的定额以及对外实行独立经济核算的单位(如预制混凝土和金属结构厂、大型机械化施工公司、机械租赁站等)编制的不纳入建筑安装工程定额系列之内的定额标准、出厂价格、机械台班租赁价格等。

(5)临时定额

临时定额也称一次性定额,它是因上述定额中缺项而又实际发生的新项目而编制的。一般由施工企业提出测定资料,与建设单位、监理单位或设计单位协商议定,只作为一次使用,并同时报主管部门备查,以后陆续遇到此类项目时,经过总结和分析,往往成为补充或修订正式统一定额的基本资料。

4.按照专业性质不同分类

由于建设工程涵盖的范围极其广阔,一般有建筑安装工程、装饰工程、市政园林工程、交通工程等,而且各专业的特征明显。在现行的定额体系中,按照专业性质的不同,分别有其对应的定额,如图 3-4 所示。

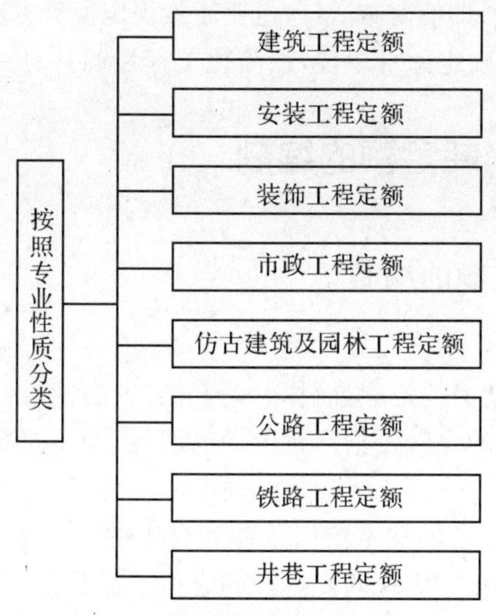

图 3-4　按照专业性质分类

3.1.3　工程定额的编制原则

工程定额的编制遵循平均合理、简明适用的原则。

(1)平均合理

工程定额作为确定建筑工程造价的一个主要依据,必须遵照价值规律的客观要求,按生产过程中所消耗的社会必要劳动时间确定定额水平。

平均合理原则是指在定额制定和适用区域现阶段社会正常的生产条件下,在社会的平均劳动熟练程度和劳动强度下,确定建筑工程消耗量水平。定额水平与各项消耗成反比,与劳动生产率成正比。定额水平越高,完成单位产品的人工、材料和机械台班消耗越少,劳动生产率越高。

消耗量的水平以普遍的施工单位劳动生产率水平为基础。按社会必要劳动时间确定工程定额水平,对于改善工程造价管理,保证施工单位得到人力、物力和资金的补偿,鼓励施工单位努力降低劳动消耗和成本支出,提高施工管理水平,具有十分重要的意义。

(2)简明适用

简明适用原则是指消耗量定额应具有可操作性,便于掌握,有利于简化工程造价的计算工作和计价软件的开发。

简明适用,要求分项工程的子目划分粗细恰当,简单明了,在内容和形式上具有多方面的适应性。对于那些主要的、常用的、价值量大的分项工程,子目划分宜细一些,即步距小;次要的、不常用的、价值量相对较小的分项工程,子目划分宜粗一些,即步距大。

简明适用,要求分项工程的项目要齐全,要注意补充因采用新技术、新结构、新材料而出现的新项目。如果项目不全,缺项多,就会使计价工作缺少充足的、可靠的依据。补充定额一般因受资料所限,费时费力,可靠性较差,倘若缺乏沟通容易引发纠纷。

简明适用,要求定额的活口设置适当。所谓活口,即在定额中规定,当符合一定条件时,允许该定额另行调整。因此要尽量不留活口。对实际情况变化较大,影响定额水平幅度大的项目,应从实际出发尽量少留活口;即使留有活口,也要注意规定换算方法,避免采取按实计算。

简明适用,还要求合理确定计量单位,以简化工程量的计算。

3.2　生产要素消耗定额的编制

3.2.1　人工消耗定额的编制

1.工作时间的内容

人工消耗定额也称劳动消耗定额,简称劳动定额。在各种定额中,人工消耗定额都是很重要的组成部分。人工消耗的含义是指活化劳动的消耗,而不是指活化劳动和物化劳动的全部消耗。

人工消耗定额是指在正常的技术组织条件和合理的劳动组织条件下,生产单位合格产品所需消耗的工作时间,或在一定时间内生产的合格产品数量。因此,编制人工消耗定额,确定其工作时间是关键。研究施工过程中的工作时间及其特点,并对工作时间的消耗进行科学的分类,是制定劳动定额的基本内容之一。

所谓工作时间,是指工作班次的延续时间。国家现行制度规定为 8 小时工作制,即日工作时间为 8 小时。

工人在工作班内从事施工过程中的时间消耗有些是必需的,有些则是损失掉的。按其消耗的性质可以分为两大类:定额时间(必须消耗的时间)和非定额时间(损失时间),如图 3-5 所示。

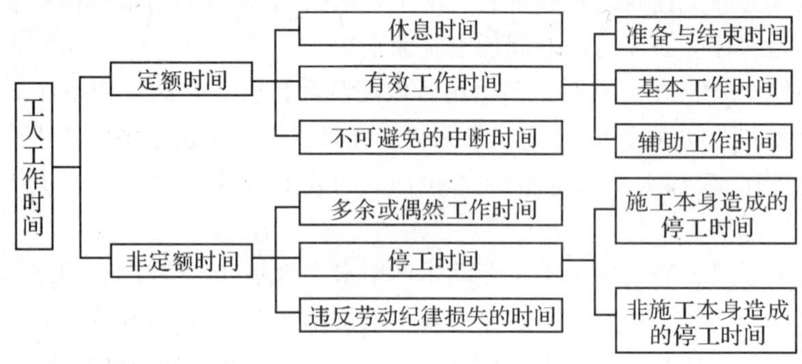

图 3-5　工人工作时间分解图

(1)定额时间

定额时间是指工人在正常的施工条件下,完成某一建筑产品(或者工作任务)必须耗用的工作时间。从图 3-5 中可以看出,定额时间包括有效工作时间、休息时间和不可避免中断所消耗的时间。

①有效工作时间,是从生产效果来看与产品生产直接有关的时间消耗,包括基本工作时间、辅助工作时间、准备与结束工作时间的消耗。其中,基本工作时间是指工人完成能生产一定产品的施工工艺过程所消耗的时间;辅助工作时间是指为保证基本工作能顺利完成所消耗的时间;准备与结束工作时间是指执行任务前或任务完成后所消耗的工作时间。

②不可避免中断所消耗的时间,是由于施工工艺特点引起的工作中断所必需的时间。与施工过程工艺特点有关的工作中断时间,应包括在定额时间内,但应尽量缩短此项时间消

耗。与工艺特点无关的工作中断所占用的时间，是由于劳动组织不合理引起的，属于损失时间，不能计入定额时间。

③休息时间，是工人在工作过程中为恢复体力所必需的短暂休息和生理需要的时间消耗。这种时间是为了保证工人精力充沛地进行工作，所以在定额时间中必须进行计算。休息时间的长短和劳动条件有关，劳动繁重紧张、劳动条件差（如高温）则休息时间需要长。

（2）损失时间

损失时间是指与产品生产无关，而与施工组织和技术上的缺点有关，与工人在施工过程中的个人得失或某些偶然因素有关的时间消耗。在图 3-5 中还可以看出，损失时间中包括多余或偶然工作、停工、违背劳动纪律所引起的时间损失。

①多余或偶然工作的时间损失，多余工作就是工人进行了任务以外的工作而又不能增加产品数量的工作。如重砌质量不合格的墙体。多余工作的工时损失，一般都是由于工程技术人员和工人的差错而引起的，因此，不应计入定额时间中。偶然工作也是工人在任务外进行的工作，但能够获得一定产品。如：日常架子工在搭设脚手架时需要在架子上架网；抹灰工在抹灰前必须先补上遗留的孔等；钢筋工在绑扎钢筋前必须对木工遗留在板内的杂物进行清理等等。从偶然工作的性质来看，在定额中不应考虑它所占用的时间，但是由于偶然工作能获得一定产品，拟定定额时要适当考虑它的影响。

②停工时间，是指工作班内停止工作造成的时间损失。停工时间按其性质可分为施工本身造成的停工时间和非施工本身造成的停工时间。其中，施工本身造成的停工时间，是由于施工组织不合理、材料供应不及时、工作前道工序没有做好、劳动力安排不好等情况引起的停工时间。这类停工时间在制定定额时不应该考虑。非施工本身造成的停工时间，是由于气候条件以及水源、电源中断引起的停工时间，这类时间在制定定额时应给予合理的考虑。

（3）违反劳动纪律时间，是指工人违反劳动纪律的规定造成的工作时间损失。其包括：工人在工作班内的迟到、早退、擅自离岗，工作时间内聊天、办私事等造成的时间损失，由于一个或几个工人违反劳动纪律影响其他工人无法工作而造成的时间损失。此项时间损失不应该存在，因此在定额中是不予考虑的。

2. 人工消耗指标的内容

工程定额，尤其是预算定额是综合性定额，因此定额中人工消耗指标应包括为完成分项工程所必须的各种工序的用工量（即基本用工、人工幅度差、超运距用工、辅助用工）。

（1）基本用工

基本用工指完成分项工程的主要用工量，是定额人工消耗指标的主要组成部分。对于综合性定额，每个分项定额都综合了数个工序内容，各种工序用工等级均不一样。因此，完成定额单位产品的基本用工量又包括两部分：该分项工程主体工程的用工量和附属于主体工程中各工程的加工而增加的用工量。例如，砌筑各种砖墙工程的基本用工，包括砌墙体用工，也包括门窗洞口、墙心烟囱等加工用工。上述不同用工量，都要分别计算后纳入定额。

（2）人工幅度差

人工幅度差是指在编制预算定额时必须加算的，劳动定额中未包括的，而在正常施工条件下必然发生的零星用工量。人工幅度差内容包括如下：

①在正常施工情况下，土建工程各种工程之间的工序搭接及土建工程与水、暖、电工程之间交叉配合所需停歇的时间。

②施工机械在单位工程之间转移及临时水电线路在施工过程中移动所发生的不可避免的工作停歇时间。

③工程质量检查与隐蔽工程验收而影响工人的操作时间。

④场内单位工程之间因操作地点转移而影响工人的操作时间。

⑤施工过程中工种之间交叉作业难免造成的损坏所必须增加的修理用工。

⑥施工中不可避免的少数零星用工。

上述需增加的用工采用人工幅度差方法计算,即增加一定比例的用工。

(3)超运距用工

超运距用工是指编制预算定额时,材料、半成品等在施工现场的合理运输距离,超过劳动定额规定的运距时,应增加的运输用工量。劳动定额中材料运距的用工是按合理的施工组织规定的,实际上各类建设场地的条件很不一致,实际运距与劳动定额规定的运距往往有较大的出入,编制预算定额时,必须根据全国或本地区各施工现场的实际情况综合取定一个合理运距。预算定额规定运距减去劳动定额中规定的运距等于超运距。《全国统一建筑工程基础定额》(1995 年版)中的材料、成品、半成品场内超运距的取定见表 3-2。

表 3-2 材料、成品、半成品场内超运距表

序号	材料名称	起止地点	取定超运距(m)
1	水泥	仓库—搅拌处	0
2	砂	堆放—搅拌处	50
3	碎(砾)石	堆放—搅拌处	50
4	毛石(整石)	堆放—使用	50
5	红砖(瓦)	堆放—使用	100
6	砂 浆	搅料—使用	100
7	各类砌场	堆放—使用	100
8	组合钢模板	堆放点—制作点	140
9	木模板	堆放点—安装点	20
	木模板	堆放点—安装点	140
	木模板	拆除点—堆放点	40
	钢 筋	取料—加工	50
10	钢 筋	制作—堆放	50
	钢 筋	堆放—安装	现场 100
11	混凝土(包括各类轻质混凝土)	搅拌点—浇灌点	预制厂 150
12	铁 件	堆放—使用	100
13	钢门窗	制作—安装	100
14	木门窗	制作—堆放	10020
	木门窗	堆放—安装	170
15	木屋架、檩木	制作	50
	木屋架、檩木	安装	150
16	玻 璃	制作—安装	100
17	白石子(石屑)	堆放—搅拌—使用	150
18	马赛克、各类块料	堆放—搅拌—使用	50
19	石灰炉(矿)渣	堆放—搅拌—使用	50
20	卷材、玻璃布	仓库—使用	100
	沥青胶	堆放—熬制—操作	100
21	沥 青	堆放—熬制—操作	50
22	草袋	堆放—使用	50
23	钢 材	堆放—制作	100

(4)辅助用工

辅助用工是指施工现场某些建筑材料的加工用工。它是预算定额人工消耗指标的组成部分。建筑安装工程统一劳动定额,规定了完成质量合格单位产品的基本用工量(工日),未考虑施工现场的某些材料的加工用工。例如,施工现场筛砂子和炉渣、淋石灰膏、洗石子、砖上喷水、打碎砖等用工,均未纳入产品定额中。辅助用工是施工生产不可缺少的用工,在编制预算定额计算总的用工量指标时,必须按需要加工的材料数量和劳动定额中相应的加工定额计算辅助用工量。

3. 人工消耗指标的测算

预算定额中各种用工量,应根据在工程量计算表中测算后综合取定的工程量数据、建设部和劳动部于 1994 年颁发、于 1995 年 1 月 1 日执行的中华人民共和国劳动和劳动安全行业标准《建筑安装工程统一劳动定额》以及国家规定的人工幅度差系数等资料计算。国家颁发的《建筑安装工程统一劳动定额》,规定了各种用工量的基本计算方法,按综合取定的工程量和劳动定额、人工幅度差系数等,计算出各种用工的工日数。

(1)基本用工计算

按综合取定的工程量数据和劳动定额中的相应时间定额进行计算。计算公式如下:

$$\text{基本用工工日数量} = \sum(\text{时间定额} \times \text{工序工程量}) \tag{3-3}$$

(2)超运距用工计算

超运距是指预算定额规定的运距超出劳动定额规定的运距的差额,超运距用工工日数量应按各种超运距的材料数量和相应的超运距时间定额进行计算。计算公式如下:

$$\text{超运距用工工日数量} = \sum(\text{时间定额} \times \text{超运距材料数量}) \tag{3-4}$$

(3)辅助用工计算

按所需加工的各种材料数量和劳动定额中相应的材料加工时间定额进行计算。计算公式如下:

$$\text{辅助用工工日数量} = \sum(\text{时间定额} \times \text{需要加工材料数量}) \tag{3-5}$$

(4)人工幅度差计算

按国家规定的人工幅度差系数,在以上各种用工量的基础上进行计算。计算公式如下:

$$\text{人工幅度差} = (\text{基本用工} + \text{超运距用工} + \text{辅助用工}) \times \text{人工幅度差系数} \tag{3-6}$$

《全国统一建筑工程基础定额》中的人工工日不分工种、技术等级,一律以综合工日表示。内容包括基本用工、超运距用工、人工幅度差、辅助用工。其中基本用工,参照现行全国建筑安装工程统一劳动定额为基础计算,缺项部分参考地区现行定额及实际调查资料计算。凡依据劳动定额计算的,均按规定计入人工幅度差;根据施工实际需要计算的,未计入人工幅度差。

3.2.2　材料消耗定额的编制

1. 材料消耗指标的内容

工程定额中的材料消耗指标包括主要材料、辅助材料、周转性材料和次要(其他)材料的消耗量标准,并计入了相应损耗,其内容包括:从工地仓库或现场集中堆放地点至现场加工地点或操作地点以及加工地点至安装地点的运输损耗、施工操作损耗、施工现场堆放损耗。

《全国统一建筑工程基础定额》(1995 年版)中的材料、成品、半成品损耗率(节录)见表 3-3。

表 3-3 材料、成品、半成品损耗率(节录)

序号	材料名称	损耗率(%)	序号	材料名称	损耗率(%)
1	打孔灌注混凝土桩	1.5	8	红砖(墙)	2.0
				红砖(空斗墙)	1.5
	打孔灌注混凝土桩(充盈系数)	25		红砖(基础)	0.5
				红砖(方砖柱)	3.0
2	钻孔灌注混凝土桩	1.5		红砖(圆砖柱)	7.0
				红砖(烟囱)	4.0
	钻孔灌注混凝土桩(充盈系数)	30		红砖(水塔)	3.0
3	打预制混凝土桩	1.0	9	加气混凝土块	7.0
			10	其他砌块	2.0
4	钢脚手管	4.0	11	砂浆(砖砌体)	1.0
				砂浆(空心墙)	5.0
5	毛竹脚手杆	5.0		砂浆(多孔砖墙)	10.0
6	铁线	2.0		砂浆(砌块)	2.0
7	毛石	2.0		砂浆(毛石)	1.0

2.材料消耗指标的测算

材料消耗量计算主要有:

(1)凡有标准规格的材料,按规范要求计算定额计量单位耗用量,如砖、防水卷材等。

(2)凡设计图纸标注尺寸及下料要求的按设计图纸尺寸计算材料净用量,如门窗制作用材料、方、板料等。

(3)换算法。指各种胶结、涂料等材料的配合比用料,可以根据要求条件换算,得出材料用量。

(4)测定法,包括试验室试验法和现场观察法。指各种强度等级的混凝土及砌筑砂浆配合比的耗用原材料数量的计算,须按规范要求试配,经过试压合格以后并经必要的调整后得出的水泥、砂子、石子、水的用量。对新材料、新结构等不能用其他方法计算定额耗用量时,须用现场测定方法来确定,根据不同条件可以采用写实记录法和观察法,从而得出定额的消耗量。

材料损耗量,指在正常施工条件下不可避免的材料损耗。如现场内材料运输损耗及施工操作过程中的损耗等。其关系式如下:

$$材料损耗率=\frac{损耗量}{净用量}\times 100\% \tag{3-7}$$

$$材料损耗量=材料净用量\times 损耗率 \tag{3-8}$$

$$材料消耗量=材料净用量+材料损耗量=材料净用量\times(1+损耗率) \tag{3-9}$$

其他材料的确定,一般按工艺测算并在定额项目材料计算表内列出名称、数量,并依编制期价格以占主要材料的比率计算,列在定额材料栏之下,定额内可以不列材料名称及消耗量。

3.2.3　机械台班定额的编制

1.施工机械台班消耗指标的内容

(1)基本台班数量

基本台班数量即按机械台班定额确定的为完成定额计量单位建筑安装产品所需要的施工机械台班数量。

(2)机械幅度差

编制预算定额时,在按照统一劳动定额计算施工机械台班的耗用量后,尚应考虑在合理的施工组织设计条件下机械停歇的因素,而另外增加的机械台班消耗量。

预算定额中机械幅度差所包括的内容大致应有以下几项:

①施工中机械转移工作面及配套机械互相影响损失的时间;

②在正常施工情况下机械施工中不可避免的工序间歇;

③工程结尾工作量不饱满所损失的时间;

④检查工程质量影响机械操作的时间;

⑤临时水电线路在施工过程中移动所发生的不可避免的机械操作间歇时间;

⑥冬季施工期内发动机械的时间;

⑦不同厂牌机械的工效差;

⑧配合机械施工的工人,在人工幅度差范围以内的工作间歇影响的机械操作的时间。

施工机械幅度差系数,应按照统一规定的系数计算。《全国统一建筑工程基础定额》的施工机械幅度差系数见表 3-4。

表 3-4　施工机械幅度差系数表

序号	名　称	幅度差系数(%)	备注	序号	名　称	幅度差系数(%)	备注
1	挖土房机械	25		6	打桩机械	33	
2	夯击机械	25		7	钻孔桩机械	33	
3	运土方、运渣机械	25		8	构件运输机械	25	
4	挖掘机挖渣	33		9	构件安装机械	25	
5	推土机推渣	33					

2.施工机械台班消耗指标的测算

预算定额中的施工机械台班消耗指标,有以下几种基本的计算方法。

(1)按机械台班定额加机械幅度差的计算方法

此法适用于大型施工机械,如大规模土石方施工、打桩、构件吊装机械等。这时施工机械台班耗用量应包括完成定额规定的施工任务所需的基本台班数量和必要的机械幅度差,其中基本的台班数量必须根据相应的施工机械台班定额来确定。计算公式如下:

$$\text{基本台班数量}=\frac{\text{定额计量单位}}{\text{机械台班产量}} \tag{3-10}$$

机械幅度差则以基本台班数量为基础乘以机械幅度差系数来计算。计算公式如下:

$$\text{机械幅度差}=\text{基本台班数量}\times\text{机械幅度差系数} \tag{3-11}$$

(2)按工人小组配置机械,以小组产量为机械台班产量的计算方法

有些机械按工人小组来配置,工人小组的日产量限制了机械能力的发挥,这时就以小组

产量作为机械台班产量来确定施工机械台班消耗指标。

以小组产量计算机械台班产量，不另增加机械幅度差。计算公式如下：

$$\text{分项定额机械台班使用量}=\frac{\text{分项定额计量单位值}}{\text{小组总人数}\times(\text{劳动定额综合产量定额}\times\text{分项计算的取定比值})}=\frac{\text{分项定额计量单位值}}{\text{小组总产量}} \quad (3\text{-}12)$$

(3)按人工工日的一定比例确定机械台班消耗指标的计算方法

这种方法实际上是按相应工种的工人配置机械，以用工量确定机械台班消耗指标。例如，在确定电焊机台班消耗指标时，采用这种方法，以电焊工工日与电焊机台班的比值来计算。假设某预算定额用工指标中的电焊工工日为0.1工日，比值为1∶1，则电焊机台班数也为0.1个台班。

一般情况下，采用后两种计算方法时不再计取机械幅度差。

3.3 生产要素预算价格的确定

3.3.1 人工工日单价的确定

人工工日单价是指一个建筑安装生产工人一个工作日在预算中应计入的全部人工费用。它基本上反映了建筑安装生产工人的工资水平和一个工人在一个工作日中可以得到的报酬。

合理确定人工工日单价是正确计算人工费和工程造价的前提和基础。

1. 人工工日单价的组成

目前，按照现行规定生产工人的人工工日单价组成如表3-5所示。

表3-5 人工工日单价组成

基本工资	岗位工资
	技能工资
	年功工资
工资性津贴	交通补贴
	流动施工津贴
	房补
	工资附加
	地区津贴
	物价补贴
辅助工资	非作业工日发放的工资和工资性补贴
劳动保护费和职工福利费	劳动保护
	书报费
	洗理费
	取暖费

人工工日单价组成内容，在各部门、各地区并不完全相同，但都执行岗位技能工资制度，以便更好地体现按劳取酬和适应市场经济的需要。人工工日单价中的每一项内容都是根据有关

法规、政策文件的精神，结合本部门、本地区的特点，通过反复测算最终确定的。

2. 人工工日单价的计算

(1)有效施工天数。年有效施工天数＝年应工作天数－年非作业天数。

年应工作天数：按年日历天数天减去双休日、法定节假日后的天数。

年非作业天数：指职工学习、培训，调动工作、探亲、休假，因气候影响，女工哺乳期，6个月以内病假及产、婚、丧假等，在年应工作天数之内而未工作的天数。

(2)生产工人基本工资。生产工人的基本工资应执行岗位工资和技能工资制度。根据有关部门制定的《全民所有制大中型建筑安装企业的岗位技能工资试行方案》中，按岗位工资、技能工资和年功工资(按职工工作年限确定的工资)计算。

(3)生产工人工资性津贴。是指为了补偿工人额外或特殊的劳动消耗及为了保证工人的工资水平不受特殊条件影响，而以补贴形式支付给工人的劳动报酬，它包括按规定标准发放的物价补贴，煤、燃气补贴，交通费补贴，住房补贴，流动施工津贴及地区津贴等。

(4)生产工人辅助工资。是指生产工人年有效施工天数以外的非作业天数的工资。

(5)职工福利费。是指按规定标准计提的职工福利费。

(6)生产工人劳动保护费。是指按规定标准发放的劳动保护用品等的购置费及修理费，徒工服装补贴，防暑降温费，在有碍身体健康环境中施工的保健费用等。

近几年国家陆续出台了养老保险、医疗保险、住房公积金、失业保险等社会保障的改革措施，新的工资标准将上述内容逐步纳入人工预算单价之中。

3.3.2　材料预算价格的确定

在建筑安装工程中，材料费一般占工程造价的70%左右。单位估价表中的材料费是根据材料消耗量和材料预算价格计算的。材料预算价格的高低，将直接影响建筑安装工程造价的确定。只有正确合理地制定出材料的预算价格，才能避免和减少材料费用出现偏高或偏低的现象，如实地反映建筑工程造价。

1. 材料预算价格的构成

材料(包括构件、成品、半成品)预算价格是指材料由来源地或交货地点，到达工地仓库或施工现场存放地点后的出库价格。

材料预算价格由以下5项费用组成：

(1)材料原价；

(2)供销部门手续费；

(3)材料包装费；

(4)材料运输费；

(5)材料采购及保管费。

其中，材料原价、运输费、采购保管费3项是构成材料预算价格的基本费用，而其余2项费用可能发生，也可能不发生。只有通过供销部门调拨的材料，才会发生供销部门手续费；由生产厂家直接进货的则不发生此项费用。只有需要包装的材料，且其包装费又未计入材料原价内的，才发生包装费，但应扣除包装品回收值。

2.材料预算价格的计算

材料预算价格由上述5项费用组成,其计算公式如下:

材料预算价格 =(供应价格+市内运费)×(1+采购及保管费率)

－包装回收值 (3-13)

式中:供应价格 =材料原价+供销部门手续费+包装费+外埠运费 (3-14)

(1)材料原价的确定

材料原价是指材料的出厂价格,进口材料抵岸价或销售部门的批发牌价和零售价。

在确定材料原价时,同一种材料,因产地、生产厂家、交货地点或供应单位的不同而有几种原价时,应根据不同来源地的供应数量及不同的单价,采取加权平均的方法计算出加权平均原价。常用的有如下计算方法。

①总金额法。公式如下:

$$\overline{P}=\frac{\sum_{i=1}^{n}P_iQ_i}{\sum_{i=1}^{n}Q_i} \tag{3-15}$$

式中:$\overline{P}$—— 加权平均材料原价;

P_i—— 各来源地材料原价;

Q_i—— 各来源地材料数量;

$\sum_{i=1}^{n}P_iQ_i$——n个来源地购买材料的总金额。

②数量比例法。公式如下:

$$\overline{P}=\sum_{i=1}^{n}P_if_i \tag{3-16}$$

式中:$\overline{P}$——加权平均材料原价;

P_i——各来源地材料原价;

f_i——各来源地材料数量占总材料量的百分比,即$f_i=\frac{Q_i}{Q_{总}}\times100\%$(式中:$Q_i$为$i$地点材料的数量;$Q_{总}$为材料总的数量)。

(2)供销部门手续费

建筑材料大致有两种供应方式:一种是由生产厂家直接供应;另一种是由物资供销部门供应。

供销部门手续费是指某些材料不能直接向生产厂家采购、订货,必须经当地物资部门或供销部门供应而支付的附加手续费。供销部门手续费按费率计算,其费率由地区物资管理部门规定,一般为1%～3%。该项费用按下式计算:

供销部门手续费=材料原价×供销部门手续费率×供销部门供应数量 (3-17)

如果不经过物资供销部门直接从生产单位采购直达到货的材料,不计算此项费用。

(3)材料包装费

包装费是为了便于材料运输和保护材料进行包装所发生和需要的一切费用,包括水运、陆运的支撑、篷布、包装箱、绑扎材料等费用。材料运到现场或使用后,要对包装品进行回收。

材料包装费用有两种情况:一种情况是包装费已计入材料原价中,此种情况不再计算包装费。如袋装水泥，水泥纸袋已包括在水泥原价中。另一种情况是材料原价中未包含包装费，如果需要包装时包装费则应计入材料预算价格内。但是不论哪种情况，对周转使用的耐用包装品或生产厂为节约包装材料而规定必须回收的包装材料，应合理确定周转次数，按规定从材料价格中扣回包装品的回收价值。计算公式如下：

包装材料的回收值＝包装品原价×回收值×回收折价率 (3-18)

(4)材料运输费

材料运输费是指材料由来源地或交货地运至施工工地仓库或堆放地点的运输过程中所支付的全部费用。主要包括：调车(驳船)费、装卸费、运输费、附加工作费、途中损耗费等。

材料运输一般分为两段计算，即外埠运费和市内运费。

①外埠运费，是指材料从来源地至本市中心仓库或货站的全部费用。包括：车船运输费、装卸费以及入库费等。

②市内运费，是指材料从本市中心仓库或货站运至施工工地仓库的全部费用。包括：出库费、装卸费和运输费。

为了减少运输费的支出，应尽量就地取材、缩短运输距离，并选择运价较低的运输工具。运输费计算可根据材料来源地、运输方式、运输里程，并按国家或地方规定的运输标准，按加权平均的方式计算出材料平均运输价格。

(5)材料采购及保管费

材料采购及保管费是指施工企业的材料供应部门，在组织材料采购、供应和保管过程中需要支付的各项费用。其包括：采购及保管部门人员工资和管理费、工地材料仓库的保管费、货物过秤费及材料在运输和储存中的损耗费用等。计算公式如下：

材料采购及保管费＝(材料原价＋供销部门手续费＋包装费＋运输费)
×采购及保管费率 (3-19)

3.3.3 机械台班单价的确定

施工机械使用费是根据施工中耗用的机械台班数量和机械台班单价确定的。施工机械台班耗用量按预算定额规定计算；施工机械台班单价是指一台施工机械，在正常运转条件下一个工作班中所发生的全部费用，每台班按 8 小时工作制计算。正确制定施工机械台班单价是合理控制工程造价的重要方面。

1. 施工机械台班预算价格的组成

根据 1995 年《全国统一施工机械台班费用定额》，施工机械台班单价由七项费用组成，这些费用按其性质划分为第一类费用和第二类费用。

(1)第一类费用

第一类费用是指在机械台班预算价格中，不因施工地点和条件的不同而发生变化的那部分费用。它是一项比较固定的费用，亦称为不变费用。包括：折旧费、大修理费、经常修理费和安拆费及场外运费。

(2)第二类费用

第二类费用是指在机械台班预算价格中，随着施工地点和条件不同而发生较大变化的那部分费用。它只有在机械运转工作时才会发生，属于支出性质的费用，亦称为可变费用。包括：人工费、动力燃料费、养路费及车船使用税。

2.施工机械台班预算价格的计算

(1)第一类费用的计算

①折旧费,是指机械设备在规定的使用期限内陆续收回其原值及偿付贷款利息等的费用。其计算公式如下:

$$台班折旧费=\frac{机械预算价格\times(1-残值率)+贷款利息}{使用总台班} \tag{3-20}$$

式中:机械预算价格是指机械出厂价格,加上供销部门手续费和机械由出厂地点或交货地点运至使用单位验收入库的全部费用组成。

残值率是指机械报费时其回收残余价值占原值的比率。《全国统一施工机械台班费用定额》确定的各类施工机残值率为:运输机械为2%,特、大型机械为3%,中、小型机械为4%,掘进机械为5%。

使用总台班是指机械设备从开始投入使用至报废前所使用的总台班数。即

$$使用总台班=大修理间隔台班\times大修理周期 \tag{3-21}$$

贷款利息是指用于支付购置机械设备所需贷款的利息。

②大修理费,指机械设备按规定的大修理间隔台班必须进行大修理,以恢复其正常功能所需的费用。其计算公式如下:

$$台班大修理费=\frac{一次大修费\times大修理次数}{使用总台班} \tag{3-22}$$

式中:一次大修理费是指机械设备按规定的大修理范围、工作内容,进行一次全面修理所消耗的工时、配件、辅助材料及送修运输等全部费用。

$$大修理次数=大修理周期-1 \tag{3-23}$$

③经常修理费,指机械设备除大修理以外必须进行的各级保养(包括一、二、三级保养)及临时故障排除所需费用;为保障机械正常运转所需替换设备、随机使用工具、附具摊销和维护的费用;机械运转与日常保养所需润滑油脂、擦拭材料费用和机械停置期间的维护保养费用等。其计算公式如下:

$$台班经常修理费=台班大修理费\times Ka \tag{3-24}$$

式中:Ka 为台班经常维修系数。

$$Ka=\frac{台班经常修理费}{台班大修理费} \tag{3-25}$$

④安拆费及场外运输费。安拆费是指机械在施工现场进行安装、拆卸所需的人工、材料、机械费、试运转费以及安装所需的辅助设施(机械的基础、底座、固定锚桩、行走轨道、枕木等)的折旧、搭设、拆除等费用。其计算公式如下:

$$台班安拆费=\frac{机械一次安装拆卸费\times每年平均安装拆卸次数}{年工作台班} \tag{3-26}$$

场外运输费,是指机械整体或分体从停放场地运至施工现场或由一个工地运至另一个工地,运距25km以内的机械进出场运输及转移(机械的装卸、运输、辅助材料等)费用。其计算公式如下:

$$\begin{matrix}台班场\\外运输费\end{matrix}=\frac{(一次运输及装卸费+辅助材料一次性消费+一次架线费)\times年运输次数}{年工作台班} \tag{3-27}$$

(2)第二类费用的计算

①人工费，是指机上司机、司炉及其他操作人员的工作日工资及上述人员在机械规定的年工作台班以外基本工资和工资性津贴。其计算公式如下：

$$\text{台班人工费}=\text{机上操作人员人工工日数}\times\text{人工工日单价} \tag{3-28}$$

②动力燃料费，是指机械在运转施工作业中所耗用的电力、固体燃料(煤、木柴)、液体燃料(汽油、柴油)、水和风力等费用。其计算公式如下：

$$\text{台班动力燃料费}=\text{台班动力燃料消耗量}\times\text{动力燃料的预算单价} \tag{3-29}$$

③养路费及车船使用税，是指机械按国家及省、市有关规定应缴纳的养路费、运输管理费、车辆年检费、牌照费和车船使用税等的台班摊销费用。其计算公式如下：

$$\begin{matrix}\text{台班养路费}\\\text{车船使用税}\end{matrix}=\frac{\text{载重量}\times\text{年工作月数}\times\text{养路费(元/t·月)}+\text{年车船使用税}}{\text{年工作台班}} \tag{3-30}$$

《全国统一施工机械台班费用定额》基础数据摘录如表 3-6 所示。

表 3-6　部分机械费用定额基础数据(摘录)

序号	机械名称	规格	预算价格(元)	残值率(%)	使用总台班(台班)	大修间隔期(台班)	一次大修理费(元)	使用周期	Ka
1	载重汽车	6t	91649	2	1900	950	19732.06	2	5.61
2	自卸汽车	6t	151261	2	1650	825	27611.04	2	4.14
3	混凝土输送泵	$10m^3/h$	147000	4	1120	560	22083.96	2	2.23
4	塔式起重机	8t	727650	3	3600	1200	47944.60	3	3.94
5	履带式柴油打桩机	5t	2499000	3	2700	900	189124.20	3	1.95
6	滚筒式电动混凝土搅拌机	500L	53550	4	1750	875	8228.68	2	1.95
7	电动葫芦双速	10t	25452	4	800	400	7455.52	2	2.62
8	钢筋调直机	$\phi14$	15735	4	1000	500	2182.81	2	2.66

根据建设部建标［1994］449 号文件颁发的《全国统一施工机械台班费用定额》和某地区的人工工日单价、燃料、材料价格及机械设备配制状况，按上述施工机械台班的费用分别计算，得到某地区的机械台班预算价格如表 3-7 所示。

表 3-7 某地区施工机械台班预算价格(摘录)

编号	机械名称	规格型号	台班基价(元)	全国统一施工机械台班费用定额							
				第一类费用				第二类费用			停滞费(元)
				折旧费(元)	大修理费(元)	经常修理费(元)	安拆费及场外运费(元)	燃料动力费(元)	人工费(元)	养路费及车船使用税(元)	
1-46	履带式单斗挖土机	$1m^3$	732.86	330.60	65.40	137.99	—	144.90	51.25	2.72	384.57
1-57	光轮压路机	12t	288.76	104.13	19.61	62.96	—	73.81	25.63	2.62	132.38
2-3	履带式柴油打桩机	5t	3431.45	1897.39	321.57	1037.20	—	124.04	51.25	—	1948.64
2-22	汽车式钻孔机	φ400mm	515.29	164.42	24.42	67.14	—	168.78	51.25	39.28	254.95
3-45	塔式起重机	8t	578.19	360.46	26.64	104.95	—	34.89	51.25	—	411.71
3-58	桅杆式起重机	10t	246.34	95.57	5.30	22.26	17.56	54.40	51.25	—	146.82
4-2	载重汽车	6t	314.33	70.22	10.39	58.26	—	74.04	25.63	75.79	171.64
4-7	自卸汽车	6t	422.22	131.42	16.73	74.30	—	83.40	25.63	90.74	247.79
5-7	卷扬机慢速	5t	77.68	12.28	5.10	13.63	4.24	16.80	25.63	—	37.91
5-29	电动葫芦双速	10t	105.68	45.51	9.32	24.42	—	26.43	—	—	45.51
6-2	滚筒试点动混凝土搅拌机	500L	105.65	46.53	4.70	9.17	4.94	14.68	25.63	—	72.16
6-35	混凝土输送泵	$10m^3/h$	363.97	196.89	19.72	43.97	29.26	48.50	25.63	—	222.52
7-1	钢筋调直机	φ14mm	40.34	24.15	2.18	5.81	2.25	5.95	—	—	24.15
8-30	潜水泵	φ100mm	49.24	4.07	0.86	4.68	1.5	12.50	25.63	—	29.70
9-25	电渣焊机	1000A	194.30	64.47	5.93	18.84	5.93	73.50	25.63	—	90.10

3.4 工程定额的应用

为了正确使用工程定额，必须熟悉定额的总说明、各分部工程说明和附注等文字说明；要熟悉定额项目表的项目划分、计量单位及各栏数字间的对应关系；要熟悉定额附录资料的使用方法。只有在此基础上，才能在编制施工图预算时迅速、准确地确定需要计算的分部分项工程的项目名称、计量单位、定额基价，正确地进行工程预算单价的套用和换算。

预算定额的应用主要适合于单价法编制施工图预算的情况。常见的为定额的套用、换算和补充三种情况。

3.4.1 工程定额的套用

套用定额应根据施工图纸、设计要求、做法说明，从工程内容、技术特征、施工方法等方面认真核对。当分项工程的工程内容或设计要求与定额条件完全相符时，才能直接套用。这种情况是编制施工图预算中的大多数情况。

在编制单位工程施工图预算的过程中，大多数项目可以直接套用预算定额。套用时应注意以下几点：

(1)根据施工图纸、设计说明和做法说明、分项工程施工过程划分来选择定额项目；

(2)要从工程内容、技术特征和施工方法及材料规格上仔细核对，才能较准确地确定相应的定额项目；

(3)分项工程的名称和计量单位要与预算定额相一致。

例如，C20 的混凝土板 10m^3，套价时就要考虑该板是现浇的还是预制的。若是预制的，还要考虑是现场预制的还是在预制厂预制的，条件不同，得出的预算价格就不相同。现浇板不存在板的安装问题，预制板则有安装问题。同样，预制厂生产的混凝土板要考虑运输、堆放损耗率，而现场预制的板则不必考虑运输、堆放损耗率。此外，在套价时，一定要使实际工程量的单位与定额规定的单位一致，以免造成价格套用错误。

例 3-1　按浙江省 2003 年定额，商品泵送 C20 混凝土 20 厘米厚弧形墙 60 m^3，计算预算价格。

解：在浙江省 2003 年定额 P154，如表 3-8 所示，刚好有符合上述要求的 4-213 号子项，其基价为 2721 元/10m^3，故此项工程量预算价格为

$$6\times 2721=16326(\text{元})$$

表 3-8　浙江省 2003 年定额（节录）

板、墙

工作内容：泵送混凝土浇捣、看护、养护等　　　　计量单位：10m^3

定额编号				4-210	4-211	4-212	4-213
项目				板	拱板	直形、弧形、电梯井墙 墙厚(cm) 10 以内	直形、弧形、电梯井墙 墙厚(cm) 10 以上
基价(元)				2679	2842	2866	2721
其中	人工费(元)			137.80	213.20	330.20	283.40
	材料费(元)			2531.96	2619.28	2522.84	2428.95
	机械费(元)			9.38	9.38	12.72	8.42
名称		单位	单价(元)	消耗量			
人工Ⅱ类		工日	26.00	5.300	8.200	12.700	10.900
材料	商品泵送混凝土 C20(20)	m^3	235.90	10.150	10.150	—	10.150
	商品泵送混凝土 C20(16)	m^3	242.74	—	—	10.150	—
	草袋	m^2	4.48	22.700	38.100	3.600	2.100
	水	m^3	1.95	18.400	27.800	22.000	12.900
机械	混凝土振捣器　插入式	台班	9.35	0.450	0.450	1.360	0.900
	混凝土振捣器　平板式	台班	11.50	0.450	0.450	—	—

3.4.2 工程定额的换算

当工程内容或设计要求与定额不完全相同时，首先要弄清楚定额是否允许换算，如果允许换算，应按定额的要求进行换算。

定额换算的实质就是按定额规定的换算范围、内容和方法，对某些分项工程内容进行调整与换算。通常只有当设计选用的材料品种和规格与定额规定有出入，并按规定允许换算时才换算。经过换算的定额编号一般会紧接编号之后写上“H”或者“换”字。

工程定额的换算类型常见有：混凝土标号换算、砂浆标号换算、系数换算以及其他换算等。

(1)混凝土标号换算

一般定额规定，当定额的混凝土强度等级与设计要求与定额不同时，允许按附录换算，但定额中各种配合比的材料用量不得调整。因此，换算时，应按照换价不换量的原则进行，即对应的用量、人工费、机械费不发生变化，只换算混凝土标号或品种。

混凝土标号换算公式如下：

换算后定额基价＝原定额基价＋(设计混凝土单价－定额混凝土单价)
×定额混凝土用量 (3-31)

例 3-2 C25 现浇普通混凝土钢筋混凝土矩形柱。

解 该项目定额编号：4-131H；计量单位：$10m^3$；基价：2209 元。

混凝土定额用量：10.15 m^3。

查得，定额 C20(40)混凝土单价 158.96 元/m^3。

查得，设计 C25(40)混凝土单价 172.63 元/m^3。

换算后基价＝2209＋(172.63－158.96)×10.15
＝2209＋138.75
＝2347.75(元/$10m^3$)

(2)砂浆标号换算

与混凝土标号换算类似，砂浆换算也应按照换价不换量的原则进行，即对应的用量、人工费、机械费不发生变化，只换算砂浆标号或品种。

其标号换算公式如下：

换算后定额基价＝原定额基价＋(设计砂浆单价－定额砂浆单价)
×定额砂浆用量 (3-32)

例 3-3 M7.5 混合砌筑砂浆砌标准砖 1 砖墙。

解 该项目定额编号：3-21H；计量单位：$10m^3$；基价：1826 元。

砂浆定额用量：2.36 m^3。

查得，定额 M5 砂浆单价 131.02 元/m^3。

查得，设计 M7.5 砂浆单价 136.67 元/m^3。

换算后基价＝1826＋(136.67－131.02)×2.36
＝1826＋13.33
＝1839.33(元/$10m^3$)

(3)系数换算

系数换算是指在使用某些预算项目时，定额的一部分或全部乘以规定系数，使原工程量变大或变小。再按规定，套用相应定额，求预算价格的方法。工程量系数一般在各分部的计算规则中。

例如，浙江省预算定额规定，振动式混凝土沉管灌注桩，安放钢筋笼者，沉管人工和机械系数取 1.15。

例 3-4　C20 振动式混凝土沉管灌注桩，桩长 20m，安放钢筋笼。

解　该项目定额编号：2-48H；计量单位：10 m^3；基价：3146 元。

沉管部分人工Ⅱ类工日数：8.5 工日；单价：26 元/工日。

沉管部分振动沉拔桩机：0.710 台班；单价：672.08 元/台班。

换算后基价＝3146＋(8.5×26＋0.710×672.08)×(1.15－1.0)

＝3146＋104.73

＝3250.73(元/10m^3)

(4)其他换算

其他换算是指对基价中的人工费、材料费或机械费中的某些项进行换算。一般在分部说明里给出换算系数。

例 3-5　按四川省 2004 年定额，M5.0 混合砂浆(细砂)砌弧形墙身 200 m^3，求预算价格。

解　在四川省 2004 年定额中的砌筑工程中规定，实心墙身如果为弧形时，按相应定额人工费乘以 1.10，砖用量增加 2.5%。

已查得：每 10 m^3 普通 M5.0 混合砂浆(细砂)砖墙基价中人工费 411.40 元，材料费 1070.33 元，机械费 5.6 元，综合费 187.67 元。其中砖用量 5.31 千块，每千块砖 150 元。

故砌弧形墙身 200 m^3 的预算价格为

20×(411.40×1.10＋1070.33＋5.31×0.025×150＋5.64＋187.67)＝34721.85(元)

3.4.3　工程定额的补充

当设计要求与定额条件完全不相同时，或由于设计采用新结构、新材料、新工艺等，在定额中无此项目，属于定额的缺项时，可由甲乙双方编制临时性定额，报工程所在地工程造价管理部门审查批准。

编制补充定额的方法通常有两种：一种是按照前面所述的工程定额的编制方法，分别计算人工、材料和机械台班消耗量指标，然后乘以对应的人工工资、材料价格以及机械台班使用单价，汇总后得到补充定额基价；另一种是以补充项目的人工、机械台班消耗定额的制定方法来确定。

例 3-6　按浙江省 2003 年定额，墙面镶贴块料面层的定额子目中，未含基层抹底灰的工料费用，应如何计算？

解　镶贴块料面层的抹底灰定额，按以下补充子目计价：

表 3-9　浙江省定额（2003 年）补充

墙面抹水泥砂浆底灰

工作内容：清理、湿润基层，调运砂浆，刷浆、抹灰，清扫落地灰等。　　　计量单位：100m^2

序号	定额编号		单位	单价（元）	11B-1	11B-2
	项目				水泥砂浆抹底灰	
					砖墙面	混凝土墙面
					15mm 厚	
	基价		元	—	565	617
	其中	人工费	元	—	279.00	285.00
		材料费	元	—	276.87	322.79
		机械费	元	—	8.94	8.94
	人工合计		工日	30.00	9.30	9.50
	水泥砂浆 1∶3		m^3	173.92	1.55	1.52
	107 胶水泥浆		m^3	487.08		0.105
	水		m^3	1.95	2.20	2.20
	其他材料费		元	1.00	3.00	3.00
	灰浆搅拌机 200L		台班	44.69	0.20	0.20

注：1. 本定额适用于镶贴块料面层的基层抹灰。
2. 定额按二遍考虑，如果抹灰遍数不同时，另按每增减一遍定额调整。
3. 梁、柱面抹底灰，按相应定额乘系数 1.1 计算。

思考题

1. 工程定额具有哪些特性？
2. 工程定额按照编制程序和用途是如何分类的？
3. 预算定额的编制步骤有哪些？
4. 简述人工、材料消耗和机械台班定额的编制方法。
5. 工程定额是如何进行换算的？
6. 简述人工工资标准、材料预算价格和机械台班单价的编制方法。

第 4 章　工程计量规则

【教学目标和要求】

- 了解工程量计算的基础知识和工程量计算的常用方法；
- 掌握建筑面积的计算规则，能进行准确快速的计算；
- 理解和掌握工程量计算规则，了解工程量计算的方法和计量单位，较为熟练地运用工程量计算规则计算工程量；
- 本章是编写工程量清单和施工图预算的基础，要求学会看图计算建筑面积，熟练运用规则进行分项工程量计算。

4.1　工程量计算概述

工程计量不仅是进行工程估价的重要依据和编制工程量清单的重要内容，还是施工图预算编制的主要内容。此外，准确地计算工程量，对编制计划及成本计划执行情况的分析，编制施工规划、安排工程施工进度，编制材料供应计划等都是非常重要的。

1957 年，原国家建委颁布了全国统一的《建筑工程预算定额》和《建筑工程预算工程量计算规则》。1958 年后，建委将预算管理职能下放到地方，因此形成了各地自主规定定额和工程量计算规则。1995 年，建设部组织制定了《全国统一建筑工程基础定额》(土建工程)GBD-101—95 和《全国统一建筑工程预算工程量计算规则》(土建工程)GBD_{GZ}-101—95。

本章依据中华人民共和国建设部批准发布的《建设工程工程量清单计价规范》(GB 50500—2003)和浙江省与之配套的《浙江省建设工程计价规则》、《浙江省建筑工程预算定额》(2003 版)对一般土建工程的工程量计算进行介绍。

4.1.1　工程量概念与计量单位

工程量是以规定计量单位表示的建筑工程各个分部分项工程或结构构件的工程数量。

规定的计量单位可以分为物理计量单位和自然计量单位。

物理计量单位是指以度量表示的长度、面积、体积和重量等计量单位。如：管道用米(m)作为计量单位，建筑面积用平方米(m^2)作为计量单位，土石方、钢筋混凝土工程等用立方米(m^3)作为计量单位，钢筋和金属结构构件用千克(kg)或吨(t)作为计量单位等。

自然计量单位是指按个、条、块、根、套、樘、台等计量的单位。

需要说明的是，工程量和实物量两者是不同的，实物量是实际完成的工程数量，而工程量则是以事先约定的工程量计算规则计算的结果。在工程量计算规则中，为了简化工程量计算，会对一些零星的实物量作出扣除或者不扣除、增加或者不增加的规定。

4.1.2 工程量计算依据与规则

1. 工程量的计算依据

工程量计算的依据一般包括：①经审定的施工设计图纸及设计说明、相关图集、设计变更、图纸答疑、会审记录等；②审定的施工组织设计、施工技术措施方案及施工现场状况；③工程量清单计价规范、建筑工程预算定额；④工程施工合同、招标文件的商务条款；⑤经确定的其他有关技术经济文件。

2. 工程量的计算原则

(1)计算口径、计量单位、计算规则应与工程量清单计价规范或预算定额相一致。计算口径指工程子项目所包括的工作内容。

(2)工程量计算所用的原始数据须与设计图纸相一致。设计施工图是计算工程量的基础依据。

(3)根据图纸，结合建筑物的具体特点进行计算。例如：主体结构分层计算，内装修分层分房间计算，外装修按施工方案的要求分段计算。

(4)工程计算精度要求。工程量的计算精度要求以 m^3、m^2、m 等为单位的数值保留小数点后两位，t(吨)为单位的数值保留小数点后 3 位，kg、件等取整数。

3. 工程量的计算规则

工程量计算规则是确定建筑产品分部分项工程数量的基本计算原则。一个统一的计算规则可以确保同一的分部分项工程只有唯一的工程量，也使得清单中的工程量调整有统一的计算依据，为实现量价分离、企业自主报价的建设市场的建立提供条件。

4.1.3 工程量计算的一般顺序

工程量计算较为繁杂，如何在计算过程中做到既快又准、既不重复又不遗漏，要求在计算过程中必须遵循一定的顺序。下面从单位工程和分部分项工程两个方面来介绍计算顺序。

1. 单位工程中各分项工程计量的顺序

(1)按工程量清单编码或预算定额编码的顺序计算

按工程量清单或预算定额的章、节、子目录的编排顺序来计算工程量。如果工程图纸上采用了清单编码或定额编码上没有的新工艺、新材料，在计算工程量时应单列，避免因为缺项而遗漏。这种方法对于没有施工经验的初学者非常合适。

(2)按施工顺序计算

按照工程施工工艺流程的先后次序进行工程量计算。即由土建工程从场地平整、挖土、垫层、基础、填土算起，直到装饰工程结束。这种方法适合有一定的施工经验或现场施工管理背景的预算员。

(3)按分项工程的内在规律，利用统筹法设计顺序进行计算

对于有一定预算工作经验的预算人员，通过探索会发现各分项工程之间有各自的特点，但也存在着 定的联系，如墙体工程量和门窗工程量。对于不同的定额和不同的工程，通过找出其内在联系，设计合理的计算顺序，有助于提高计算速度。

2. 分项工程中各部位工程的计算顺序

(1)按顺时针方向计算

从平面图的左上角出发,按顺时针自左向右进行计算,绕一周后回到左上角为止(见图 4-1)。例如计算外墙、楼地面、天棚、外墙粉饰和内墙粉饰等工程量。

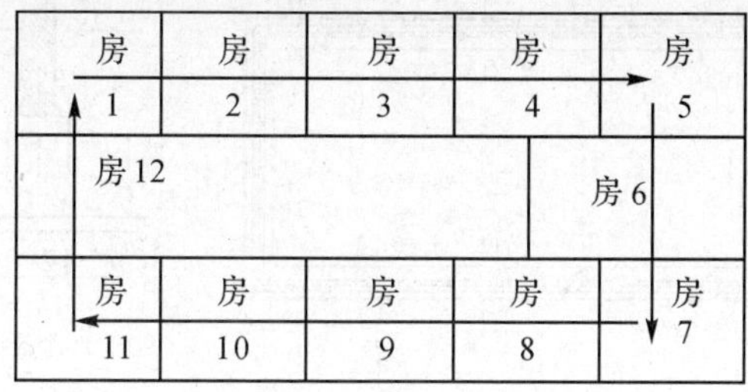

图 4-1　顺时针方向计算工程示意图

(2)按构件代号顺序计算

按图纸上不同的分类编号,根据代号顺序依次进行计算。例如计算钢筋混凝土构件、屋架、门窗等的工程量计算。

(3)按轴线编号顺序计算

对于一些造型结构复杂的工程,可以按照平面图上的定位轴线编号顺序依次按从左到右、从下到上进行计算。

(4)以轴线为准,按"先横后竖,先上后下,先左后右"顺序计算

这种方法适用于房屋的条形基础土方、墙体砌筑、墙面抹灰等工程。

4.1.4　应用统筹法计算工程量

利用统筹法计算工程量,是指通过分析计算工程量过程中各个分部分项工程量之间的固有联系和规律,运用统筹法原理和统筹图图解安排合理的计算顺序,快速准确地为编制工程预算提供数据。该方法具有统筹程序、合理安排、一次算出、多次使用和结合实际、灵活机动等特点,运用广泛。

统筹法计算工程量时要利用基数,连续计算。即以"线"和"面"为基数,利用连乘或加减,算出相关的分部分项工程。"线"和"面"分别指长度和面积。"三线一面"是分项工程计算工程量的基本数据,在计算各分项工程的工程量时应首先计算出"三线一面",此后可多次用到这个基本数据。

1."三线一面"

"三线一面"中的"三线"包括外墙中心线、外墙外边线和内墙净长线;"一面"是指建筑物的底层建筑面积。

"三线一面"基数的计算方法如下:外墙外边线总长度是指建筑物平面的外围周长尺寸之和,用 $L_{外}$ 表示;外墙中心线总长度在数值上等于外墙外边线总长度减去 4 倍墙厚,用 $L_{中}$ 表示;内墙净长线总长度是指建筑平面内所有内墙净长度之和,用 $L_{内}$ 表示;建筑物底层建筑面积是指建筑物底层勒脚以上外墙外围水平投影面积,用 S_0 表示。

利用外墙中心线可以计算外墙及外墙下的体积或水平投影面积的工程量,例如基础垫层、基础混凝土、圈梁模板、墙身等;利用内墙净长线可以计算内墙及墙体下的体积或水平投

影面积的工程量；外墙外边线可用于外墙面勒脚、抹灰、外墙脚手架等工程量；底层建筑面积可用于计算场地平整、楼地屋面的垫层、找平层、天棚的骨架和面层等工程量。

例 4-1 求图 4-2 中的“三线一面”。

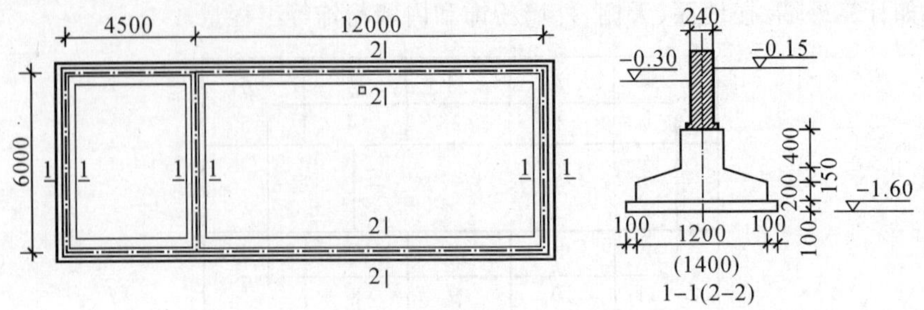

图 4-2

解：(1)外墙外边线总长度是指建筑物平面的外围周长尺寸之和：

$L_{外}=(4.62+12.12+6.24)\times2=45.96(\mathrm{m})$

(2)外墙中心线长是指外墙的墙中心线周长：

$L_{中}=(4.5+12+6)\times2=45(\mathrm{m})$

(3)内墙净长线总长度是指建筑平面内所有内墙净长度之和：

$L_{内}=6-0.24=5.76(\mathrm{m})$

(4)建筑物底层建筑面积是指建筑物底层勒脚以上外墙外围水平投影面积：

$S_0=16.74\times6.24=104.46(\mathrm{m}^2)$

例 4-2 按照图 4-2 和 4-3 计算内墙净长线，内墙混凝土基础净长线和内墙混凝土垫层净长线。

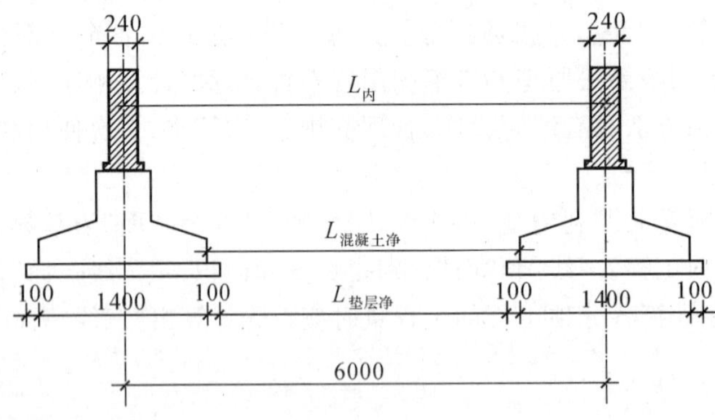

图 4-3

解：(1)内墙净长线：$L_{内}=6-0.24=5.76(\mathrm{m})$

(2)内墙混凝土基础净长线：$L_{混凝土净}=6-1.4=4.6(\mathrm{m})$

(3)内墙混凝土垫层净长线：$L_{垫层净}=6-1.6=4.4(\mathrm{m})$

2. 统筹法计算工程量的步骤

用统筹法计算工程量可大致分为 5 个步骤：熟悉图纸、基数计算、计算分部分项工程量、计算其他项目、整理和汇总，如图 4-4 所示。

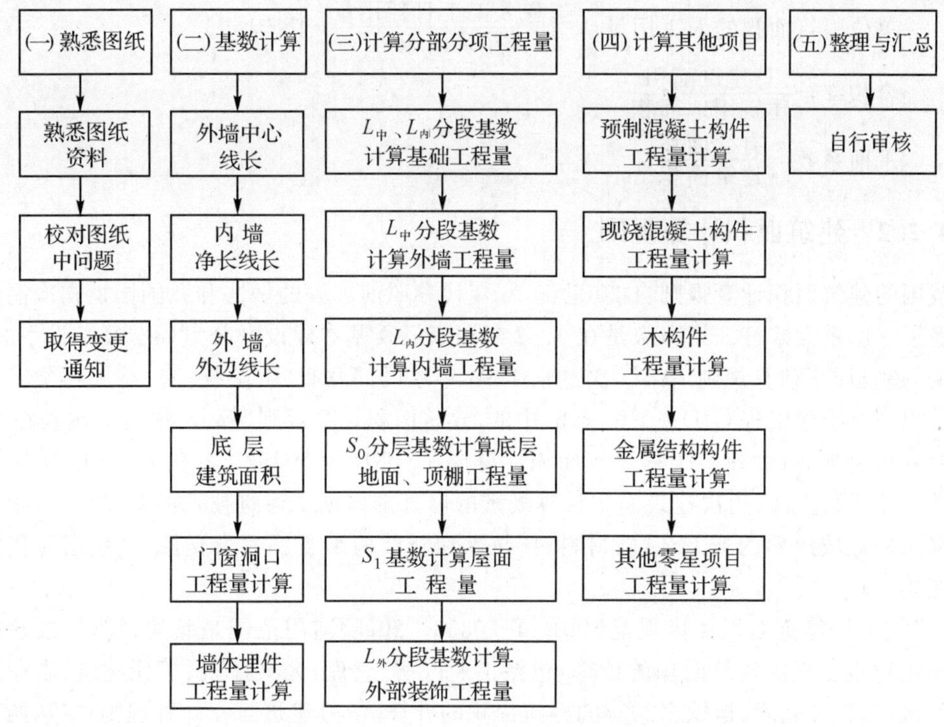

图4-4 利用统筹法计算分部分项工程量步骤

4.2 建筑面积的计算

4.2.1 建筑面积的概念

建筑面积是指建筑物的水平平面面积，即外墙勒脚以上各层水平投影面积的总和，建筑面积包括使用面积、辅助面积和结构面积3部分。

其中，使用面积是指建筑物各层平面布置中，可以直接为生产或生活使用的净面积总和，如住宅的各居室、厨房、卫生间和厅。辅助面积是指建筑物各层平面布置中为辅助生产或生活所占净面积的总和，如楼梯、走道及公用建筑中的卫生间等。结构面积是指建筑物各层平面布置中的墙体、柱等结构所占面积的总和，不包括抹灰厚度所占的面积。

居室净面积在民用建筑中称为"居住面积"；使用面积与辅助面积的总和称为"有效面积"。

建筑面积是确定建设规模的重要指标，也是开展设计技术分析的重要依据。正确地计算建筑面积还有利于计算分项工程的工程量和编制概、预算书。

与建筑面积相关的常用的技术经济指标如下：

$$单位面积工程造价=\frac{工程造价}{建筑面积}(元/m^2) \tag{4-1}$$

$$单位建筑面积的材料消耗指标=\frac{工程材料耗用量}{建筑面积}[(m^3、m^2、m 或 t)/m^2] \tag{4-2}$$

$$单位建筑面积的人工用量=\frac{工程人工工日耗用量}{建筑面积}(工日/m^2) \tag{4-3}$$

$$容积率=\frac{总建筑面积}{建筑用地面积} \tag{4-4}$$

$$平面系数=\frac{有效面积}{建筑面积} \tag{4-5}$$

4.2.2 建筑面积计算规则

我国的建筑面积计算规则自20世纪70年代参照前苏联的做法和我国国情初次制定以来历经了三次重大修订。第一次是在1982年国家经委基本建设办公室(82)经基设字58号印发的《建筑面积计算规则》;第二次是在1995年建设部发布《全国统一建筑工程预算工程量计算规则》(土建工程GJD_{GZ}-101—95)中的"建筑面积计算规则"部分;最近一次是在2005年4月建设部颁布的《建筑工程建筑面积计算规范》(GB/T 50353—2005)。新规范自2005年7月1日开始执行。历次建筑面积计算规则的修订都体现了建筑技术的新发展,对于建筑工程采用的比较成熟的新工艺、新材料、新技术和新结构给予了大力支持,适应了时代的发展和变化。

《建筑工程建筑面积计算规范》(GB/T 50353—2005)适用范围是新建、扩建、改建的工业与民用建筑工程的建筑面积的计算,包括工业厂房、仓库,公共建筑、居住建筑,农业生产使用的房屋、粮种仓库、地铁车站等的建筑面积的计算。学习建筑面积计算规则,应从两个方面考虑:其一是确定建筑面积的计算标准,区分哪些部位需要计算全面积,哪些只需计算其面积的一半作为建筑面积,哪些则不计算建筑面积;其二是确定建筑面积的计算范围,区分按外围水平面积计算、按结构底板面积计算、按水平投影面积计算以及不计算建筑面积范围。

1. 计算建筑面积的范围

(1)单层建筑物的建筑面积,应按其外墙勒脚以上结构外围水平面积计算,并应符合下列规定:①单层建筑物高度在2.20m及以上者应计算全面积;高度不足2.20m者应计算1/2面积。②如图4-5所示,利用坡屋顶内空间时净高超过2.10m的部位应计算全面积;净高在1.20m至2.10m的部位应计算1/2面积;净高不足1.20m的部位不应计算面积。

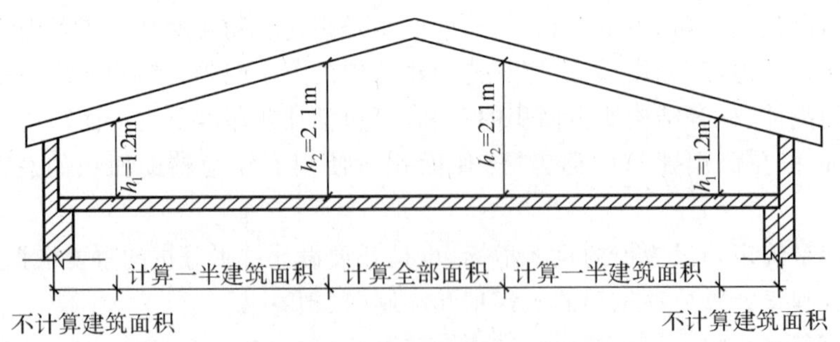

图4-5　利用坡屋顶空间时面积计算示意图

说明:勒脚是指建筑物的外墙与室外地面或散水接触部位墙体的加厚部分。建筑面积的计算是以勒脚以上外墙结构外边线计算。勒脚是墙根部很矮的一部分墙体加厚,不能代表整个外墙结构,因此要扣除勒脚墙体加厚的部分,如图4-6所示。

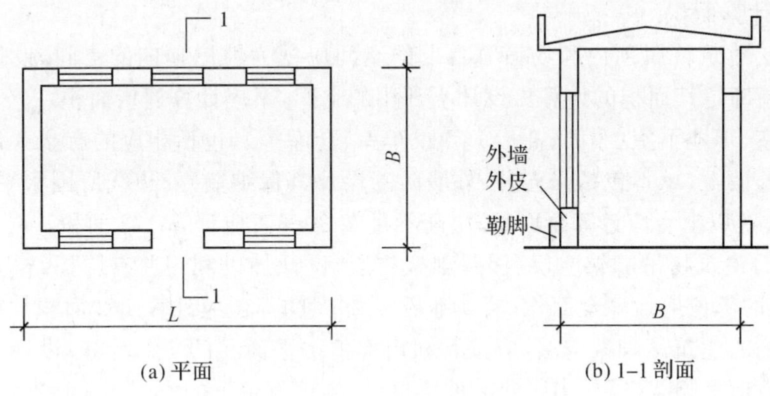

图 4-6 建筑底层面积计算示意图

(2)单层建筑物内设有局部楼层者,局部楼层的二层及以上楼层,有围护结构的应按其围护结构外围水平面积计算,无围护结构的应按其结构底板水平面积计算。层高在 2.20m 及以上者应计算全面积;层高不足 2.20m 者应计算 1/2 面积。

说明:围护结构是指围合建筑空间四周的墙体、门、窗等。单层建筑物应按不同的高度确定其面积的计算。其高度指室内地面标高至屋面板板面结构标高之间的垂直距离。遇有以屋面板找坡的平屋顶单层建筑物,其高度指室内地面标高至屋面板最低处板面结构标高之间的垂直距离,如图 4-7 所示。

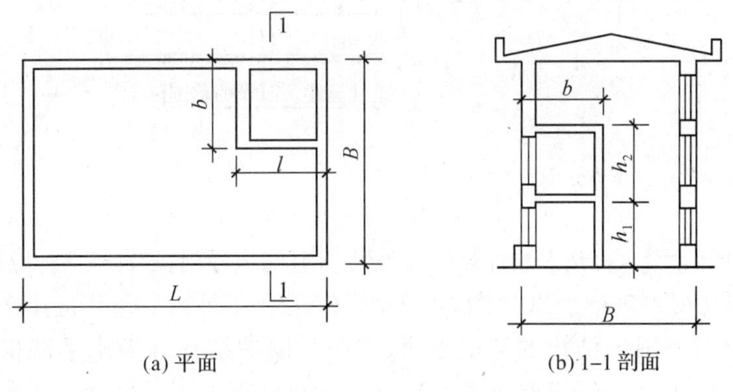

图 4-7 有局部楼层的单层建筑物示意图

(3)多层建筑物首层应按其外墙勒脚以上结构外围水平面积计算;二层及以上楼层应按其外墙结构外围水平面积计算。层高在 2.20m 及以上者应计算全面积;层高不足 2.20m 者应计算 1/2 面积。

说明:多层建筑物的建筑面积应按不同的层高分别计算。层高是指上下两层楼面结构标高之间的垂直距离。建筑物最底层的层高,有基础底板的指基础底板上表面结构标高至上层楼面的结构标高之间的垂直距离;没有基础底板的指地面标高至上层楼面结构标高之间的垂直距离。最上一层的层高是指楼面结构标高至屋面板板面结构标高之间的垂直距离,遇有以屋面板找坡的屋面,层高指楼面结构标高至屋面板最低处板面结构标高之间的垂直距离。

(4)多层建筑坡屋顶内和场馆看台下,当设计加以利用时净高超过 2.10m 的部位应计算全面积;净高在 1.20～2.10m 的部位应计算 1/2 面积;当设计不利用或室内净高不足

1.20m时不应计算面积。

说明：多层建筑坡屋顶内和场馆看台下的空间应视为坡屋顶内的空间，设计加以利用时，应按其净高确定其面积的计算。设计不利用的空间，不应计算建筑面积。

(5)地下室、半地下室(车间、商店、车站、车库、仓库等)，包括相应的有永久性顶盖的出入口，应按其外墙上口(不包括采光井、外墙防潮层及其保护墙)外边线所围水平面积计算。层高在2.20m及以上者应计算全面积；层高不足2.20m者应计算1/2面积。

(6)坡地的建筑物吊脚架空层、深基础架空层，设计加以利用并有围护结构的，层高在2.20m及以上的部位应计算全面积；层高不足2.20m的部位应计算1/2面积。设计加以利用、无围护结构的建筑吊脚架空层，应按其利用部位水平面积的1/2计算；设计不利用的深基础架空层、坡地吊脚架空层、多层建筑坡屋顶内、场馆看台下的空间不应计算面积。

说明：建于坡地的建筑物吊脚架空层(见图4-8)。

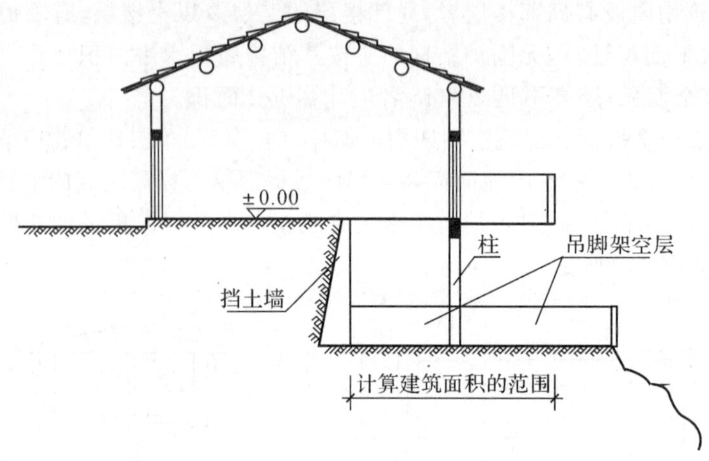

图4-8 坡地建筑吊脚架空层

(7)建筑物的门厅、大厅按一层计算建筑面积。门厅、大厅内设有回廊时，应按其结构底板水平面积计算。层高在2.20m及以上者应计算全面积；层高不足2.20m者应计算1/2面积。

(8)建筑物间有围护结构的架空走廊，应按其围护结构外围水平面积计算。层高在2.20m及以上者应计算全面积；层高不足2.20m者应计算1/2面积。有永久性顶盖无围护结构的应按其结构底板水平面积的1/2计算。

(9)立体书库、立体仓库、立体车库，无结构层的应按一层计算，有结构层的应按其结构层面积分别计算。层高在2.20m及以上者应计算全面积；层高不足2.20m者应计算1/2面积。

说明：立体车库、立体仓库、立体书库不规定是否有围护结构，均按是否有结构层，应区分不同的层高确定建筑面积计算的范围，改变按书架层和货架层计算面积的规定。

(10)有围护结构的舞台灯光控制室，应按其围护结构外围水平面积计算。层高在2.20m及以上者应计算全面积；层高不足2.20m者应计算1/2面积。

(11)建筑物外有围护结构的落地橱窗、门斗、挑廊、走廊、檐廊，应按其围护结构外围水平面积计算。层高在2.20m及以上者应计算全面积；层高不足2.20m者应计算1/2面积。有永久性顶盖无围护结构的应按其结构底板水平面积的1/2计算。

(12)有永久性顶盖无围护结构的场馆看台应按其顶盖水平投影面积的 1/2 计算。

说明:“场馆”实质上是指“场”(如足球场、网球场等)看台上有永久性顶盖部分。“馆”应是有永久性顶盖和围护结构的,应按单层或多层建筑相关规定计算面积。

(13)建筑物顶部有围护结构的楼梯间、水箱间、电梯机房等,层高在 2.20m 及以上者应计算全面积;层高不足 2.20m 者应计算 1/2 面积。

说明:如果遇建筑物屋顶的楼梯间是坡屋顶,应按坡屋顶的相关条文计算面积。

(14)设有围护结构不垂直于水平面而超出底板外沿的建筑物,应按其底板面的外围水平面积计算。层高在 2.20m 及以上者应计算全面积;层高不足 2.20m 者应计算 1/2 面积。

说明:设有围护结构不垂直于水平面而超出底板外沿的建筑物是指向建筑物外倾斜的墙体,若遇有向建筑物内倾斜的墙体,应视为坡屋顶,应按坡屋顶有关条文计算面积。

(15)建筑物内的室内楼梯间、电梯井、观光电梯井、提物井、管道井、通风排气竖井、垃圾道、附墙烟囱应按建筑物的自然层计算。

说明:室内楼梯间的面积计算,应按楼梯依附的建筑物的自然层数计算在建筑物面积内。遇跃层建筑,其共用的室内楼梯应按自然层计算面积;上下两错层户室共用的室内楼梯,应选上一层的自然层计算面积(见图 4-9)。

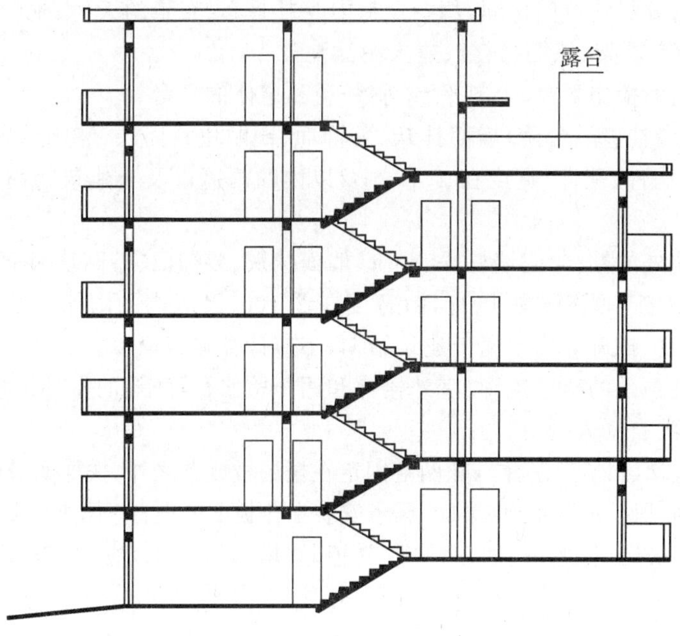

图 4-9　户室错层剖面示意图

(16)雨篷结构的外边线至外墙结构外边线的宽度超过 2.10m 的,应按雨篷结构板的水平投影面积的 1/2 计算。

(17)有永久性顶盖的室外楼梯,应按建筑物自然层的水平投影面积的 1/2 计算。

(18)建筑物的阳台均应按其水平投影面积的 1/2 计算。

(19)有永久性顶盖无围护结构的车棚、货棚、站台、加油站、收费站等,应按其顶盖水平投影面积的 1/2 计算。

说明:车棚、货棚、站台、加油站、收费站等的面积计算,由于建筑技术的发展,出现了许多新型结构。例如,柱不再是单纯的直立的柱,而出现正V形柱、倒∧形柱等不同类型的柱。这给面积计算带来了许多争议,为此,不以柱来确定面积的计算,而依据顶盖的水平投影面积计算。在车棚、货棚、站台、加油站、收费站内设有有围护结构的管理室、休息室等,另按相关条款计算面积。

(20)高低联跨的建筑物,应以高跨结构外边线为界分别计算建筑面积;其高低跨内部连通时,其变形缝应计算在低跨面积内。

说明:本规范所指建筑物内的变形缝是与建筑物相连通的变形缝,即暴露在建筑物内,在建筑物内可以看见的变形缝。

(21)以幕墙作为围护结构的建筑物,应按幕墙外边线计算建筑面积。

(22)建筑物外墙外侧有保温隔热层的,应按保温隔热层外边线计算建筑面积。

(23)建筑物内的变形缝,应按其自然层合并在建筑物面积内计算。

2. 不计建筑面积的范围

下列项目不应计算面积。

(1)建筑物通道(骑楼、过街楼的底层)。

(2)建筑物内的设备管道夹层。

(3)建筑物内分隔的单层房间,舞台及后台悬挂幕布、布景的天桥、挑台等。

(4) 屋顶水箱、花架、凉棚、露台、露天游泳池。

(5)建筑物内的操作平台、上料平台、安装箱和罐体的平台。

(6)勒脚、附墙柱、垛、台阶、墙面抹灰、装饰面、镶贴块料面层、装饰性幕墙、空调室外机搁板(箱)、飘窗、构件、配件、宽度在2.10m及以内的雨篷以及与建筑物内不相连通的装饰性阳台、挑廊。

说明:突出墙外的勒脚、附墙柱垛、台阶、墙面抹灰、装饰面、镶贴块料面层、装饰性幕墙、空调室外机搁板(箱)、飘窗、构件、配件、宽度在2.10m及以内的雨篷以及与建筑物内不相连通的装饰性阳台、挑廊等均不属于建筑结构,不应计算建筑面积。

(7)无永久性顶盖的架空走廊、室外楼梯和用于检修、消防等的室外钢楼梯、爬梯。

(8)自动扶梯、自动人行道。

说明:自动扶梯(斜步道滚梯),除两端固定在楼层板或梁之外,扶梯本身属于设备,为此扶梯不宜计算建筑面积。水平步道(滚梯)属于安装在楼板上的设备,不应单独计算建筑面积。

(9)独立烟囱、烟道、地沟、油(水)罐、气柜、水塔、贮油(水)池、贮仓、栈桥、地下人防通道、地铁隧道。

4.3 建筑工程的工程量计算规则与方法

4.3.1 土石方工程

1. 工程量计算收集资料

在计算工程量前,应根据建筑施工图、建筑场地和地基的地质勘察、工程测量资料以及施工组织设计文件等,确定下列各项资料。

(1)土壤及岩石类别

土壤及岩石类别对工程量计算及选套定额项目的单价等有直接影响。因此，计算土石方工程量之前，土石方工程土壤及岩石类别应根据地质勘测资料与《土壤及岩石分类表》和定额规定对照后予以划分，并分类别计算工程量。

预算定额中所采用的土壤及岩石分类是根据普氏分类法编制的。普氏分类法是土壤及岩石分类的依据，它是按照土壤及岩石名称、天然湿度下平均容重、极限压碎强度、钻孔机钻孔耗时、开挖方式及工具、禁锢系数等参数，将土壤和岩石划分为一二类土壤(普通土)、三类土壤(坚土)、四类土壤(砂砾坚土)、松石、次坚石、普坚石和特坚石等。

(2)地下水位标高及排(降)水方法

施工所挖土方是干土还是湿土，两者所用的定额标准各不相同。干土和湿土的划分，应根据地质勘测资料，以地下常水位为准，地下常水位以上为干土，以下为湿土。如果采用人工降低水位时，干、湿土的划分仍以常水位为准。

(3)土方、沟槽、基坑挖(填)土的起止标高、施工方法、是否放坡或支挡土板、是否留工作面以及运距等。

(4)岩石开凿、爆破方法、石渣清运方法及运距等。

(5)其他有关资料

余土或取土的运距均需根据施工组织设计、施工技术措等资料来确定。

2. 工程量计算一般规则

土石方工程定额包括人工土方、机械土方、石方及基础排水四个部分。

(1)人工土方

1)平整场地

平整场地是指原地面与设计室外地坪标高平均相差(高于或低于)30cm 以内的原土找平。如原地面与设计室外地坪标高平均相差 30cm 以上时，应另按挖、运、填土方计算，不再计算平整场地。同一工程的土石方类别不同，除另有规定者外，应分别列项计算。

平整场地工程量按建(构)筑物底面积的外边线每边各放 2m 计算，如图 4-10 所示。当建(构)筑物的底面积为矩形平面或者凹凸型平面时候，平整场地的工程量计算公式可简化为

$$平整场地的面积=底面积+2\times外墙边线长+16 \tag{4-6}$$

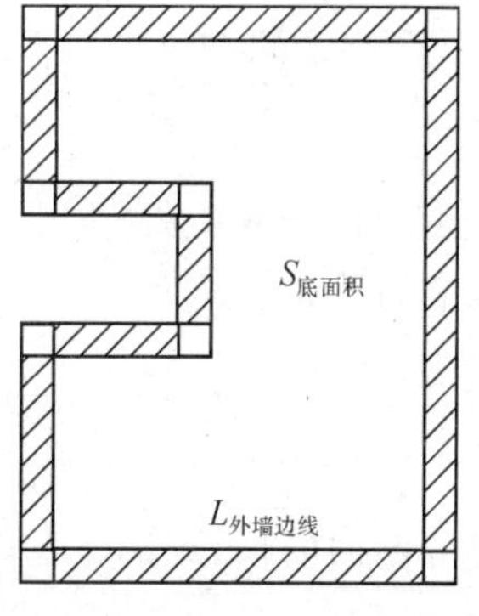

图 4-10　平整场地面积计算

2)挖土

土石方体积除松填外，均按天然密实体积计算。每立方米松方折合实方：土方为0.8m^3，石方为0.7m^3。土石方工程按开挖方法可以分为人工土石方工程和机械土石方工程，人工土石方工程包括采用手动、电动工具操作施工。

为了在施工过程中避免由于挖土过深或土质较差导致坍塌，需要将沟槽或基坑的边壁修成一定的坡度，此称为放坡。地槽、坑放坡工程量按施工组织设计规定计算，如果施工组织设计未规定时按表4-1的方法计算。

表4-1 人工挖土放坡系数(《全国统一计算规则》规定)

土壤类别	深度超过(m)	放坡系数 K	说 明
一、二类土	1.2	0.50	(1)同一槽、坑内土类不同时，以数量多者为放坡标准 (2)放坡起点均自槽、坑底开始 (3)如果遇淤泥、流砂及海涂工程，放坡系数按施工组织设计规定计算
三类土	1.5	0.33	
四类土	2.0	0.25	

3)挖基础土方

基槽、坑长边与短边之比小于3的为基坑，大于3的为基槽，但单项土方沟槽底宽大于3m、坑底面积大于20m^2及平整场地挖土厚度在30cm以上的，均按平基土方套用定额。

①挖地槽

地槽长度：外墙按外墙中心线长度计算，内墙按基础底净长计算(见图4-11)，不扣除工作面、垫层及放坡重叠部分的长度，附墙垛凸出部分按砌筑工程规定的砖垛折加长度合并计算，不扣除搭接重叠部分的长度，垛的加深部分亦不增加。

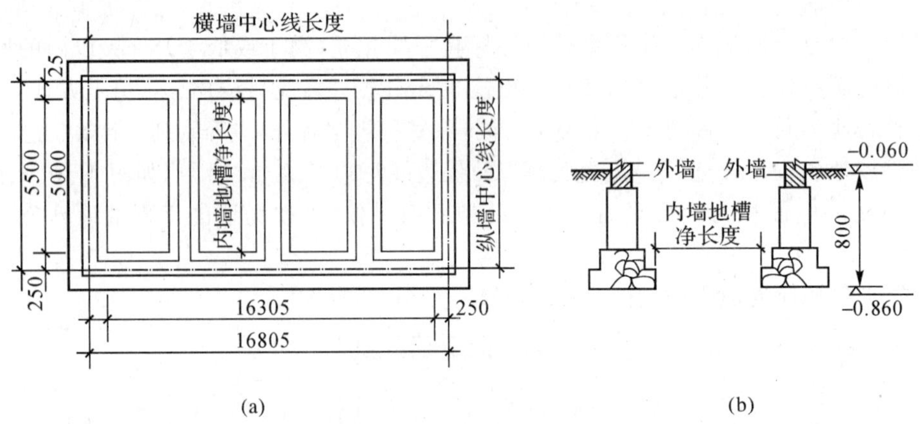

图4-11 地槽长度示意图

如图4-12所示，附墙垛折加长度的计算公式为

$$L=\frac{a\times b}{c} \tag{4-7}$$

式中：L——附墙垛折加长度(m)；

a、b——分别为附墙垛凸出部分断面的长、宽(m)；

c——为砖(石)墙厚(m)。

挖沟槽工程量应根据是否增加工作面、是否支挡土板和是否放坡等具体情况，分别进行

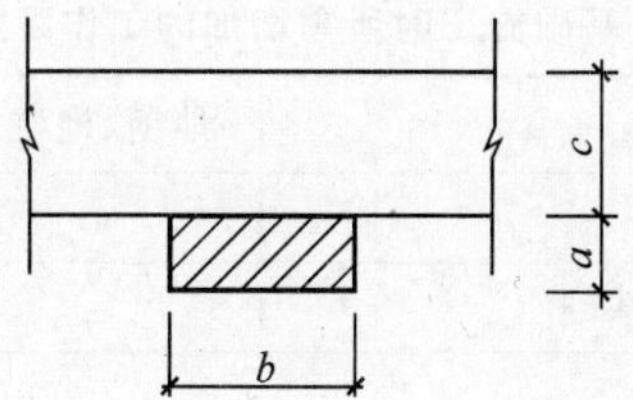

图 4-12　附墙垛凸出部分示意图

计算。

a. 不放坡、不支挡土板、不留工作面的沟槽。如图 4-13 所示，计算公式为

$$V=a\times h\times l \tag{4-8}$$

式中：V——沟槽工程量(m^3)；

a——垫层宽度(m)；

h——挖土深度(m)；

l——沟槽长度(m)。

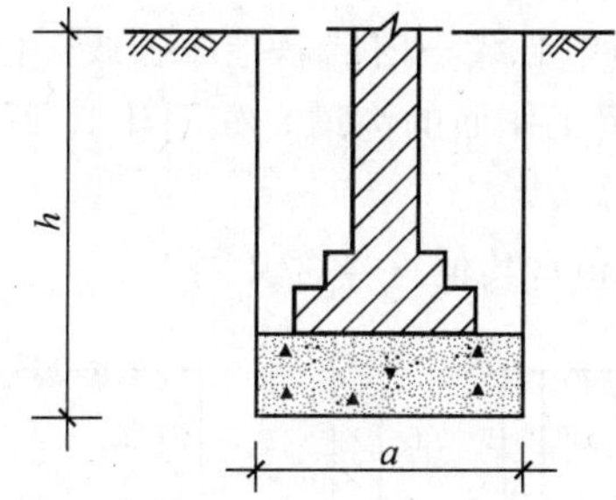

图 4-13　不放坡、不支挡土板、不留工作面的沟槽

b. 不放坡、不支挡土板、留工作面的沟槽。如图 4-14 所示，计算公式为

$$V=(a+2c)\times h\times l \tag{4-9}$$

式中：c——工作面宽度(m)，其他符号含义同上。

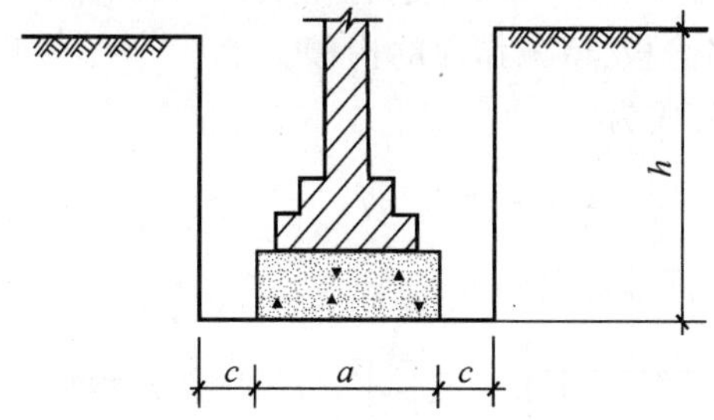

图 4-14　不放坡、不支挡土板、留工作面的沟槽

基础施工时所需增加的工作面，按施工组织设计规定计算。如果施工组织设计无规定，则按表 4-2 的规定计算。

表 4-2 基础施工时所需增加的工作面宽度

基础材料	地槽、地坑每边各增加工作面(mm)
砖基础	150
浆砌毛石、条石基础	150
混凝土垫层	300(混凝土宽度每边)
混凝土基础	300(混凝土宽度每边)
基础垂直表面需作防腐(防水)处理	800
挖地下室、半地下室土方(烟囱、水、油池、水塔埋入地下的基础,挖土方按地下室放工作面)	1000(垫层底宽每边)
同一槽、坑遇有多个增加工作面条件	按其中较大的一个计算

如果受施工条件所限,不能采取放坡施工,只能设置挡土板,这种情况应按照槽底或坑地宽度两边各加 100mm,还需要计算挡土板的工程量。挡土板的工程量按垂直投影面积(m^2)计算,其计算公式为

$$S=2\times 地槽深\times(外墙中心线+内墙基础净长线-内墙地槽的条数\times 槽底宽)$$

c. 不放坡、双面支挡土板、留工作面的沟槽。如图 4-15 所示,计算公式为

$$V=(a+2c+0.1\times 2)\times h\times l \tag{4-10}$$

式中:0.1——单面挡土板厚度(m),其他符号含义同上。

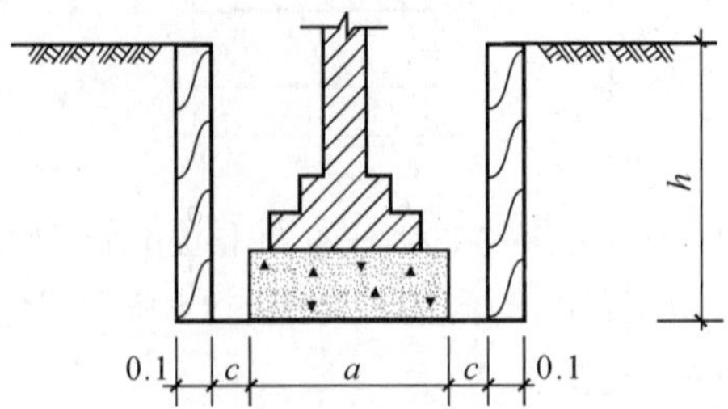

图 4-15 不放坡、支挡土板、留工作面的沟槽

d. 单面放坡、单面支挡土板、留工作面的沟槽。

如图 4-16 所示,计算公式为

$$V=\left(a+2c+0.1+\frac{1}{2}\times k\times h\right)\times h\times l \tag{4-11}$$

式中:k——放坡系数,其他符号含义同上。

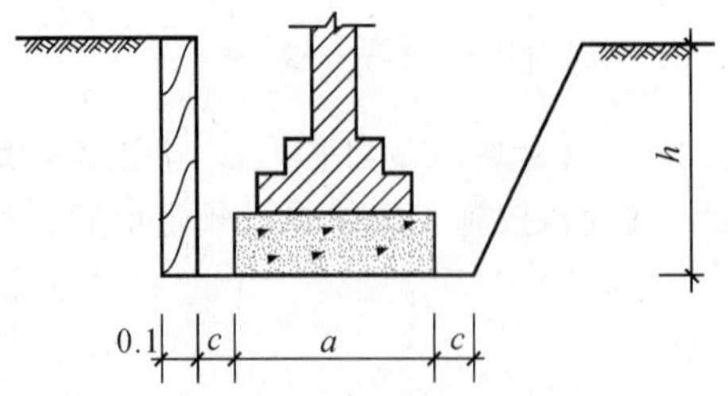

图 4-16 单面放坡、单面支挡土板、留工作面的沟槽

e. 双面放坡、不支挡土板、留工作面的沟槽。如图 4-17 所示，分如下三种情况：

垫层下表面放坡，其计算公式为

$$V=(b+2c+k\times h)\times h\times l \tag{4-12}$$

垫层上表面放坡，且 $b=a+2c$，其计算公式为

$$V=[(b+k\times h_1)\times h_1+b\times h_2]\times l \tag{4-13}$$

垫层上表面放坡，且 $b<a+2c$，其计算公式为

$$V=[(a+2c+k\times h_1)\times h_1+b\times h_2]\times l \tag{4-14}$$

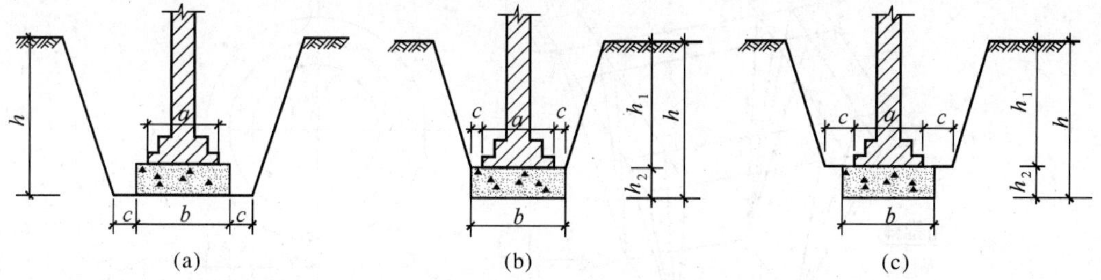

图 4-17　双面放坡、不支挡土板、留工作面的沟槽

②地坑土方工程量计算

a. 不放坡、不支挡土板的地坑

矩形：如图 4-18 所示，计算公式为

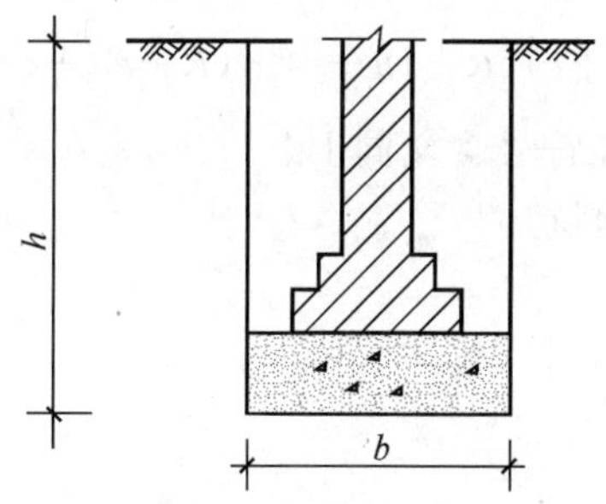

图 4-18　矩形地坑

$$V=h\times a\times b \tag{4-15}$$

式中：V——地坑工程量（m^3）；

H——地坑深度（m）；

a——基础底面长度（m）；

b——基础底面宽度（m）。

圆形：计算公式为

$$V=h\pi R^2 \tag{4-16}$$

式中：R——圆形坑基半径（m），其他符号含义同上。

b. 放坡、不支挡土板、留工作面的地坑

矩形：如图 4-19 所示，计算公式为

$$V=(b+kh+2c)(l+kh+2c)\cdot h+\frac{k^2h^3}{3} \tag{4-17}$$

式中：V——挖土体积(m^3)；

k——放坡系数；

b——槽坑底宽度(m)；

c——工作面宽度(m)；

h——槽、坑深度(m)；

l——槽、坑底长度(m)。

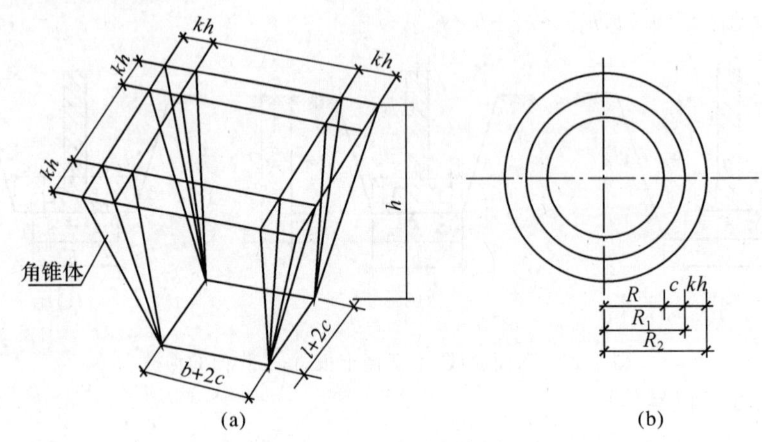

图 4-19 矩形和圆形地坑

圆形：如图 4-19 所示，计算公式为

$$V=\frac{\pi h}{3}[(R+c)^2+(R+c)(R+kh+c)+(R+kh+c)^2] \tag{4-18}$$

式中：R——坑底半径(m)，其他符号含义同上。

c. 支挡土板、留工作面的地坑

矩形：计算公式为

$$V=h(a+2c+0.1\times2)(b+2c+0.1\times2) \tag{4-19}$$

圆形：计算公式为

$$V=\pi h(R_1+0.1)^2 \tag{4-20}$$

4)挖管沟土方

挖混凝土管沟槽土方按图示中心线长度计算，不扣除窨井所占长度，各种井类及管道接口处需加宽增加的土方量不另行计算，坑底面积大于 20m² 的井类，其增加工程量并入管沟土方内计算。沟底宽度按施工设计规定计算，设计不明确的，可按表 4-3 规定的宽度计算。

表 4-3 管沟底宽度计算表

管径(mm)	250 以内	400 以内	550 以内
沟底宽度(m)	0.9	1.0	1.3

管道沟槽土方深度按分段间平均设计地面标高减去管底(包括管壁厚度)或基础底的平均标高计算。管径在 500mm 以内的沟槽回填工程量不扣除其所占体积；管径超过 500mm 的，回填土工程量按每 100m 管道扣除 33m³ 计算。

5)回填土及弃土工程量

①回填土

基础施工完成后,必须将槽(坑)四周未做基础的部分进行回填。回填土分为基础回填土和室内回填土两种,如图4-20所示。

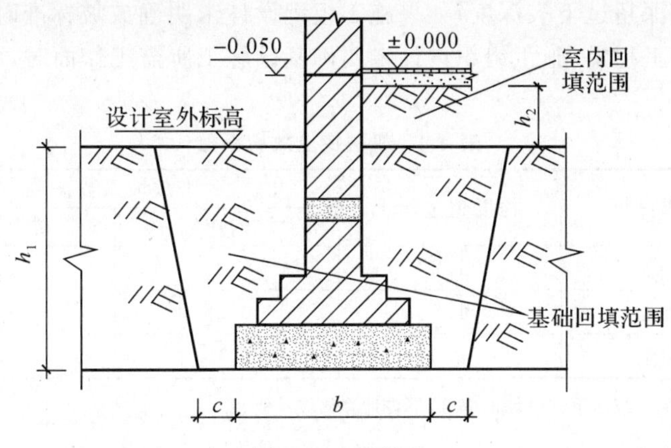

图4-20 回填土

a. 基础回填土。在基础施工完成后,必须将槽、坑四周未做基础的部分填至室外地坪标高,如图4-20中 h_1 所示。沟槽、基坑回填土体积的计算公式为

$$V=V_1-V_2 \tag{4-21}$$

式中:V——基础回填土体积(m^3);

V_1——沟槽、基坑挖方体积(m^3);

V_2——设计室外地坪以下埋设的砌体体积(m^3),如建筑物、构筑物、管道等体积,墙基、柱基、管道基础体积以及各种基础垫层。

b. 室内回填土。室内回填土指室外地坪至室内设计地坪垫层下表面,如图4-20中 h_2 所示。

$$V_{室内}=S_{净}\times h_2 \tag{4-22}$$

式中:$V_{室内}$——室内回填土体积(m^3);

$S_{净}$——墙间净空面积(m^2);

h_2——填土厚度(m),室外地坪至室内设计地坪高差减地面的面层和垫层厚度。

②运土

运土是指开挖后的多余土运至指定地点,或在回填土不足时,从指定地点运土回填。计算公式如下:

$$运土体积=挖土体积-回填土体积 \tag{4-23}$$

式中计算结果为“+”时是余土外运体积,为“-”时是需取土体积。

(2)机械土方

机械土方作业均以天然湿度土壤为准,定额中已包括含水率在25%以内的土方所需增加的人工和机械。如果含水率超过25%时,定额乘系数1.15;如果含水率在40%以上时,需另行处理。湿土排水费用另计。

1)平整场地

机械平整场地同人工平整场地,以 m^2 计算。场地原土碾压面积按图示碾压面积计算,

填土碾压，按图示尺寸计算，体积乘以系数为 1.1。

2)挖土

机械挖土方定额已包括机械挖不到的土方(包括地下室底板下翻梁和承台的土方)及修整底边所需的人工。

机械挖土方全深超过下表深度，如果施工组织设计未明确放坡标准时，可按表 4-4 所示中的系数计算放坡工程量。施工组织设计未明确基础施工所需工作面时，可参照人工土方标准计算。

表 4-4 机械挖土放坡系数

土壤类别	深度超过(m)	放坡系数 k	
		坑内挖掘	坑上挖掘
一、二类土	1.2	0.33	0.75
三类土	1.5	0.25	0.5
四类土	2.0	0.10	0.33

注：凡有围护桩或地下连续墙的部分，不再计算放坡系数。

3)运土

余土或取土运输工程量按施工组织设计规定的、需要发生运输范围的天然密实体积计算。机械运土的运距按下列规定计算：

推土机按推土重心至弃土重心的直线距离计算。

铲运机铲土按铲土重心至卸土重心加转向距离 45m 计算。

自卸汽车运土按挖方重心至弃土重心之间的最短行驶距离计算。

(3)石方工程量

一般开挖，按图示尺寸以 m^3 计算。

槽坑爆破开挖，按图示尺寸另加允许超挖厚度：软石、次坚石 20 cm；普坚石、特坚石 15 cm。

机械明挖出碴运距的计算方法与机械运土运距同。

人工凿石、机械凿石，按图示尺寸以 m^3 计算。

同一石方，如果其中一种类别岩石的最厚一层大于设计横断面的 75％时，按最厚一层岩石类别计算。

石方爆破现场必须采用集中供风时，所需增加的临时管道材料及机械安拆费用应另行计算，但发生的风量损失不另计算。

(4)基础排水

湿土排水工程量同湿土工程量。轻型井点以 50 根为一套，喷射井点以 30 根为一套，使用时累计根数不足一套按一套计算。使用天以每昼夜 24 小时为一天，使用天数按施工组织设计规定的使用天数计算。

3. 计算实例

例 4-3 如图 4-21 所示，求建筑物人工平整场地工程量。

解：人工平整场地工程量计算如下。

$$
\begin{aligned}
\text{工程量} &= [(30.8+0.24)\times(9.2+0.24)\times 2+(10.8-0.24)\times(9.2+0.24)] \\
&\quad +(30.8+0.24+29.2+0.24+21.6)\times 2\times 2+16 \\
&= 1030.04(\text{m}^2)
\end{aligned}
$$

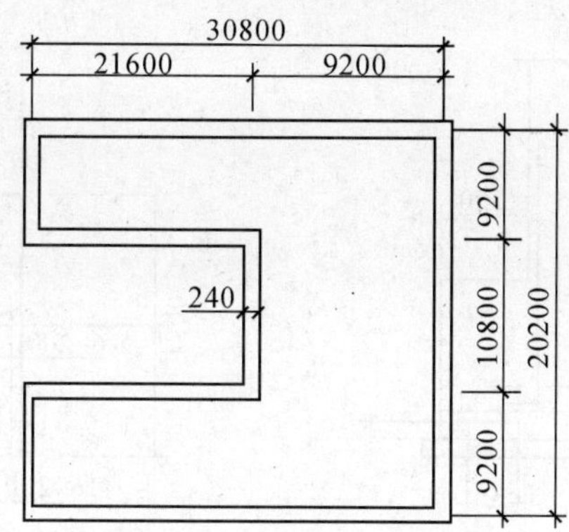

图 4-21　平整场地面积计算

例 4-4　某工程方形地坑(见图 4-22),图示尺寸已含工作面宽度。人工挖土,试计算地坑土方工程量。

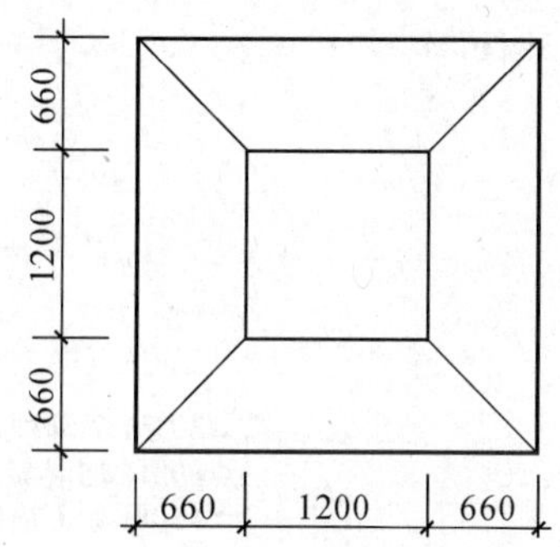

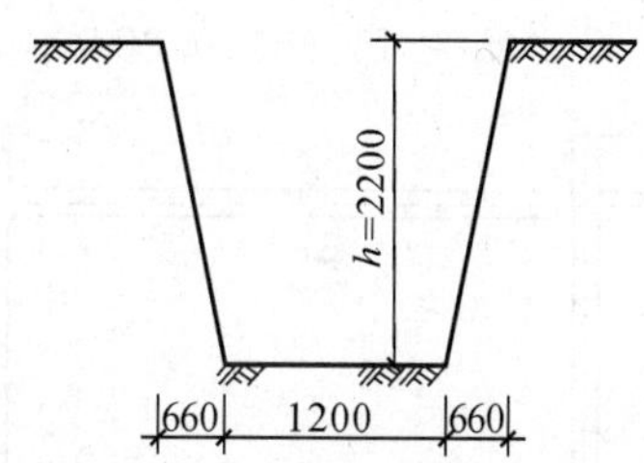

图 4-22　方形地坑

解:已知 $b+2c=1.2\text{m}$,$l+2c=1.2\text{m}$,$k=660/2200=0.3$,$h=2.2\text{m}$

$$V=(b+kh+2c)(l+kh+2c)\cdot h+\frac{k^2h^3}{3}$$

$$=(1.2+0.3\times2.2)(1.2+0.3\times2.2)\times2.2+\frac{1}{3}\times0.3^2\times2.2^3=7.93(\text{m}^3)$$

例 4-5　某建筑物桩上独立基础,设计室外地坪为-0.3m,尺寸如图 4-23 所示,该处土壤类别为一、二类,计算人工挖一个基坑的工程量。

解:计算人工挖基坑工程量

(1)确定挖深

$h=1.7-0.3=1.4\text{m}>1.2\text{m}$,需要放坡,放坡系数 k 取 0.5。

(2)基坑体积

$$V=(a+2c+kh)(b+2c+kh)h+\frac{1}{3}k^2h^3$$

$$=(1.5+0.3\times2+0.5\times1.4)^2+\frac{1}{3}\times0.5^2\times1.4^3$$

$$=7.84+0.23=8.07(\text{m}^3)$$

(3)扣除预制桩所占的体积

$V=0.3\times0.3\times0.2\times4=0.07\ (\text{m}^3)$

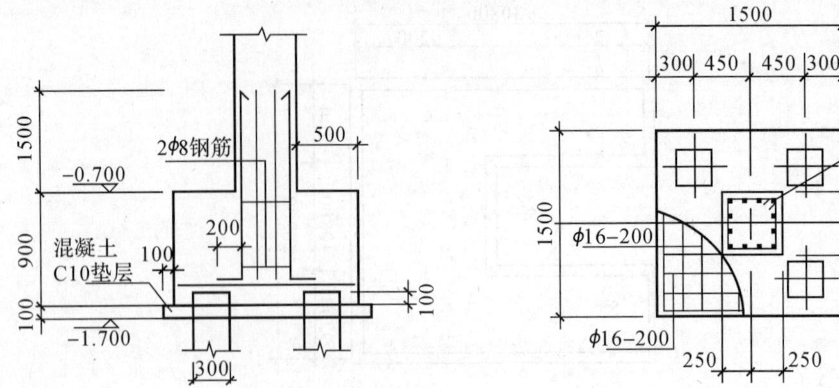

图 4-23 桩上独立基础图

人工挖一个基坑工程量＝8.07－0.07＝8（m^3）

例 4-6 如图 4-24 所示，求室内回填土的体积。

解：$S_{净}=(9-0.24)(5.5-0.18-0.12)=45.55(m^2)$

$h_2=0.45-0.02-0.06-0.15=0.22(m)$

$V_{室内}=S_{净}\times h_2=45.55\times 0.22=10.02(m^3)$

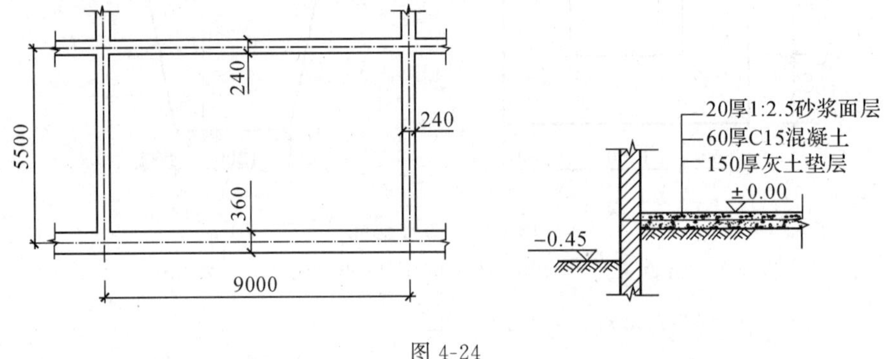

图 4-24

4.3.2 桩基础工程

1. 工程量计算一般规则

(1)打预制钢筋混凝土桩

打预制钢筋混凝土桩(见图 4-25)的体积，按设计桩长(包括桩尖，不扣除桩尖虚体积)乘以桩截面面积以 m^3 计算。管桩的空心体积应扣除。如果管桩的空心部分按设计要求灌注混凝土或其他填充材料时，应另行计算。计算公式如下：

1)方桩

$$V=S\times L\times N$$

式中：V——预制钢筋混凝土桩工程量(m^3)；

S——桩截面面积(m^2)；

L——设计桩长(m，包括桩尖，不扣除桩尖虚体积)；

N——桩根数。

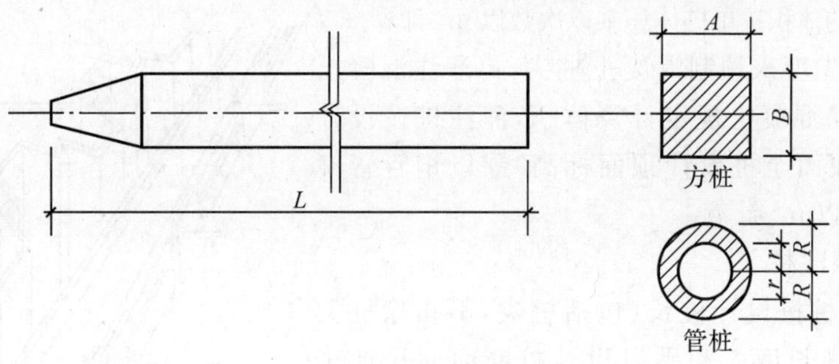

图 4-25 预制桩

2)管桩

$$V=\pi(R^2-r^2)\times L\times N$$

式中：R——管桩外半径(m)；

r——管桩内半径(m)；

式中其他符号含义同上。

(2)接桩

电焊接桩按设计图示尺寸以角钢或钢板的重量以吨计算；硫磺胶泥接桩按桩断面以 m^2 计算。

混凝土预制长桩，受运输和打桩设备条件的限制，须分节制作、运输和打入。在打入过程中，把各节桩在接头处以某种方式连接起来，称为接桩。

(3)送桩

送桩按各类预制桩截面面积乘以送桩长度(即打桩架底至桩顶面高度或自桩顶面至自然地坪另加 0.5m)计算。

在打桩过程中，由于打桩架底盘离地面有一定距离，不能将桩打入地面以下设计位置，而需要打桩机和送桩器将预制桩送至设计标高，这一过程称为送桩(见图 4-26)。

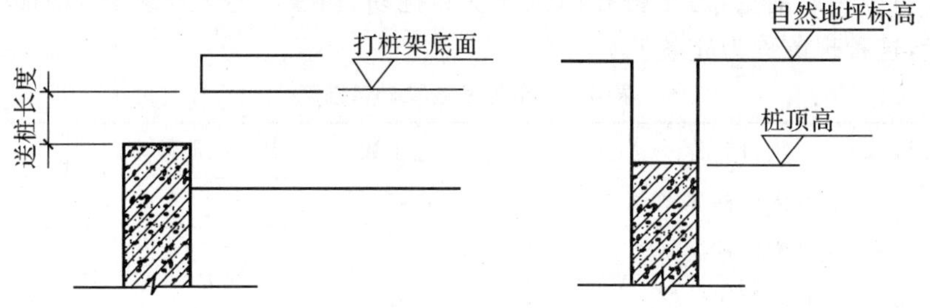

图 4-26 送桩示意图

(4)打拔钢板桩

打拔钢板桩按钢板桩重量以吨计算。

钢板桩是一种常用于基坑支护的工具桩。钢板桩通常分为简易的槽钢钢板桩和热轧锁扣钢板桩。每根钢板桩之间相互连接，形成屏风式板墙，承受水平荷载(见图 4-27)。

(5)打孔灌注桩

①混凝土桩、砂桩、碎石桩的体积，按设计规定的桩长(包括桩尖，不扣除桩尖虚体积)乘以钢管管箍外径截面面积以 m^3 计算。

②扩大桩的体积按单桩体积乘以次数以 m^3 计算。

③打孔后先埋入预制混凝土桩尖，再灌注混凝土的，桩尖按钢筋混凝土规定计算体积，灌注桩按设计长度（自桩尖顶面至桩设计顶面标高）乘以钢管管箍外径截面面积以 m^3 计算。

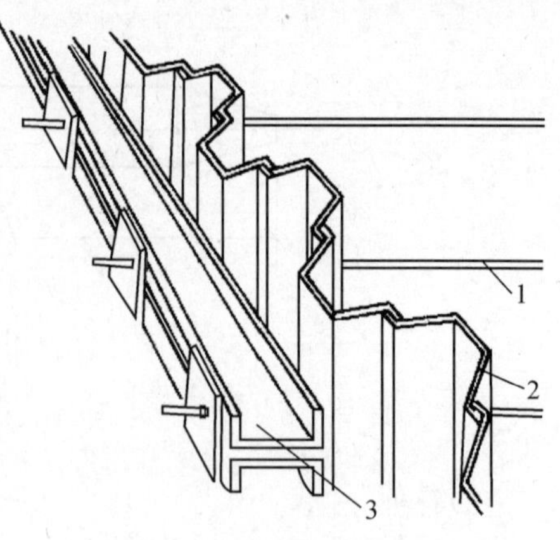

图 4-27 钢板桩示意图

1—拉杆； 2—钢板桩； 3—腰梁

（6）钻孔灌注桩

钻孔灌注桩按设计桩长（包括桩尖，不扣除桩尖虚体积）与超灌长度之和乘以设计桩断面面积计算（m^3）。超灌长度设计有规定时，按设计规定；设计无规定的，按 0.25m 计算。计算公式为

$$V=S\times(L+l)\times N$$

式中：V——钻孔灌注桩工程量（m^3）；

S——桩截面面积（m^2）；

L——设计桩长（m，包括桩尖，不扣除桩尖虚体积）；

l——超灌长度（m，设计有规定时，按设计规定；设计无规定时，按 0.25m 计算）；

N——桩根数。

（7）其他

①钢筋笼、钢筋网片及护壁、导墙用钢筋制作、安装套用混凝土及钢筋混凝土工程相应定额。

②泥浆运输工程量按成孔体积以 m^3 计算。

③灰土挤密桩工程量按桩实体体积计算，即以钢管管箍外径截面积乘以回填灰土部分的长度确定。

④安、拆导向夹具的工程量按设计图纸规定的水平延长以 m 计算。

⑤各种灌注桩材料用量中均已包括表规定的充盈系数和材料损耗（见表 4-5）。

充盈系数也称超灌量，由于桩孔内土体受到扰动，当灌注时发生扩散，增加了各种灌注材料的用量，这种现象称为充盈。

表 4-5 充盈系数和材料损耗

项目名称	充盈系数	损耗率（%）
打孔灌注桩混凝土	1.25	1.5
钻孔灌注桩混凝土	1.30	1.5
打孔灌注砂桩	1.30	3
打孔灌注砂石桩	1.30	3

2. 计算实例

例 4-7 如图 4-28 所示，已知房屋基础共有 100 根 C30 预制混凝土方桩，设计桩长 18.60m，采用硫磺胶泥接桩，自然地坪标高－0.30m，桩顶标高－2.80m。试计算打桩、送桩与接桩的工程量。

解：（1）打桩工程量：$V=100\times0.45\times0.45\times18.6=376.65(m^3)$

（2）送桩工程量：$V=100\times0.45\times0.45\times(2.5+0.5)=60.75(m^3)$

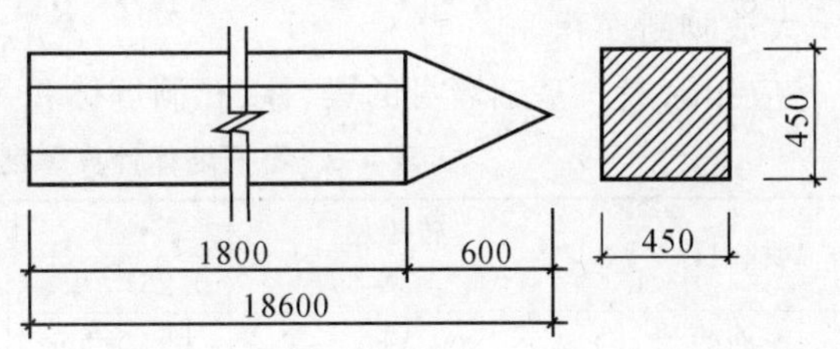

图 4-28 钢筋混凝土预制桩

(3)接桩工程量：$V=100\times0.45\times0.45=20.25(m^2)$

例 4-8 如图 4-29 所示，某建筑物基础打预制钢筋混凝土方桩 120 根，桩长(桩顶面至桩尖底)9.5m，断面尺寸为 250mm×250mm。(1)计算打桩工程量；(2)若将桩送入地下 0.5m 处，计算送桩工程量；(3)若改用长螺旋钻孔灌注钢筋混凝土桩，选用 ϕ300mm 的螺旋钻孔机，计算打桩工程量。

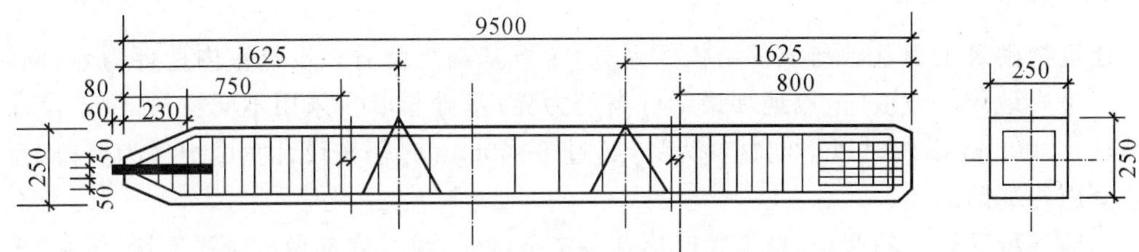

图 4-29 钢筋混凝土预制桩

解：(1)打桩工程量：$V=0.25\times0.25\times9.5\times120=71.25(m^3)$

(2)送桩工程量：$V=0.25\times0.25\times(0.5+0.5)\times120=7.5(m^3)$

(3)钻孔桩工程量：$V=\frac{\pi}{4}\times0.3^2\times(9.5+0.25)\times120=82.7(m^3)$

4.3.3 砌筑工程

1. 工程量计算一般规则

计算砌体工程量时，应扣除门窗洞口、过人洞、每个面积在 0.3m² 以上的孔洞和钢筋混凝土梁、板、柱等平行嵌入时所占的体积；但防潮层及承台桩头、屋架、檩条、梁等伸入砌体的头子、钢筋混凝土过梁板(厚 7cm 内)、混凝土垫块、沿油木、木砖等所占体积不扣；突出墙身的窗台、1/2 砖以内的门窗套、二出沿以内的挑沿等的体积亦不增加。突出墙身的统腰线、1/2 砖以上的门窗套、二出沿以上的挑沿等的体积应并入所依附的砖墙内计算。

(1)砖石基础

砖石基础工程量一般计算公式为

$$V=L(H\times d+S)-V_0$$

式中：V——基础体积(m^3)；

L——墙基长度(m)，外墙按中心线、内墙按净长线计算，遇砖跺时应折加后并入墙基长度；

H——墙基高度(m)；

d——基础墙厚(m)，不同砖数的墙厚取值如表 4-6 所示；

S——大放脚断面积。

V_0——应扣除嵌入基础墙身的梁、柱、孔洞等体积。

表 4-6 不同墙体计算厚度表 单位:mm

项 目	砖规格（长×宽×厚）	墙厚（砖数）						
		0.25	0.5	0.75	1	1.25	1.5	2
标准砖	240×115×53	53	115	178	240		365	490
多孔砖	240×115×90		115		240		365	490
土青砖	220×105×42	42	105	157	220		335	450
大仓砖	250×75×50	50	75		250	310	340	
空心砖（非承重）	240×240×115		115		240			
混凝土小型砌块	390×190×190				190			

注:砖墙厚度,不论设计有无注明,均按表计算。

建筑物砌筑工程基础与上部结构的划分:砖石基础与墙身以设计室内地坪为界;剧院、会堂等室内地坪有坡度时,以地坪最低标高处为界;基础与墙身采用不同材料,位于设计室内地坪±300mm 以内时以不同材料为界,超过±300mm 时仍按设计室内地坪为界;舞台地龙墙套用砖基础定额。

当墙基承受较大的荷载、砌筑高度达到一定范围时,将其底部做成阶梯形状,俗称“大放脚”。大放脚分为等高式和间隔式两种(见图 4-30)。

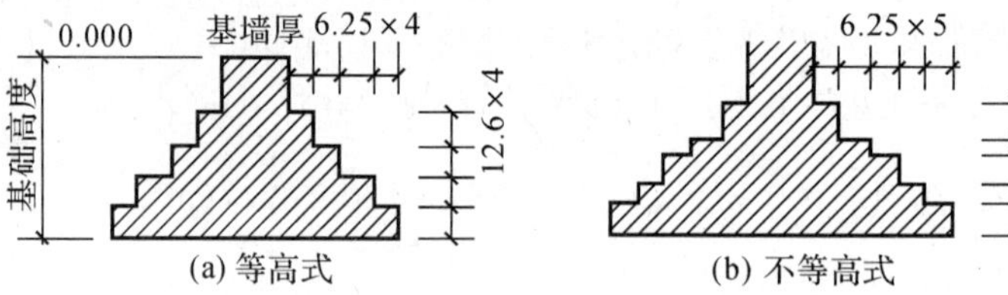

图 4-30 大放脚

计算条形砖基础工程量时,两边大放脚体积并入计算。

大放脚体积计算公式为

$$V=L\times S$$

式中:V——大放脚体积(m^3);

L——砖基础长度(m);

S——大放脚断面积(m^2)。

大放脚断面积计算公式为

等高式:$S=n(n+1)\times a\times b$

间隔式:$S=\sum a\times b+\sum\left(\frac{a}{2}\times b\right)$

式中:n——放脚层数;

a、b——分别为每层放脚的高、宽(m,凸出部分)。

注:标准砖基础为 $a=0.126$m(每层二皮砖),$b=0.0625$m。

此外,大放脚基础断面也可以表示为

$$S_{放脚}=h_1\times d$$

式中：$S_{放脚}$——大放脚折加面积(m^2)；

h_1——大放脚折加高度(m)；

d——基础墙厚度(m)。

基础断面面积计算为

$$S_{断面}=(h_1+h_2)\times d \text{ 或 } S_{断面}=h_2\times d+S_{放脚}$$

式中：$S_{断面}$——基础断面面积(m^2)；

h_2——基础设计高度(m)；其他符号含义如上。

砖基础大放脚折加高度和大放脚增加断面积如表 4-7 所示。

表 4-7　砖基础大放脚折加高度和大放脚增加断面积

放脚层数	折加高度												增加断面(m^2)	
	基础墙厚度													
	1/2 砖		1 砖		$1\frac{1}{2}$砖		2 砖		$2\frac{1}{2}$砖		3 砖			
	不等高	等高	不等高	等高	不等高	等高	不等高	等高	不等高	等高	不等高	等高		
1	0.137	0.137	0.066	0.066	0.043	0.043	0.032	0.032	0.026	0.026	0.021	0.021	0.01575	0.01575
2	0.411	0.343	0.197	0.164	0.129	0.108	0.096	0.080	0.077	0.064	0.064	0.063	0.04275	0.03938
3	0.822	0.685	0.394	0.328	0.259	0,216	0.193	0.161	0.154	0.128	0.128	0.106	0.09450	0.07875
4	1.370	1.096	0.656	0.525	0.432	0.345	0.321	0.257	0.256	0.205	0.213	0.170	0.1575	0.1260
5	2.054	1.645	0.984	0.788	0.647	0.518	0.482	0.386	0.384	0.307	0.319	0.255	0.2363	0.1890
6	2.875	2.260	1.378	1.083	0.906	0.712	0.675	0.530	0.538	0.419	0.447	0.351	0.3308	0.2599
7			1.838	1.444	1.208	0.949	1.909	0.707	0.717	0.563	0.596	0.468	0.4410	0.3465
8			2.363	1.838	1.553	1.208	1.157	0.900	0.922	0.717	0.766	0.569	0.5670	0.4411
9			2.953	2.297	1.942	1.510	1.447	1.125	1.153	0.869	0.958	0.745	0.7088	0.5513
10			3.610	2.789	2.372	1.834	1.768	1.366	1.409	1.088	1.171	0.905	0.8663	0.6694

注：本表中，等高式砖墙基大放脚按标准砖双面放脚，每层等高 12.6cm(二皮砖、二灰缝)，砌出 6.25cm 计算；间隔式砖墙基大放脚适用于底层二皮开始高 12.6cm，上层为一皮砖高 6.3cm，每边每层砌出 6.25cm 的情况。

1)条形基础工程量

条形基础垫层工程量按设计断面积乘长度计算。外墙长度按外墙中心线长度计算；内墙长度按内墙基底净长计算；柱网结构的条基垫层不分内外墙，均按基底净长计算。柱基垫层工程量按设计垫层面积乘厚度计算。

地面垫层工程量按地面面积乘厚度计算，地面面积按楼地面工程的工程量计算规则计算。

条形砖基础、块石基础工程量按断面积乘长度计算。外墙长度按外墙中心线长度计算；内墙砖基础按内墙墙身净长线计算，不扣除重叠部分的体积；其余基础按基础底净长计算；其应增加的搭接体积，按图示尺寸计算。

计算条形砖(石)基础与垫层长度时，附墙垛凸出部分按折加长度合并计算，不扣除搭接重叠部分的长度，垛的加深部分也不增加。

2)独立砖柱基础

独立砖柱基础工程量按柱身体积加上四边大放脚体积计算，砖柱基础工程量并入砖柱计算。四边大放脚体积计算公式为

$$V=n(n+1)\times a\times b\times\left[\frac{2}{3}(2n+1)\times b+A+B\right]$$

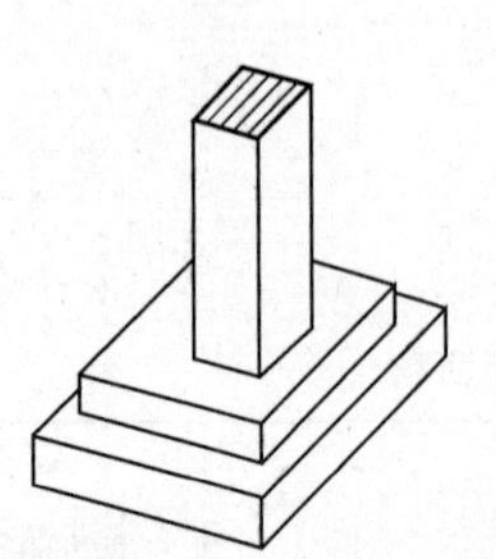
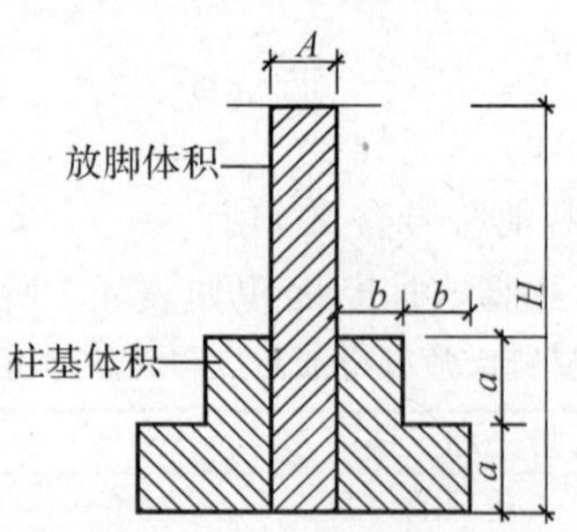

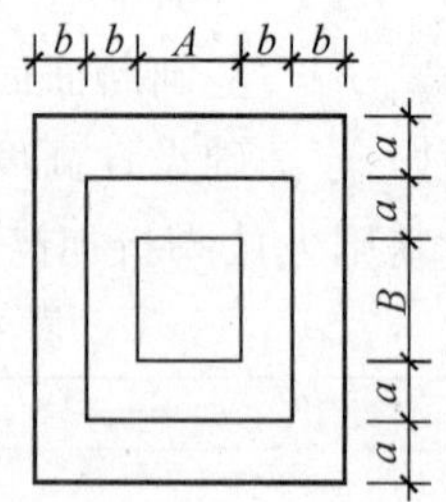

图 4-31 独立砖柱基础

式中：A、B——分别为砖柱断面积的长、宽(m)，其余符号含义同上(见图 4-31)。

在定额中，砖柱的柱基和柱身的工程量合并计算，直接套砖柱定额。

此外，对于砖柱基础，可查表 4-8 计算。

表 4-8 砖柱基础

柱断面尺寸		240×240		240×365		365×365		365×490	
每米深柱基身体积(m^3)		0.0576		0.0876		0.1332		0.17885	
砖柱增加四边放脚体积	层数	等高	不等高	等高	不等高	等高	不等高	等高	不等高
	1	0.0095	0.0095	0.0115	0.0115	0.0135	0.0135	0.0154	0.0154
	2	0.0325	0.0278	0.0384	0.0327	0.0443	0.0376	0.0502	0.0425
	3	0.0729	0.0614	0.0847	0.0713	0.0965	0.0811	0.1084	0.0910
	4	0.1347	0.1097	0.1544	0.1254	0.1740	0.1412	0.1937	0.1569
	5	0.2217	0.1793	0.2512	0.2029	0.2807	0.2265	0.3103	0.2502
	6	0.3379	0.2694	0.3793	0.3019	0.4206	0.3344	0.4619	0.3669
	7	0.4873	0.3868	0.5424	0.4301	0.5976	0.4734	0.6527	0.5167
	8	0.6738	0.5306	0.7447	0.5857	0.8155	0.6408	0.8864	0.6959
	9	0.9013	0.7075	0.9899	0.7764	1.0785	0.8453	1.1671	0.9142
	10	1.1738	0.9167	1.2821	1.0004	1.3903	1.0841	1.4986	1.1678
柱断面尺寸		490×490		490×615		615×615		615×740	
每米深柱基身体积(m^3)		0.2401		0.30135		0.37823		0.4551	

续表

柱断面尺寸		240×240		240×365		365×365		365×490	
	层数	等高	不等高	等高	不等高	等高	不等高	等高	不等高
砖柱增加四边放脚体积	1	0.0174	0.0174	0.0194	0.0194	0.0213	0.0213	0.0233	0.0233
	2	0.0561	0.0474	0.0621	0.0524	0.0680	0.0573	0.0739	0.0622
	3	0.1202	0.1008	0.1320	0.1106	0.1438	0.1205	0.1556	0.1303
	4	0.2134	0.1727	0.2331	0.1884	0.2528	0.2042	0.2725	0.2199
	5	0.3398	0.2738	0.3693	0.2974	0.3989	0.3210	0.4284	0.3447
	6	0.5033	0.3994	0.5446	0.4318	0.5860	0.4643	0.6273	0.4968
	7	0.7078	0.5600	0.7629	0.6033	0.8181	0.6467	0.8732	0.6900
	8	0.9573	0.7511	1.0288	0.8062	1.0990	0.8613	1.1699	0.9164
	9	1.2557	0.9831	1.3443	1.0520	1.4329	1.1209	1.5214	1.1898
	10	1.6069	1.2514	1.7152	1.3351	1.8235	1.4188	1.9317	1.5024

(2)砖墙

一般砖墙包括砖内墙、砖外墙(含女儿墙)和砖砌框架间隔墙。其工程量计算规则为不分墙体厚度和位置,均按图示尺寸以 m^3 计算,套用一般砖墙定额。

1)墙体长度和厚度

其计算规则与基础墙的长度和厚度计算规则相同。女儿墙墙体长度按外墙中心线长度计算。

2)墙身高度

墙身高度根据内外墙和屋面形式不同,计算高度也不相同。

①外墙墙身一般算至图示高度,若设计图纸无规定时,其计算规则如下:

a.平屋面算至钢筋混凝土板底(见图 4-32)。

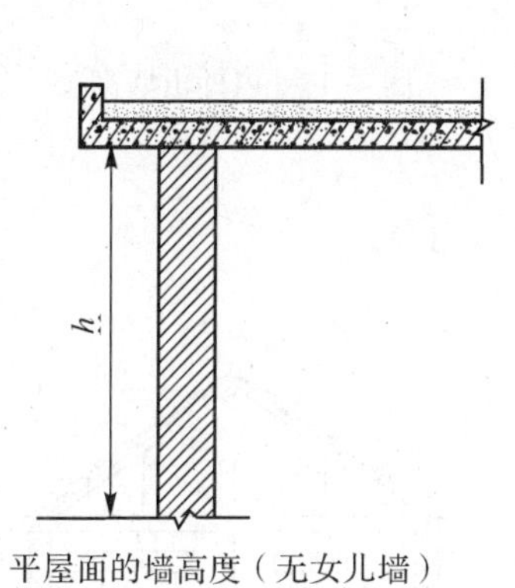

平屋面的墙高度(无女儿墙)

平屋面的墙高度(有女儿墙)

图 4-32　平屋面的墙高度

b.有屋架的斜屋面,且室内外均有顶棚者,算至屋架下弦再加 200mm(见图 4-33)。

c.无顶棚者算至屋架下弦再加 300mm(见图 4-34)。

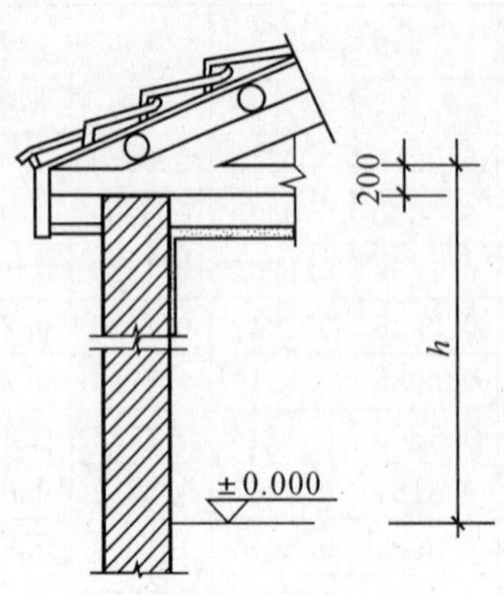

图 4-33 斜屋面且室内外有顶棚者的外墙高度

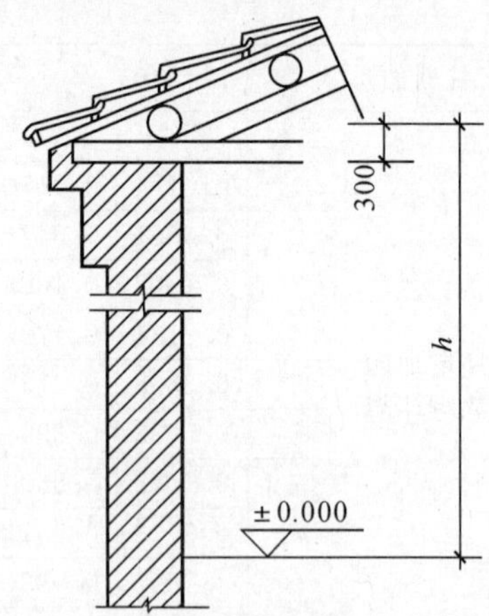

图 4-34 坡屋架无顶棚的外墙高度

d.砖砌出檐宽度超过 600mm 时,按实砌高度 h 计算(见图 4-35)。

e.内外山墙按其平均高度 h 计算,$h=h_1+\frac{h_2}{2}$(见图 4-36)。

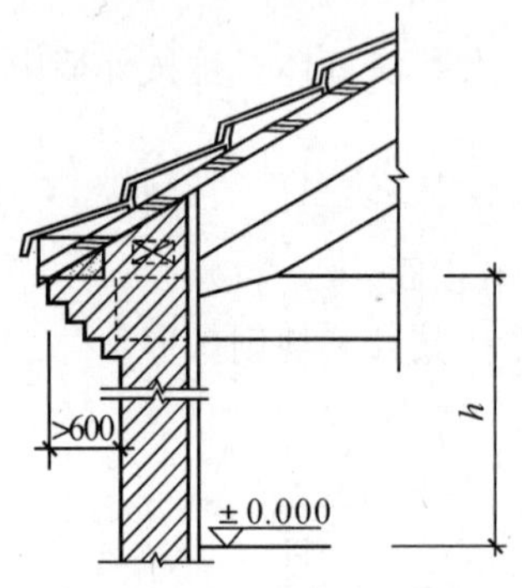

图 4-35 出檐宽度>600mm 的坡屋面外墙高度

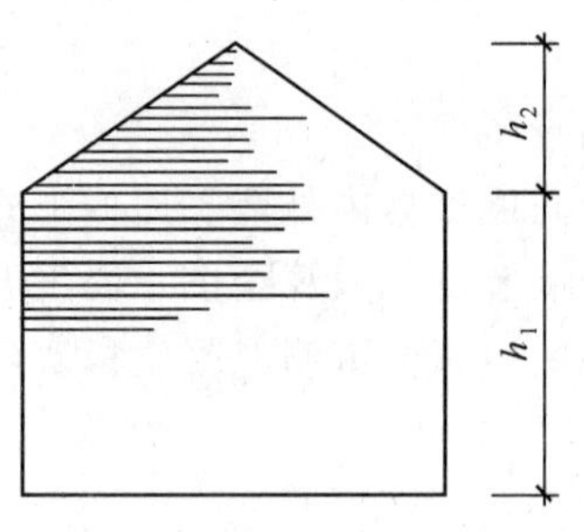

图 4-36 内外山墙高度

②内墙墙身高度计算规则为:

a.有钢筋混凝土楼板隔层者,高度算至板底(见图 4-37)。

b.位于屋架下弦者,高度算至屋架下弦底(见图 4-38)。

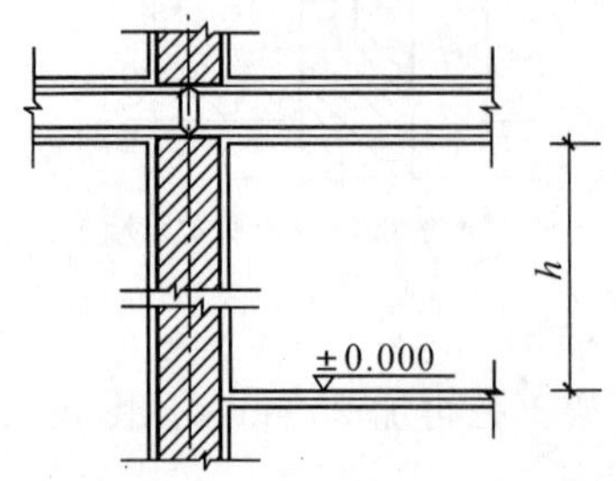

图 4-37 钢筋混凝土楼板隔层下的内墙高度

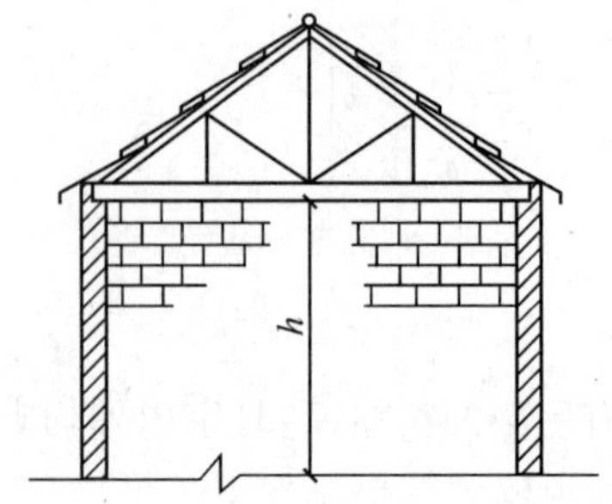

图 4-38 屋架下弦下的内墙高度

c. 无屋架者，算至顶棚底再加100mm(见图4-39)。

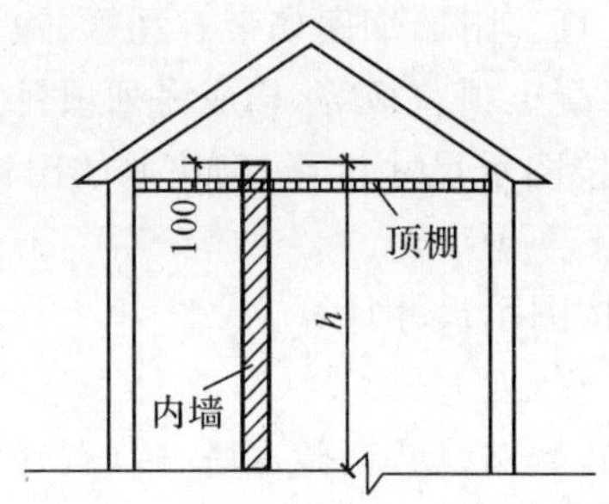

图4-39 无屋架的内墙高度

③框架墙：不分内、外墙均按净高计算。

3)应扣除(或并入)的体积(见表4-9及图4-40)

表4-9

应扣除内容	不扣除内容
(1)门窗洞口、过人洞、空圈和大于0.3m²以上孔洞所占的体积 (2)嵌入墙身的钢筋混凝土柱、梁(包括过梁、圈梁、挑梁)所占体积 (3)砖平碹、平砌砖过梁、暖气包壁龛及内墙板头的体积	(1)梁头、外墙板头、檩头、垫木、木楞头、沿缘木、木砖、门窗走头所占体积 (2)凡单个面积小于0.3m²的孔洞所占体积和墙体内的加固钢筋、木筋、铁件、钢管等所占体积

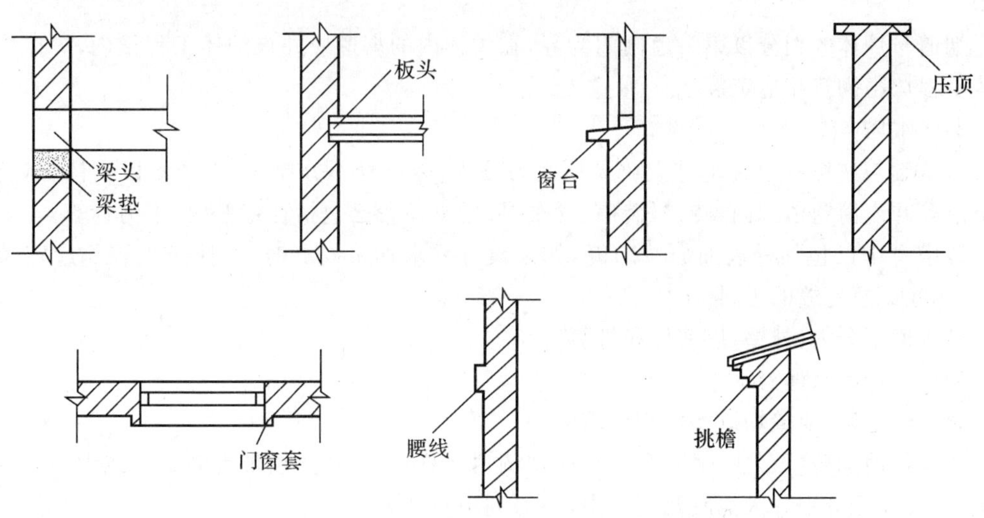

图4-40 不扣除和不增加的零星砖砌体体积

(3)其他砖墙工程量计算规则

①空花墙按空花部分外形体积计算，不扣除空花部分体积。

②空斗墙的门窗和过人洞口、墙角、梁支座等的实砌部分和地面以上、圈梁或板底以下三皮实砌砖，均已包括在定额内，其工程量应并入空斗墙内计算；砖垛工程量应另行计算，套实砌墙相应定额；设计要求窗间墙、窗下墙实砌部分的工程量另计，套用零星砌体定额。

③附墙烟囱、通风道、垃圾道，按外形体积计算工程量并入所附的砖墙内，不扣除每个面

积在 0.1 m^2 以内的孔道体积，孔内的抹灰工料亦不增加；应扣除每个面积大于 0.1m^2 的孔道体积，孔内抹灰按零星抹灰计算。附墙烟囱如带有瓦管、除灰门，垃圾道带有垃圾门、垃圾斗、通风百页窗、铁篦子、钢筋混凝土顶盖板等，均应另列项目计算。

④石墙、空心砖墙、砌块墙按图示尺寸计算，砌块墙的门窗洞口等镶砌标准砖部分应合并计算。

⑤夹心保温墙砌体工程量按图示尺寸计算。

(4)构筑物

砌筑工程中的构筑物分为砖烟囱、烟道、砖水塔、砖(石)贮水池三部分。

1)砖烟囱、烟道

砖基础与砖筒身以设计室外地坪为分界，以下为基础，以上为筒身。

砖烟囱筒身、烟囱内衬、烟道及烟道内衬均以实体积计算。

砖烟囱筒身原浆勾缝和烟囱帽抹灰，已包括在定额内，不另计算。如果设计规定加浆勾缝的，按抹灰工程相应定额计算，不扣除原浆勾缝的工料。

如果设计采用楔形砖时，其加工数量按设计规定的数量另列项目计算，套砖加工定额。

烟囱内衬深入筒身的防沉带(连接横砖)、在内衬上抹水泥排水坡的工料及填充隔热材料所需人工均已包括在内衬定额内，不另计算，设计不同时不作调整。填充隔热材料按烟囱筒身(或烟道)与内衬之间的体积另行计算，应扣除每个面积在 0.3m^2 以上的孔洞所占的体积，不扣除防沉带所占的体积。

烟囱、烟道内表面涂抹隔绝层，按内壁面积计算，应扣除每个面积在 0.3m^2 以上的孔洞面积。

烟道与炉体的划分以第一道闸门为界，在炉体内的烟道应并入炉体工程量内，炉体执行安装工程炉窑砌筑相应定额。

2)砖水塔

砖基础与砖塔身以砖基础大放脚顶面为分界；砖塔身不分厚度、直径均以实体积计算。砖出沿等并入筒壁体积内，砖拱(砖碹、含平拱)的支模费已包括在定额内，不另计算。

砖塔身中已包括外表面原浆勾缝，如果设计要求加浆勾缝时，按抹灰工程相应定额计算，不扣除原浆勾缝的工料。

砖水槽不分内、外壁，以实体积计算。

3)砖(石)贮水池

砖(石)池底、池壁均以实体积计算。

砖(石)池的砖(石)独立柱，套用相应定额。如果砖(石)独立柱带有混凝土或钢筋混凝土结构的，其体积分别并入池底及池盖中，不另列项目计算。

2. 计算实例

例 4-9 如图 4-41 和图 4-42 所示，求毛石、砖基础工程量。

解：

$$
\begin{aligned}
V_{石} &= \text{毛石基础断面面积} \times (\text{外墙中心线长度} + \text{内墙净长度}) \\
&= (0.7\times0.4+0.5\times0.4)\times[(15.0+6.0)\times2+(6.00-0.24)\times2] \\
&= (0.28+0.2)\times53.52 \\
&= 25.69(m^3)
\end{aligned}
$$

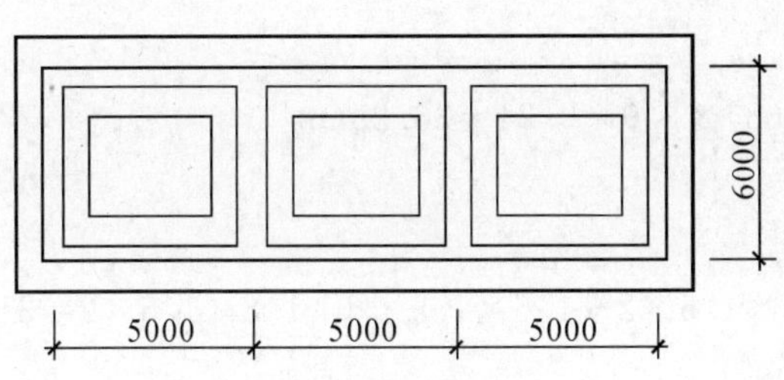

图 4-41　基础平面

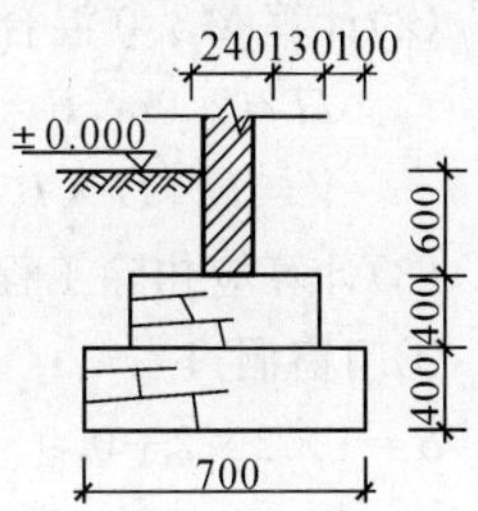

图 4-42　基础剖面

$V_{砖}$＝砖基础断面面积×(外墙中心线长度＋内墙净长度)

＝0.24×0.60×53.52

＝7.71(m^3)

例 4-10　如图 4-43 所示为现浇钢筋混凝土平顶砖墙结构住宅，室内净高 2.9m，门窗均为钢筋砖过梁，钢筋砖过梁厚度为 440mm，门窗洞口尺寸如图所示，内外墙厚均为 240mm，用 M5.0 混合砂浆砌筑。试计算砌筑工程量。

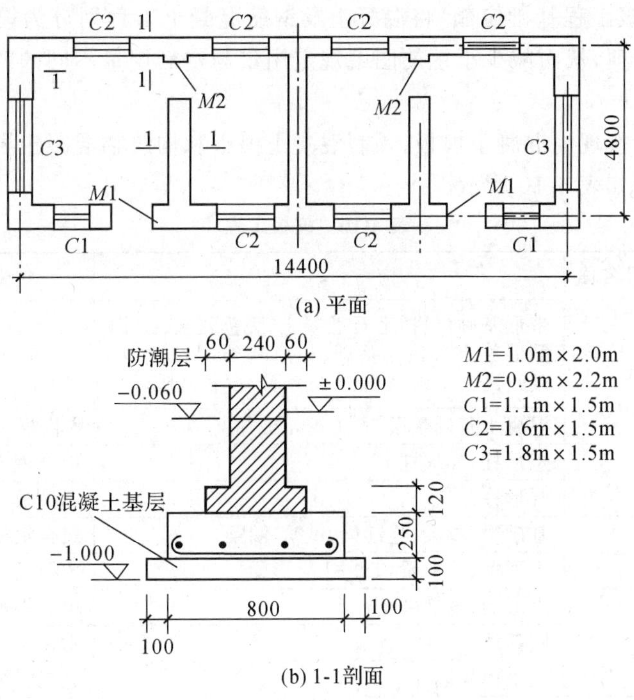

图 4-43　住宅平面、剖面

解：(1)计算 M5.0 混合砂浆砌砖基础工程量(同种材料从±0.000 分界)

S＝(0.24＋0.12)×0.12＋0.24×(1－0.1－0.25－0.12)＝0.17(m^2)

$L_{外}$＝(14.4＋4.8)×2＝38.4(m)

$L_{内}$＝(4.8－0.24)×3＝13.68(m)

V＝S×L＝0.17×(38.4＋13.68)＝8.85(m^3)

(2)计算 M5.0 混合砂浆砌砖墙工程量

$H=2.9\text{m}, B=0.24\text{m}$

$V=L\times H\times B=(38.4+13.68)\times 2.9\times 0.24=36.25(\text{m}^3)$

(3)计算应扣除工程量

①门窗洞口

$S=1\times 2\times 2+0.9\times 2.2\times 2+1.1\times 1.5\times 2+1.6\times 1.5\times 6+1.8\times 1.5\times 2=31.06(\text{m}^2)$

$V=S\times B=31.06\times 0.24=7.45(\text{m}^3)$

②钢筋砖过梁

$L=(1.0+0.5)\times 2+(0.9+0.5)\times 2+(1.1+0.5)\times 2+(1.6+0.5)\times 6+(1.8+0.5)\times 2=26.2(\text{m})$

$V=26.2\times 0.44\times 0.24=2.77(\text{m}^3)$

M5.0 砖墙混合砂浆砌砖墙工程量$=36.25-7.45-2.77=26.03(\text{m}^3)$

4.3.4 混凝土及钢筋混凝土工程

《全国统一建筑工程基础定额》将混凝土及钢筋混凝土工程划分为模板工程、钢筋工程和混凝土工程三大项，从而减少了钢筋图纸规定用量与定额用量不同的调整环节。

1. 模板工程

模板工程定额按现浇混凝土模板、预制混凝土模板和构筑物混凝土模板分别列项，三个部分所采用的模板如表 4-10 所示。

表 4-10 模板工程

序号	定额项目名称	构件	采用模板
1	基础	带形基础(包括毛石混凝土、无筋混凝土、钢筋混凝土)、独立基础、杯形基础(及高杯基础)、满堂基础、独立式桩承台、设备基础	组合钢模板和复合木模板
		混凝土基础垫层、人工挖孔桩井壁	木模板
2	柱	矩形柱、异形柱	组合钢模、复合木模
		圆形柱	木模板
3	梁	基础梁、单梁、连续梁、过梁、圈梁	组合钢模、复合木模
		拱形梁、弧形梁，TL+I 异形梁	木模板
4	墙	直形墙、电梯井壁	组合钢模、复合木模
		圆弧墙	木模板
		大钢模板墙	大钢模板
5	板	有梁板、无梁板、平板	组合钢模、复合木模
		拱形板	木模板
6	框架轻板	楼梯间叠合梁、柱接柱	木模板
7	构筑物滑升模板		滑升模板
8	其他	楼梯、悬挑板、台阶、栏板、扶手、门框、暖气沟、挑檐、天沟等计 12 个子项	木模板

(1)现浇混凝土模板

1)模板种类：组合钢模板、复合木模板、木模板、大钢模板、滑升模板等。

2)工程量计算一般规则如下：

①现浇混凝土及钢筋混凝土模板工程量，除另有规定者外，均应区别模板的不同材质，按混凝土与模板接触面的面积以 m^2 计算(见图 4-44)。

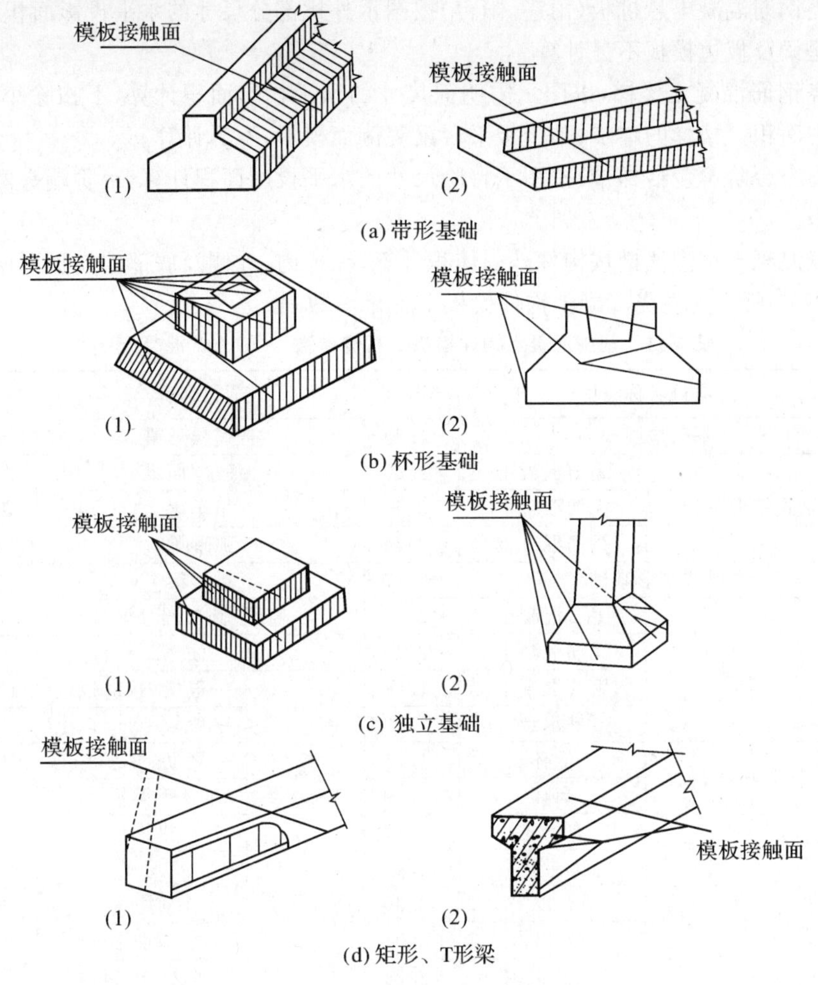

图 4-44　模板接触面

②现浇钢筋混凝土柱(不含构造柱)、梁(不含圈、过梁)、板、墙的支模高度(即室外地坪至板底或板面至板底之间的高度)按层高 3.6m 以内编制，超过 3.6m 时，工程量包括 3.6m 以下部分，另按相应超高定额计算；斜板或拱形结构按平均高度确定支模高度。

③现浇钢筋混凝土墙、板上单孔面积在 $0.3m^2$ 以内的孔洞，不予扣除，洞侧壁模板亦不增加；当单孔面积在 $0.3m^2$ 以外时，应予扣除，洞侧壁模板面积并入墙、板模板工程量之内计算。

④现浇钢筋混凝土框架分别按梁、板、柱、墙的有关规定计算，附墙柱并入墙内工程量计算。

⑤杯形基础杯口高度大于杯口大边长度的，套高杯基础定额项目。

⑥柱与梁、柱与墙、梁与梁等连接的重叠部分以及伸入墙内的梁头、板头部分，均不计算

模板面积。

⑦构造柱外露面均应按图示外露部分计算模板面积。构造柱与墙接触面不计算模板面积。

⑧现浇钢筋混凝土悬挑板(雨篷、阳台)按图示外挑部分尺寸的水平投影面积计算。挑出墙外的牛腿梁及板边模板不另计算。

⑨现浇钢筋混凝土楼梯,以图示露明面尺寸的水平投影面积计算,不扣除小于 500mm 楼梯井所占面积。楼梯的踏步、踏步板平台梁等侧面模板,不另计算。

⑩混凝土台阶不包括梯带,按图示台阶尺寸的水平投影面积计算,台阶端头两侧不另计算模板面积。

⑪现浇混凝土小型池槽按构件外围体积计算,池槽内、外侧及底部的模板不应另计算。

如表 4-11 所示为现浇混凝土构件模板工程量参数表。

表 4-11 现浇混凝土构件模板工程量参数 (m^2/m^3 混凝土)

项目名称		含模量	项目名称		含模量
基础垫层		1.38	普通异形梁		8.77
无梁式带形基础	毛石混凝土	2.00	薄腹屋面梁		14.99
	无筋混凝土	2.50	吊车梁		8.50
	钢筋混凝土	0.74	弧形梁		8.73
有梁式带形基础		2.17	拱形梁		7.62
独立基础	毛石混凝土	2.17	直形、圆形圈过梁		7.28
	无筋混凝土	2.40	单独过梁		9.68
	钢筋混凝土	1.88	板	一般板 10cm 以内	12.06
	桩承台	1.99		一般板 10cm 以上	8.04
杯形基础	低杯	1.75		密肋、井字板	10.00
	高杯	4.50		无梁板	4.20
满堂基础、地下室底板	有梁式	1.29		拱形板	8.04
	无梁式	0.46	薄壳屋盖	筒式	17.01
设备基础($5m^3$ 以内)	$2m^3$ 以内	3.30		球形	16.00
	$5m^3$ 以内	2.91		双曲形	20.00
设备基础($5m^3$ 以上)	$20m^3$ 以内	2.23	直形墙	厚 10cm 以内	18.60
	$20m^3$ 以上	1.50		厚 20cm 以内	9.30
矩形柱	周长 1.2m 以内	14.73		厚 20cm 以上	7.44
	周长 1.8m 以内	9.92	弧形墙	厚 10cm 以内	17.61
	周长 1.8m 以上	6.79		厚 20cm 以内	8.81
构造柱		6.67		厚 20cm 以上	7.04
异形、圆形柱	异形柱	8.56	钢筋混凝土直形地下室外墙		6.83
	ϕ50 以内圆形柱	11.43	无筋混凝土挡土墙		5.12
	ϕ50 以上圆形柱	5.33	毛石混凝土挡土墙		3.42
框架柱接头		13.33	钢筋混凝土弧形地下室外墙		6.83
直形、弧形基础梁		6.40	大钢模板墙		7.06
矩形梁	梁高 0.3m 以内	13.00	电梯井壁		13.00
	梁高 0.6m 以内	10.60	直形、弧形栏板、翻沿		19.09
	梁高 0.6m 以上	8.10	沿沟、挑檐		18.50

续表

项目名称		含模量	项目名称		含模量
小型池槽		30.03	贮水(油)池无梁池盖		3.25
地沟、电缆沟		8.00	贮水(油)池肋形池盖		7.11
小型构件		25.25	贮水(油)池无梁池盖柱		8.79
屋顶水箱		9.69	贮水(油)池沉淀池水槽		21.10
水塔筒式塔身		12.41	贮水(油)池沉淀池壁基梁		4.30
水塔柱式塔身		11.53	矩形贮仓立壁	20cm 以内	10.00
水塔回廊及平台		9.26		30cm 以内	6.67
水塔水箱槽底		5.69	矩形贮仓斜壁(漏斗)	15cm 以内	10.16
水塔水箱塔顶		7.41		25cm 以内	8.15
水塔水箱内壁		14.20	圆形贮仓立壁		9.17
水塔水箱外壁		11.98	圆形贮仓隔层板		2.58
贮水(油)池平底	无筋混凝土	0.34	圆形贮仓顶板		7.35
	钢筋混凝土	0.29	地沟沟底		1.35
贮水(油)池坡底		0.93	地沟沟壁		8.90
贮水(油)池矩形池壁	厚 15cm 以内	13.40	地沟沟顶		5.00
	厚 25cm 以内	10.05	矩形沉井壁	厚 50 以内	5.33
	厚 40cm 以内	6.70		厚 50 以上	2.78
贮水(油)池圆形池壁	厚 15cm 以内	15.41	圆形沉井壁	厚 50 以内	4.79
	厚 20cm 以内	11.34		厚 50 以上	3.54
	厚 30cm 以内	8.16			

(2)预制混凝土模板

1)模板种类:组合钢模、复合木模、木模、定型钢模、长线台(非)预应力钢拉模、地胎模等。

2)工程量计算一般规则如下:

①预制钢筋混凝土模板工程量,除另有规定的以外均按混凝土实体体积以 m^3 计算。

②小型池槽按外型体积以 m^3 计算。

③预制桩尖按虚体积(不扣除桩尖虚体积部分)计算。

3)构筑物混凝土模板

①构筑物工程的模板工程量,除另有规定的以外,区别现浇、预制和构件类别,分别按第 1～12 条的有关规定计算。

②大型池槽等分别按基础、墙、板、梁、柱等有关规定计算,并套相应定额项目。

③液压滑升钢模板施工的烟筒、水塔塔身、贮仓等,均按混凝土体积以 m^3 计算。预制倒圆锥形水塔罐壳模板按混凝土体积以 m^3 计算。

④预制倒圆锥形水塔罐壳组装、提升、就位,按不同容积以座计算。

2. 钢筋工程

钢筋工程是指对混凝土中需要配置的钢筋进行除锈、下料、加工、安装等过程的一系列工作,具体工作内容包括钢筋制作、绑扎、安装。

(1)工程量计算一般规则

①钢筋工程应区别现浇、预制、预应力构件及不同钢种,按设计图纸、标准图集、施工规

范规定的长度乘以单位重量计算，以吨为单位。钢筋的延伸率不扣，冷拉加工费不计。

②钢筋搭接按设计图示尺寸计算。施工图未注明的搭接长度，大口径桩的钢筋笼及地下连续墙的钢筋网片按 $10d$，其余均按 $35d$ 计算；单根钢筋的连续长度每超过 8m 增加一个搭接；垂直构件有楼层时，层高在 3m 以内的，每两层增加一个搭接，层高在 3m 以上的，每一层增加一个搭接。

③气压焊、电渣压力焊和机械连接接头按不同直径计算，以个为计量单位。

④预应力钢筋应按施工图要求计算张拉预留量，如果图纸未明确时，可按以下规定计算：

先张法预应力钢筋，按构件外形尺寸计算长度，后张法预应力钢筋按设计图规定的预应力钢筋预留孔道长度，并区别不同的锚具类型，分别按有关规定计算。

(2)钢筋长度的计算

1)通长钢筋长度计算

通长钢筋是指两端既无弯钩又不弯起的钢筋，螺纹钢筋通常不计算弯钩(因为螺纹钢筋本身所具有的花纹就可以加强钢筋和混凝土间的粘结能力)。

$$L_1 = l - 2a$$

式中：l——构件的结构长度；

a——钢筋保护层厚度(见表 4-12)。

表 4-12　钢筋混凝土保护层厚度

环境与条件	构件名称	混凝土强度等级		
		低于 C25	C25 及 C30	高于 C30
室内正常环境	板、墙、壳	15		
	梁和柱	25		
露天或室内高湿度环境	板、墙、壳	35	25	15
	梁和柱	45	35	25
有垫层	基础	35		
无垫层		70		

2)带弯钩钢筋长度

钢筋的弯钩形式如图 4-45 所示。

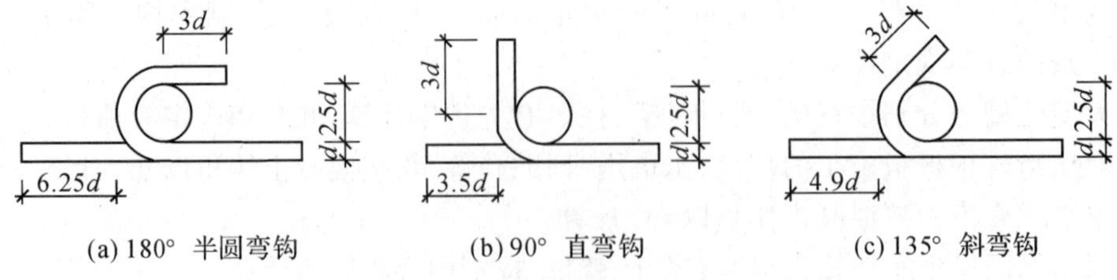

图 4-45　钢筋弯钩示意图

有弯钩的钢筋长度计算公式为

$$L_2 = l - 2a + 2\Delta l$$

式中：Δl——钢筋一端的弯钩增加长度，如表 4-13 所示。

表 4-13　钢筋弯钩增加长度

弯钩角度		180°	90°	135°
增加长度	Ⅰ级钢筋	$6.25d$	$3.5d$	$4.9d$
	Ⅱ级钢筋		$x+0.9d$	$x+2.9d$
	Ⅲ级钢筋		$x+1.2d$	$x+3.6d$

3)弯起钢筋长度

$$L_3=l-2a+2\Delta l+2(S-l_0)$$

式中：S——弯起筋斜长；

l_0——弯起钢筋的水平长度；

$S-l_0$——弯起部分增加长度；

式中其他符号含义同上。

弯起钢筋的弯曲形式如图 4-46 所示。

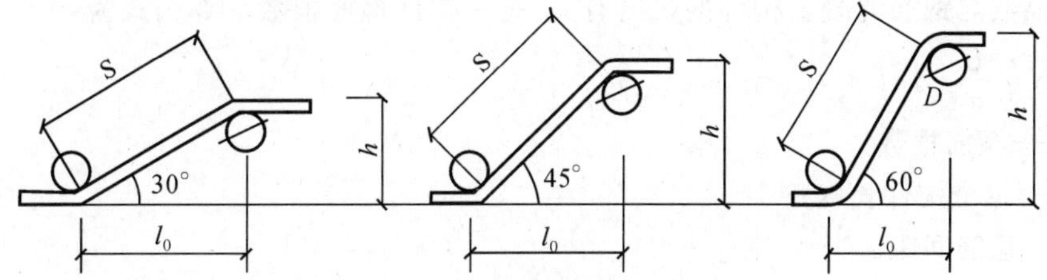

图 4-46　弯起钢筋示意图

弯起钢筋增加长度计算可按表 4-14 所示的有关系数计算。

表 4-14　弯起钢筋弯起部分增加长度

弯起角度	30°	45°	60°
S	$2h$	$1.414h$	$1.155h$
l_0	$1.732h$	h	$0.577h$
$S-l_0$	$0.268h$	$0.414h$	$1.578h$
说明	板用	梁高 $H<0.8$m	梁高 $H\geqslant 0.8$m
备注	表中 h 为板厚或梁高减去梁两端保护层后的厚度		

4)箍筋长度计算

$$L_4=(b+h)\times 2-8a+2\Delta l_g，或$$

L_4＝构件断面外边周长＋箍筋增加值

式中：L_4——每个箍筋的计算长度；

b、h——构件(梁或柱)的宽和高；

Δl_g——箍筋末端每个弯钩增加长度；

其他符号含义同上。

箍筋增加值如表 4-15 所示。

表 4-15 钢筋长度调整值

形 状		直径 d(mm)						备 注
		4	6	6.5	8	10	12	
		Δl(mm)						
抗震结构		−88	−33	−20	22	78	133	$\Delta l=200-27.8d$
一般结构		−133	−100	−90	−66	−33	0	$\Delta l=200-16.75d$
		−140	−110	−103	−80	−50	−20	$\Delta l=200-15d$

箍筋根数与钢筋混凝土构件的长度有关,每一构件箍筋根数计算公式为

$$N=\frac{L}{a}+1$$

式中:N——箍筋根数;

L——单个构件长度;

a——箍筋间距。

(3)钢筋工程量计算步骤

一个单位工程的钢筋消耗量也称预算用量,包括根据施工图计算的图示用量和规定的损耗量两个部分。图示用量等于各钢筋混凝土构件中的设计图纸用量及其他结构中的加固钢筋、连系钢筋等的用量之和,各种构件和结构用钢筋又是由若干不同品种、不同规格、不同形状的单根钢筋所组成。因此,计算一个单位工程的钢筋总用量时,应首先按不同构件,计算其中不同品种、不同规格的每一根钢筋的用量,然后根据设计规定计算其他构造加筋用量,最后按规格、品种分类汇总求得单位工程钢筋总用量。其基本步骤如下。

①计算每一构件的不同品种、不同规格的图纸钢筋用量:

$$G_g=\sum l_i g_i N_i$$

式中:G_g—— 某种型号钢筋重量(kg);

l_i—— 某种型号钢筋计算长度(m);

g_i—— 某规格钢筋单位长度的重量(kg/m);

i—— 某型号钢筋编号。

② 计算钢筋混凝土每一分部工程的钢筋图纸用量:

$$G_f=\sum G_g$$

式中:G_f—— 某品种、某规格钢筋的用量。

③ 计算单位工程的钢筋图纸用量(钢筋工程量):

$$G_d=\sum(G_f+G_j)$$

式中:G_d——某品种、某规格单位工程钢筋图示总用量(工程量);

C_j——钢筋混凝土工程以外的其他结构中的构造用筋量,包括砌体内的加固筋、结构插筋、预制构件间的接缝钢筋等。

以上计算中，应按不同品种、不同规格的钢筋分别计算，最后分别汇总，求得各种品种、各种规格钢筋的用量，以便按相应定额项目计算其工料。

3. 混凝土工程

混凝土工程量除另有规定的以外，均按图示尺寸以 m^3 计算。不扣除构件内钢筋、预埋件及墙、板中 $0.3m^2$ 以内的孔洞所占体积。

现浇混凝土计算如下：

(1)基础

①带形基础。外墙按设计外墙中心线长度、内墙按设计内墙基础图示长度乘以设计断面计算。

肋(梁)带形混凝土基础，其肋高与肋宽之比在 4：1 以内的按有梁式带形基础计算。超过 4：1 时，起肋部分按墙计算，肋以下按无梁式带形基础计算。

计算公式为

$$V=L\times S+\text{T 形接头搭接体积}$$

式中：V——带形基础体积(m^3)；

L——带形基础长度(m)；外墙按设计外墙中心线长度计算；内墙按设计内墙基础图示长度计算；附墙砖垛凸出部分按砖垛折加长度；柱网结构不分内外墙均按基底净长线；

S——带形基础断面面积，m^2。

其中：标准带形基础混凝土搭接如图 4-47 所示，其 T 形接头搭接体积按图示尺寸计算体积。

$$V=L_{搭}\left[b\times H+\left(\frac{2b+B}{6}\right)h_1\right]$$

式中：V——内外墙 T 形接头搭接部分体积；

H——长方体厚度，无梁式时 $H=0$。

其他符号含义如图 4-48 所示。

②独立柱基础。钢筋混凝土独立柱基础常用断面有阶梯式和截锥式(见图 4-48)，其工程量应按不同结构形式分别计算。

矩形基础：

$$V=长\times宽\times高$$

阶梯型基础：

$$V=\sum 各阶(长\times宽\times高)$$

截头方锥形基础：

$$V=V_1+V_2=\frac{h_1}{6}[A\times B+(A+a)(B+b)+a\times b]+A\times B\times h_2$$

式中：V_1——基础上部棱台部分的体积(m^3)；

V_2——基础下部矩形部分的体积(m^3)；

A、B——棱台下底两边或 V_2 矩形部分的两边边长(m)；

a、b——棱台上底两边边长(m)；

h_1——棱台部分的高(m)；

h_2——基座底部矩形部分的高(m)。

③杯形基础。其工程量按基础外型尺寸减去杯口体积后计算，即

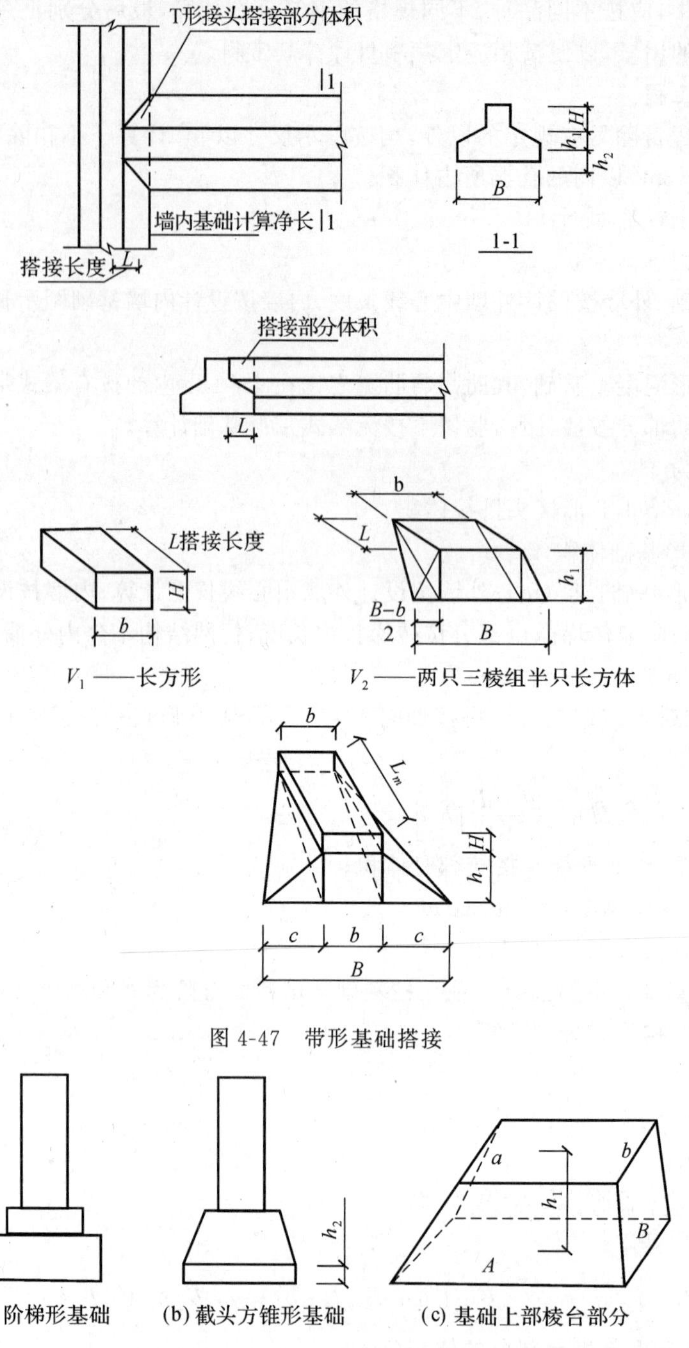

图 4-47　带形基础搭接

(a) 阶梯形基础　(b) 截头方锥形基础　(c) 基础上部棱台部分

图 4-48　独立柱基础

$$V=ABh_3+\frac{h_2-h_3}{3}\left[AB+\sqrt{ABa_1b_1}+a_1b_1\right]+a_1b_1(h-h_2)-V_{杯}$$

式中：各符号含义如图 4-49 所示。

④满堂基础。按不同结构形式分为无梁式（板式）满堂基础、有梁式（梁板式或片筏式）满堂基础和箱式满堂基础，如图 4-50 所示。

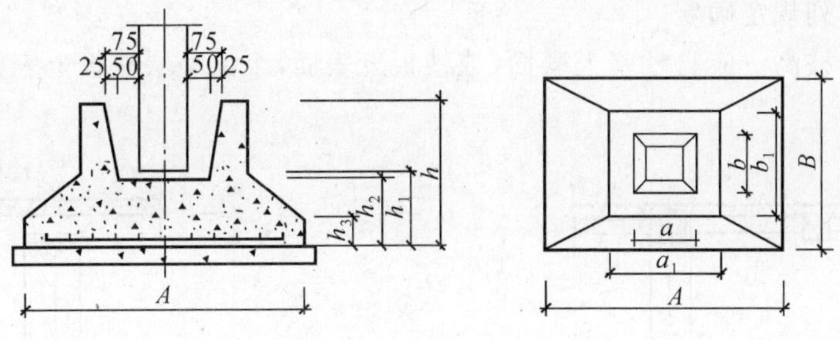

图 4-49　杯形基础体积计算

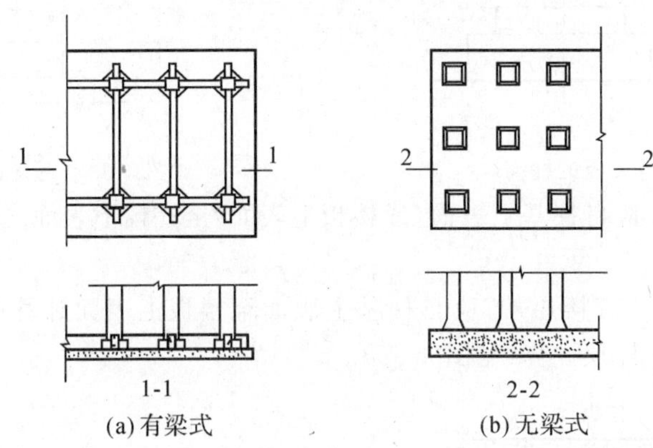

图 4-50 满堂基础

a. 无梁式满堂基础工程量应按板的体积加柱脚的体积计算。

形似倒置的无梁楼板，如果有扩大或锥形柱墩（脚）时，其工程量应按板的体积加柱脚的体积计算，柱脚高度按设计尺寸，无设计尺寸则算至柱墩的扩大面。

b. 有梁式满堂基础工程量应分别计算板和梁的体积再相加得到。

c. 箱式满堂基础应分别按无梁式满堂基础、柱、墙、梁、板有关规定计算，套相应定额项目。

⑤设备基础。除块体以外，其他类型设备基础分别按基础、梁、柱、板、墙等有关规定计算，并套相应的定额项目。

(2)柱

柱的工程量按图示断面尺寸乘以柱高以 m^3 计算。依附于柱上的牛腿并入柱身体积之内。

1)柱断面

柱断面按图示尺寸的平面几何形状计算，常见的几何断面有矩形、圆形、圆环形（空心柱）和工形柱，其中工形柱断面如图 4-51 所示。断面计算公式为

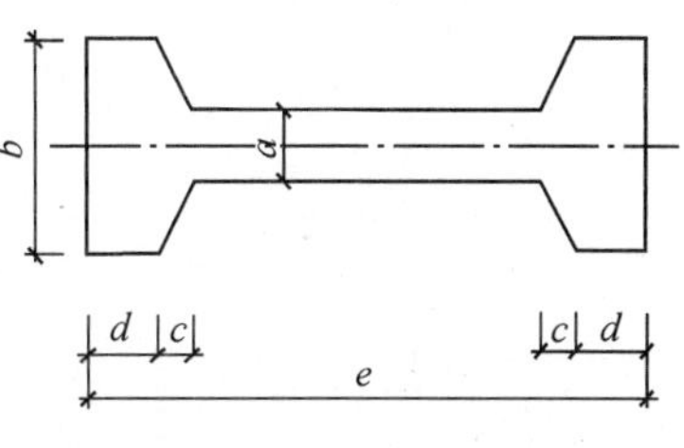

图 4-51　工形柱计算

$$S=a\times(e-2d-c)+b\times(2d+c)$$

式中：符号含义如图 4-52 所示。

2)柱高按下列规定确定

①有梁板的柱高。应自柱基上表面(或楼板上表面)至上一层楼板上表面之间的高度计算(见图 4-52)。

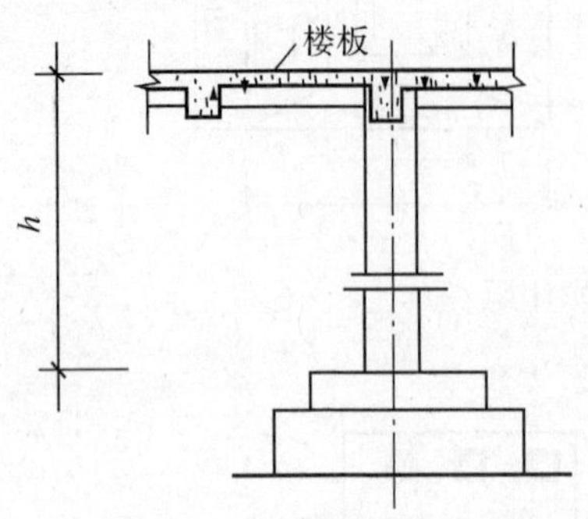

图 4-52 有梁板的柱高

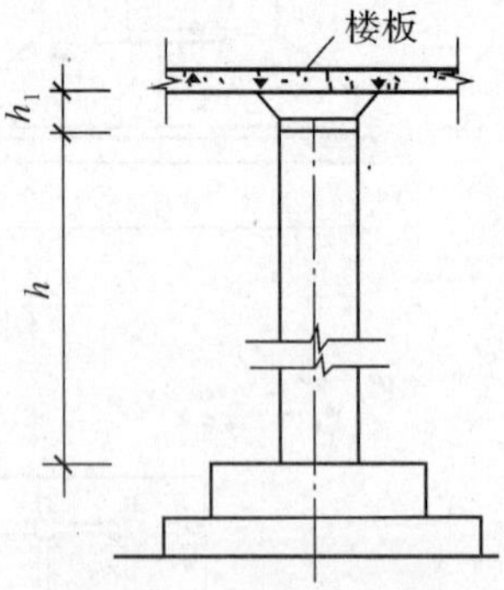

图 4-53 无梁板的柱高

②无梁板的柱高。应自柱基上表面(或楼板上表面)至柱帽下表面之间的高度计算(见图 4-53)。

③框架柱的柱高。有楼层的,应自柱基上表面至楼板上表面计算(见图 4-54);无楼层的,应自柱基上表面至柱顶计算(见图 4-55)。

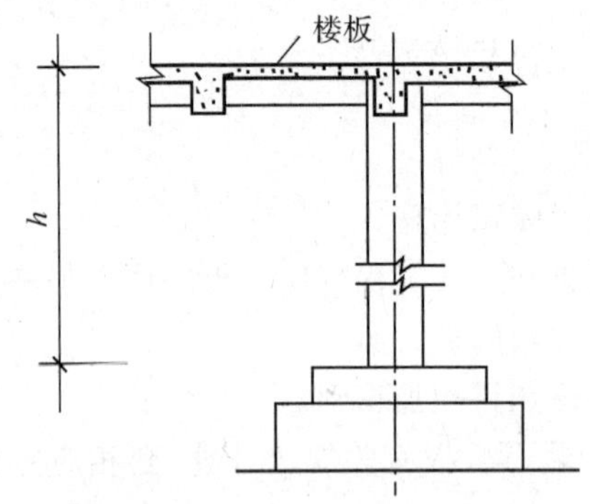

图 4-54 有楼层框架柱的柱高

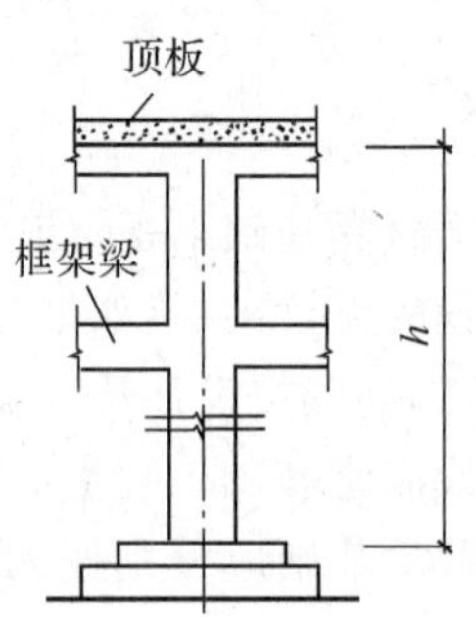

图 4-55 无楼层框架柱的柱高

④构造柱。按全高计算(自柱基或地圈梁上表面至柱顶面的高度),与砖墙嵌接部分的体积(牙马槎)并入柱身体积内计算(见图 4-56)。

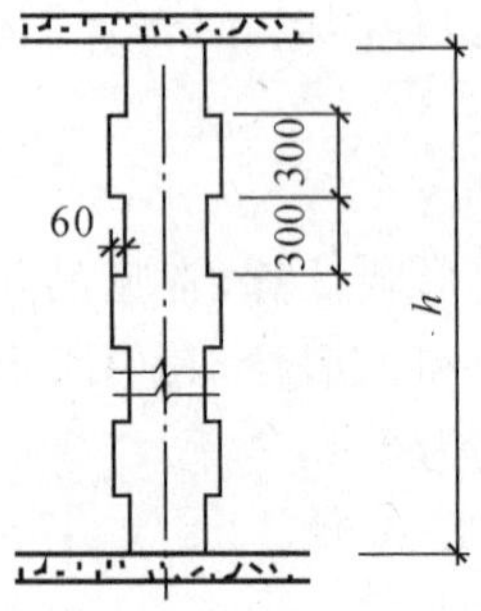

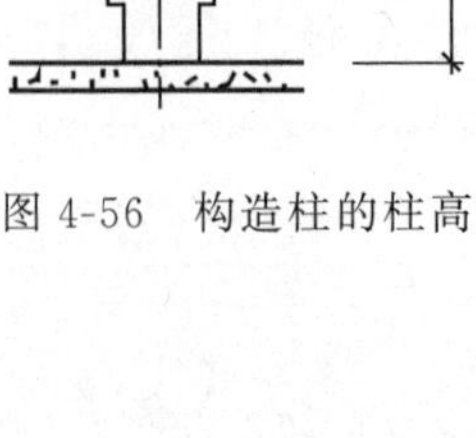

图 4-56 构造柱的柱高

构造柱的马牙咬接搓的纵间距一般为 300mm，咬接高度为 300mm（构造柱与砖墙咬搓平均宽度），马牙宽为 60mm。为便于工程量的计算，马牙咬接宽度按全高的平均宽度$\frac{1}{2}\times 60=30$(mm)计算。构造柱断面面积为

$$F=a\times b+0.03(n_1a+n_2b)$$

式中：a、b——构造柱两个方向的尺寸(m)；

n_1、n_2——分别为构造柱上下、左右的咬接边数（见表 4-16）。

表 4-16　构造柱咬接边数

构造柱形式	咬接边数（个）	
	n_1	n_2
一型	0	2
T 型	1	2
L 型	1	1
十形	2	2

构造柱的平面形式有四种，如图 4-57 所示。

⑤依附柱。其上的牛腿并入柱身体积内计算。牛腿体积计算公式为

$$V_t=\left(h-\frac{1}{2}c\tan\alpha\right)\times c\times b$$

式中：符号含义如图 4-58 所示。

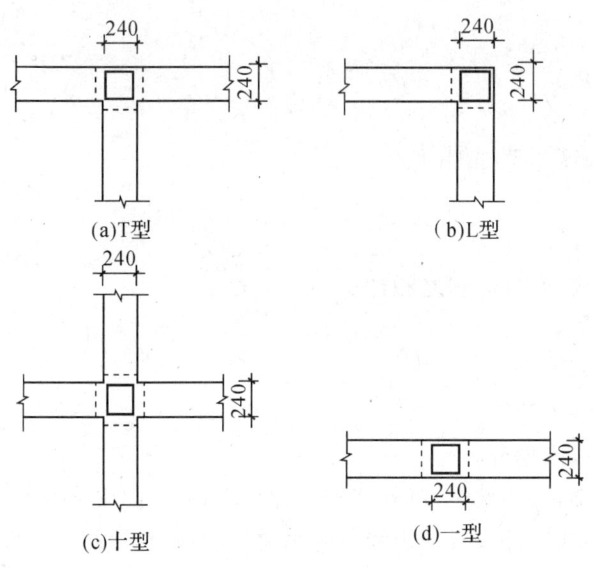

图 4-57　构造柱平面形式

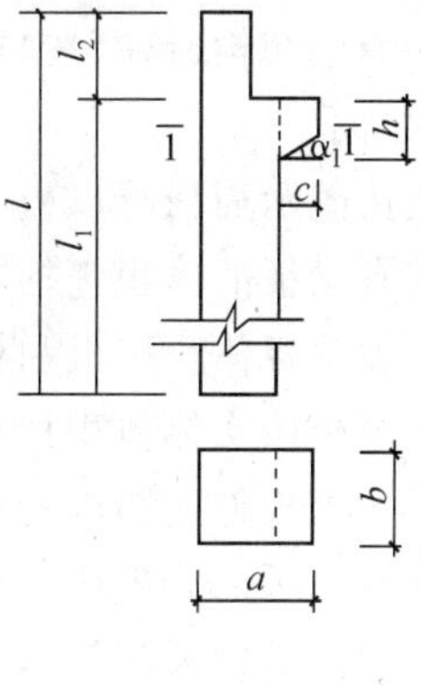

图 4-58　牛腿计算

(3)梁

梁的工程量按图示断面尺寸乘以梁长以 m^3 计算。

$$V=L\times h\times b\pm V'$$

式中：V——梁体积(m^3)；

L——梁长(m)；

h——梁高(m);

b——梁宽(m);

V'——应并入(或扣除)的体积(m^3)。

1)梁长(见图4-59)

①梁与柱连接时,梁长算至柱侧面。

②主梁与次梁连接时,次梁长算至主梁侧面。

③梁与墙连接时,伸入墙内梁头应算在梁的长度内(梁垫体积并入梁体积内计算)。

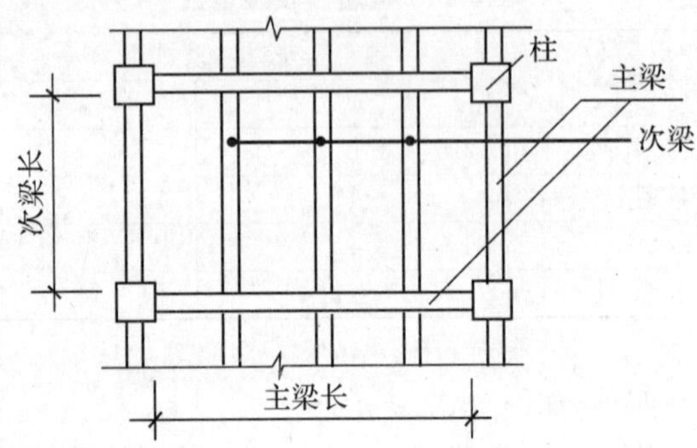

图4-59 主梁、次梁、柱相交

2)梁高

梁高是指梁底至梁顶面的距离。

3)圈梁计算规则

①外墙上的圈梁按外墙中心线计算;

②内墙上的圈梁按净长线计算;

③圈梁与构造柱(柱)连接时,圈梁长度算至柱侧面。

(4)板

板按图示面积乘以板厚以m^3计算。

①有梁板的体积包括主、次梁与板,按梁、板体积之和计算。

②无梁板体积按板和柱帽体积之和计算。

③平板按实体体积计算。

④各类板伸入墙内的板头并入板体积内计算。

⑤板与板的分界线一般以墙的中心线来划分。

⑥现浇挑檐天沟与板(包括屋面板、楼板)连接时,以外墙外皮为分界线;与圈梁(包括其他梁)连接时,以梁外皮为分界线。外墙边线以外或梁外边线以外为挑檐天沟,套用相应定额计算。

(5)墙

墙按图示中心线长度尺寸乘以设计高度及墙体厚度以m^3计算。扣除门窗洞口及单个面积在$0.3m^2$以上孔洞的体积,墙垛、附墙柱及突出部分并入墙体积内计算。

(6)整体楼梯

整体楼梯包括休息平台、平台梁、楼梯底板、斜梁及楼梯的连接梁、楼梯段,按水平投影面积计算,不扣除宽度小于500mm的楼梯井,伸入墙内部分不另增加。踏步旋转楼梯,按其楼梯部分的水平投影面积乘以周数计算(不包括中心柱),如图 4-60 所示。

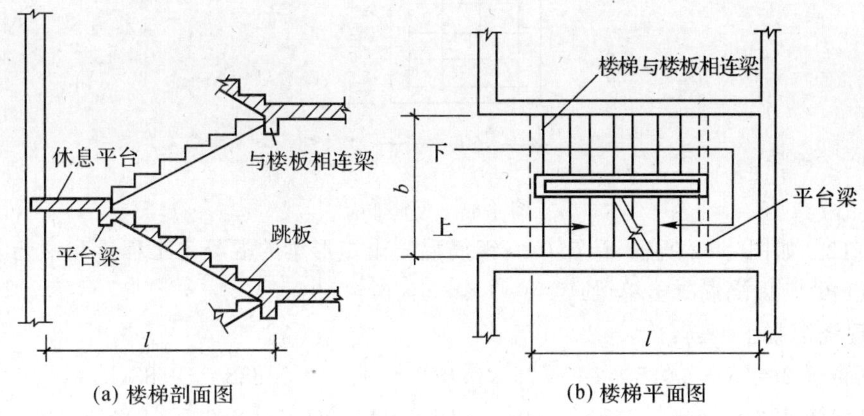

(a) 楼梯剖面图　(b) 楼梯平面图

图 4-60　钢筋混凝土楼梯

(7)阳台、雨篷

阳台、雨篷按伸出外墙的水平投影面积计算,伸出外墙的牛腿不另计算,其嵌入墙内的梁另按梁有关规定单独计算;雨篷的翻檐按展开面积,并入雨篷内计算。井字梁雨篷,按有梁板计算规则计算。

(8)栏杆

栏杆按净长度以 m 计算。伸入墙内的长度已综合在定额内。栏板以 m^3 计算。

(9)预制板

当预制板补现浇板缝、底缝宽大于 10cm 时,按平板计算。

(10)预制钢筋混凝土框架柱按设计规定断面乘以长度以 m^3 计算。

(11)预制混凝土框架柱的现浇接头(包括梁接头)

按设计规定断面和长度以 m^3 计算。

(12)单件体积在 0.05m^3 内的构件

按小型构件计算。

(13)混凝土搅拌工程量

按上述计算规则计算出工程量后,单独套用混凝土搅拌制作项目。

预制混凝土计算如下:

①混凝土工程量均按图示尺寸以 m^3 计算,不扣除构件内钢筋、铁件、预应力钢筋预留孔洞及小于 300mm×300mm 以内孔洞所占的体积。

②预制桩按桩全长(包括桩尖)乘以桩断面面积(空心桩应扣除孔洞体积)以 m^3 计算(不扣除桩尖虚体积)。

③混凝土与钢杆件组合的构件,混凝土部分按构件实体积以 m^3 计算,钢构件部分按吨计算,分别套相应的定额项目。

4. 计算实例

例 4-11　32 块 600mm×500mm×40mm 的沟盖板,两个方向都布置 4 根 ϕ6mm 的钢筋,如图 4-61 所示。求钢筋长度。

解:$L_1=[(600-10\times2)+(500-10\times2)]\times4\times32=135.68(m)$

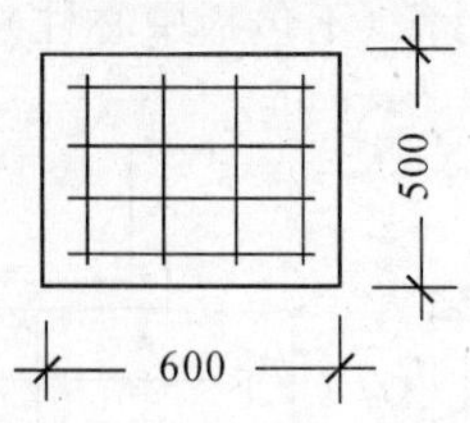

图 4-61　钢筋布置

例 4-12　如图 4-62 所示，计算 C20 钢筋混凝土矩形梁的混凝土工程量和钢筋工程量。

解：(1)C20 现浇混凝土单梁：$V=0.3\times0.5\times6=0.9(\text{m}^3)$

(2)现浇混凝土钢筋：

架立筋 $\phi12=(6-0.025\times2+6.25\times0.012\times2)\times2\times0.888=10.83(\text{kg})$

弯起钢筋 $\phi22=[6-0.025\times2+0.3\times2+0.414\times(0.5-0.025\times2)\times2]\times2\times2.986$
$=41.34(\text{kg})$

梁底受力筋 $\phi25=(6-0.025\times2)\times2\times3.856=45.89(\text{kg})$

箍筋单根下料长度 $l=(0.3+0.5)\times2-0.033=1.567(\text{m})$

箍筋根数 $n=(6-0.025\times2)\div0.2+1=31$(根)

箍筋总下料重量 $\phi6.5=1.567\times31\times0.261=12.68(\text{kg})$

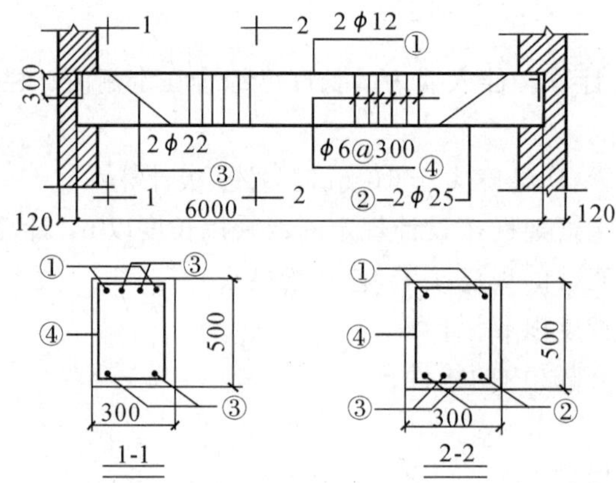

图 4-62　现浇 C20 钢筋混凝土矩形梁

例 4-13　如图 4-63 所示，某有肋基础，已知基础长 $l=15\text{m}$。求其工程量。

注：由于有肋带型基础，其肋高比肋宽在 4∶1 以内，故按带型基础计算。

解：肋高与肋宽之比：600∶400=1.5∶1

有肋带型基础工程量$=(0.4\times3\times0.4+0.4\times0.6)\times15.00=10.8(\text{m}^3)$

例 4-14　如图 4-64 所示，某有肋基础，已知基础长 $l=8\text{m}$。求其工程量。

注：当肋高与肋宽之比超过 4∶1 时，其基础扩大面以下部分按板式基础计算，以上部分按混凝土墙计算。

解：肋高与肋宽之比：1250∶250=5∶1

板式基础工程量$=(0.5\times2+0.25)\times0.3\times8=3.00(\text{m}^3)$

混凝土墙工程量$=0.25\times1.25\times8=2.5(\text{m}^3)$

例 4-15　某截锥式独立柱基础下底矩形长和宽分别为 1.5m 和 1.3m，高为 0.2m；棱台

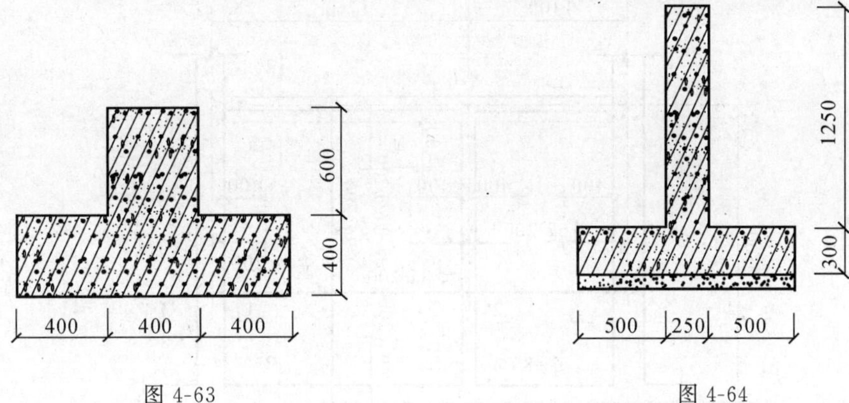

图4-63　图4-64

上底长和宽分别为1.1m和0.9m，高为0.6m。求独立柱基础体积。

解：

$$V=(1.5\times1.3\times0.2)+\frac{0.6}{3}[1.5\times1.3+(1.5+1.1)(1.3+0.9)+1.1\times0.9]$$
$$=2.12(\mathrm{m}^3)$$

例4-16　如图4-65所示，计算钢筋混凝土工字形柱的工程量。

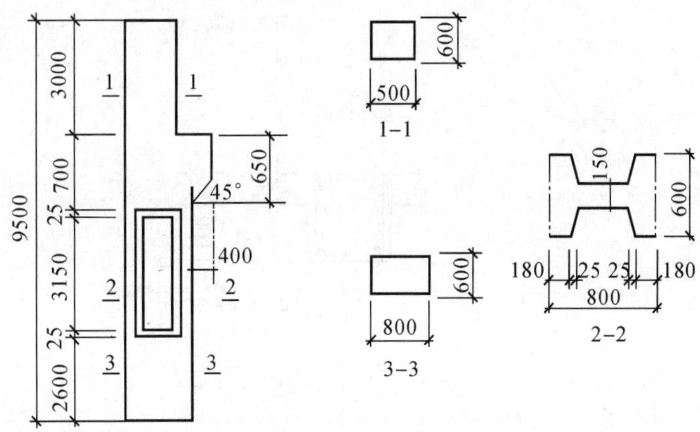

图4-65　钢筋混凝土工字形柱

解：(1)上柱体积：

$V_1=0.50\times0.60\times3.0=0.90(\mathrm{m}^3)$

(2)下柱体积：

$$V_2=0.80\times0.60\times(2.60+0.70)+[0.15\times(0.80-2\times0.18-0.025)+0.60(2\times0.18+0.025)]\times(3.15+2\times0.025)=1.584+0.938=2.52(\mathrm{m}^3)$$

(3)柱上牛腿体积：

$V_3=0.40\times0.60\times(0.65-0.5\times0.4\times\tan45°)=0.11(\mathrm{m}^3)$

(4)工字形柱总体积：

$V=0.90+2.52+0.11=3.53(\mathrm{m}^3)$

例4-17　试计算图4-66所示的现浇钢筋混凝土梁与板的混凝土工程量。

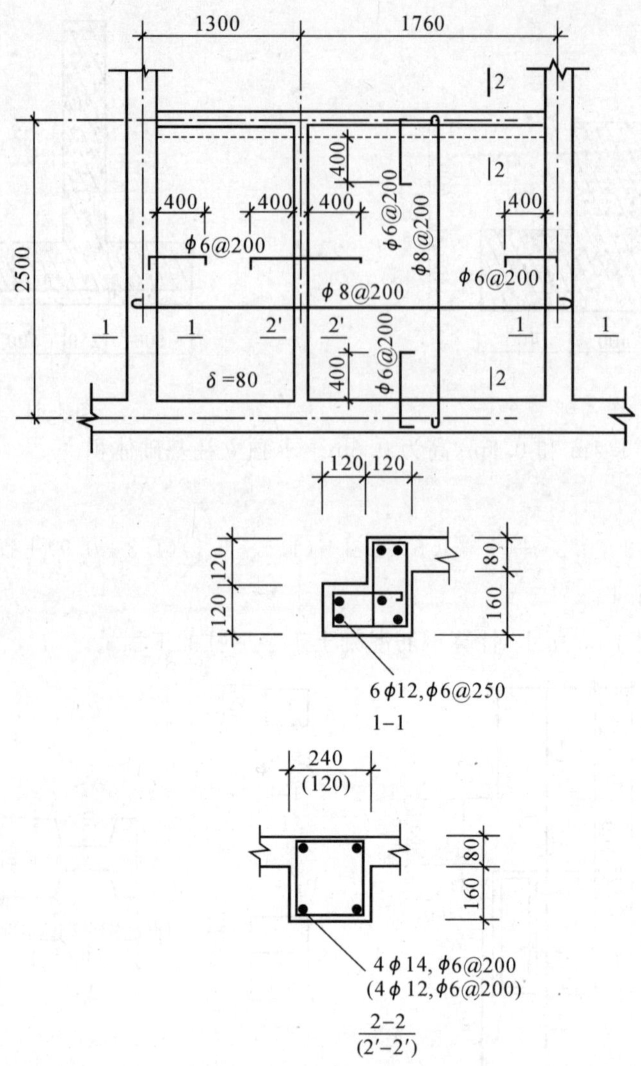

图 4-66 混凝土有梁板

解:由图可见,该钢筋混凝土板为有梁板,分别计算板和肋梁的工程量。

(1)板:$V_{pb1}=(2.5+0.24)\times(3.06-0.24)\times0.08=0.618(m^3)$

(2)梁:

1-1 断面处梁,2 根 $V_{c1}=(0.24^2-0.12^2)\times(2.5+0.24)\times2=0.237(m^3)$

2-2 断面处梁,梁高 0.16m,梁长(3.06-0.24)m,

体积 $V_{c2}=0.16\times(3.06-0.24)\times0.24=0.108(m^3)$

2'-2'断面处梁,梁高 0.16m,梁长(2.5-0.24)m,

体积 $V_{c3}=0.16\times(2.5-0.24)\times0.12=0.043(m^3)$

(3)该梁板的混凝土工程量:

$$V=0.618+0.237+0.108+0.043=1.006(m^3)$$

4.3.5　金属结构制作工程

1. 工程量计算一般规则

①金属结构制作按设计图示尺寸以吨计算，不扣除孔眼、切边、切角的重量，焊条、铆钉、螺栓等重量已包括在定额内，不另计算。在计算不规则或多边形钢板重量时，均以其最大对角线乘最大宽度的矩形面积计算。

②实腹柱、吊车梁、H 型钢按设计图示尺寸计算，其中腹板和翼板宽度按每边增加 25mm 计算。

③制动梁的制作工程量，包括制动梁，制动桁架、制动板重量。墙架的制作工程量，包括墙架柱、墙架梁及连接柱杆的重量。

④钢柱制作工程量，包括依附于柱上的牛腿及悬臂梁重量。

⑤钢屋架制作工程量，依附于钢屋架上的檩托、角钢重量并入钢屋架重量内。单榀钢屋架重量在 1 吨以内的套用轻钢屋架项目(由圆钢和小角钢焊接而成)。

⑥钢支撑制作工程量，包括柱间支撑、屋架间水平和垂直支撑的重量，以吨计算。

⑦钢平台制作工程量，平台柱、平台梁、平台板、平台斜撑、钢扶梯及平台栏杆的重量，应并入钢平台重量内。铁栏杆制作，仅适用于工业厂房中平台、操作台的钢栏杆。

⑧球节点网架制作工程量按钢网架整个重量计算，包括钢杆件、球节点、支座的重量之和，不扣除球节点开孔所占的重量。网架制作项目是按成品球考虑的。

⑨天窗挡风架、柱侧挡风板、遮阳板、档雨板支架制作工程量，均按挡风架子计算主材重量。

⑩轨道制作工程量，只计算轨道本身重量，不包括轨道垫板、压板、斜垫、夹板及连接角钢重量。

(11)钢漏斗制作工程量，矩形按图示分片，圆形按图示展开尺寸，并依钢板宽度分段计算，每段均以其上口长度(圆形以分段展开上口长度)与钢板宽度，按矩形计算。依附漏斗的型钢并入漏斗重量内计算。

2. 金属结构制作相关计算

(1)金属结构制作工程量计算公式

①钢板的计算：

$$钢板重量 = \sum S \cdot r_1$$

式中：$\sum S$—— 按钢板不同厚度分别计算，多边形按最小外接矩形计算；

r_1—— 钢板每平方米质量。

② 型钢的质量：

$$型钢重量 = \sum L \cdot r_2$$

式中：$\sum L$—— 按图示轴心线长度和取料长度；

r_2—— 型钢每米质量。

③ 圆钢的计算：

$$圆钢重量 = \sum L \cdot r_3$$

式中：$\sum L$—— 圆钢长度；

r_3——$0.617D^2$ 圆(D 为直径，cm)。

④ 钢管的计算：

$$钢管重量 = \sum L \cdot r_4$$

式中：$\sum L$—— 钢管长度；

r_4——0.617(D^2-d^2)(D 为外径,cm；d 为内径,cm)。

(2)钢结构各种型钢杆件长度计算

上述计算式中的延长米长度应根据钢结构构件各组成杆件在空间所处位置情况进行计算。钢结构件常为空间构架，依据各杆件在空间的相对位置状况可分为以下三种情况。

①直杆。指沿长、宽、高任一方向布置的水平杆件或垂直杆件，包括梁、柱的主体杆件，屋架的下弦杆件等。

若设杆件的长度为 l，杆件两端点的空间坐标值为 x、y、z，则直杆件的长度等于图示 x、y、z 中任一方向的净尺寸，即：$l=x$，或 $l=y$，或 $l=z$。

②平面斜杆。指沿 x、y、z 轴三个方向中任意两个坐标轴所组成的平面上的倾斜杆件，包括屋架、平面钢架、楼梯中的各类斜杆。平面斜杆长度等于 x、y、z 中任意两个方面所决定的净长度，计算公式为

$$l=\sqrt{x^2+y^2} 或 l=\sqrt{y^2+z^2} 或 l=\sqrt{x^2+z^2}$$

③空间斜杆。指在空间 x、y、z 轴三个方向中任意倾斜的杆件，包括空间桁架、屋面上弦、水平支撑等空间任意位置的斜杆。空间斜杆的长度计算公式为

$$l=\sqrt{(x_1-x_0)^2+(y_1-y_0)^2+(z_1-z_0)^2}$$

应当注意的是，在计算各类金属杆件长度时，应求得杆件的图示净长度，而不能用轴线长度代替计算长度，为此应根据杆件在各节点的构造情况，对轴线长度进行调整，使其转换成计算长度，然后，再按上述公式计算钢材重量。

3. 计算实例

例 4-18 计算如图 4-67 所示的钢杆长度。

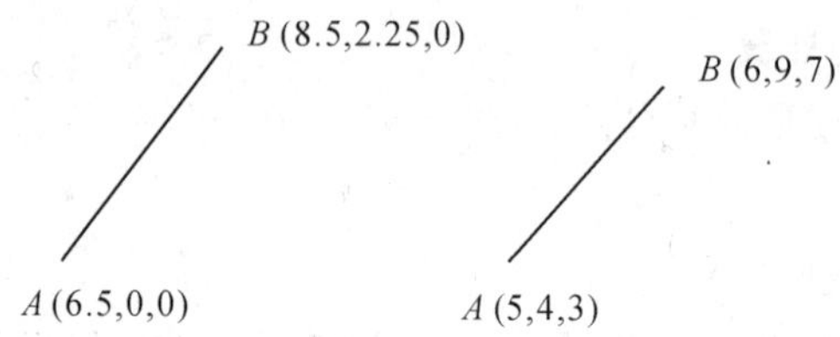

图 4-67 空间杆件长度计算示意图

解：(1)图中杆件为平面斜杆，长度计算为

$$l=\sqrt{(x_1-x_0)^2+(y_1-y_0)^2}=\sqrt{(8.5-6.5)^2+(2.25-0)^2}=3.01(\text{m})$$

(2)图所示杆件为空间任意斜杆，其长度计算为

$$l=\sqrt{(x_1-x_0)^2+(y_1-y_0)^2+(z_1-z_0)^2}=\sqrt{(6-5)^2+(9-4)^2+(7-3)^2}=6.48(\text{m})$$

例 4-19 计算图 4-68 所示的两块钢板(板厚 8mm)的制作工程量。

解：(1)四边形钢板的质量＝0.41×0.35×7.85×8＝9.01 (kg)

(2)多边形钢板的质量＝0.33×0.46×7.85×8＝9.53 (kg)

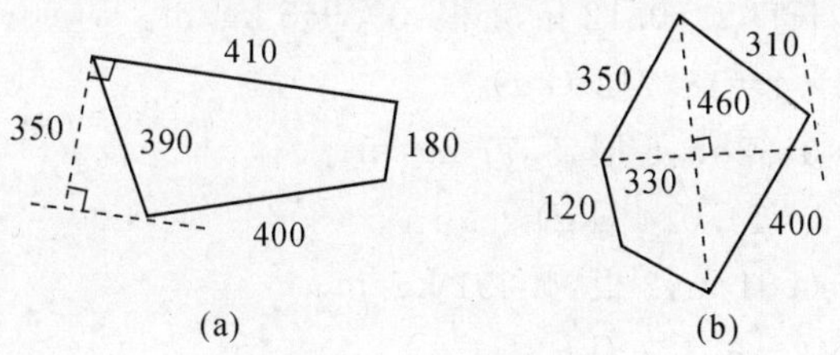

图 4-68　钢板形状示意图

例 4-20　试计算如图 4-69 所示的踏步式钢梯工程量。

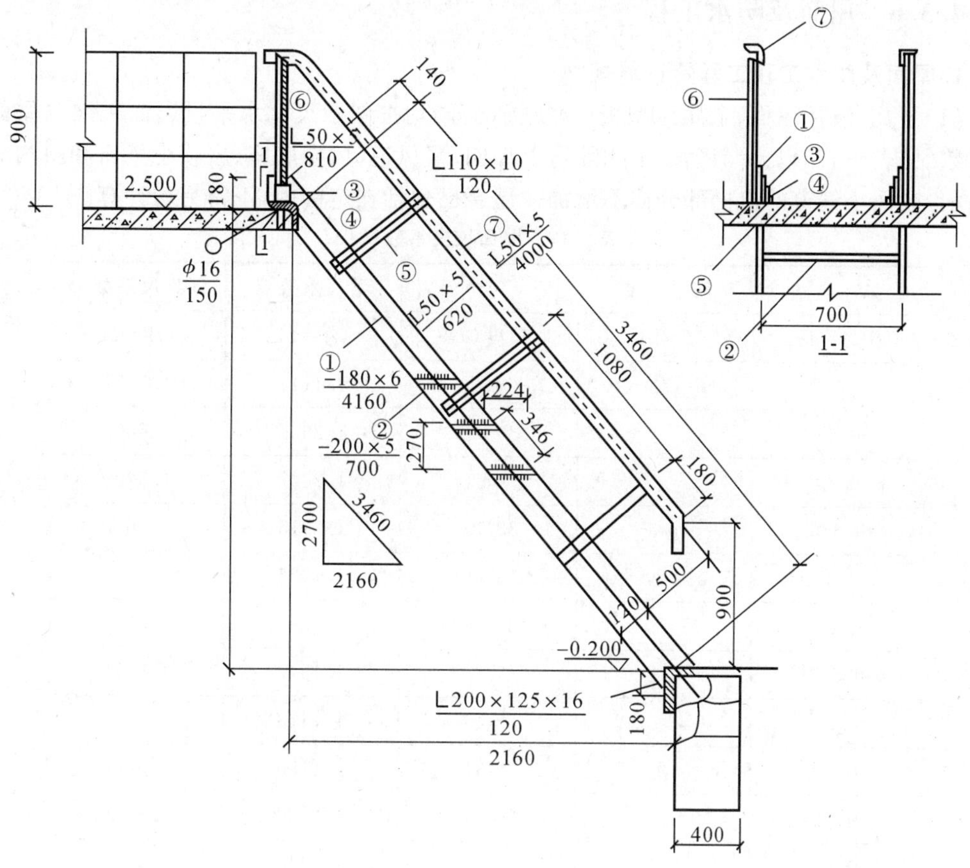

图 4-69　踏步式钢梯

解：

①钢梯边梁，扁钢——180×6，长度 l=4.16m(2 块)；由钢材重量表得单位长度质量为 8.48kg

8.48×4.16×2=70.554 (kg)

②钢踏步——200×5，长度 l=0.7m，9 块，7.85kg/m。

7.85×0.7×9=49.455 (kg)

③L110×10，长度 l=0.12 m，2 根，16.69 kg/m。

16.69×0.12×2=4.006 (kg)

④∟200×125×16，长度 l=0.12 m，4 根，39.045 kg/m。

39.045×0.12×4=18.742 (kg)

⑤∟50×5，长度 l=0.62 m，6 根，3.77 kg/m。

3.77×0.62×6=14.024 (kg)

⑥∟56×5，长度 l=0.81 m，2 根，4.251 kg/m。

4.251×0.81×2=6.887 (kg)

⑦∟50×5，长度 l=4.0 m，2 根，3.77 kg/m。

3.77×4×2=30.16 (kg)

4.3.6 屋面及防水工程

1. 屋面及防水工程工程量计算规则

(1)平瓦、波瓦屋面、金属压型板(含挑檐部分)均按图示尺寸水平投影面积乘以屋面坡度系数(见表 4-17)以 m^2 计算。不扣除房上烟囱、竖风道、风帽底座、屋顶小气窗和斜沟等所占面积，屋面小气窗的出檐部分亦不增加。屋脊已包括在定额内，不得另行计算。

表 4-17 屋面坡度系数表

坡 度			延尺系数 C	偶延尺系数 D
$B(A=1)$	$B/2A$	角度(θ)	($A=1$)	($A=1$)
1	1/2	45°	1.4142	1.7321
0.75		36°52′	1.2500	1.6008
0.70		35°	1.2207	1.5779
0.666	1/3	33°40′	1.2015	1.5620
0.65		33°01′	1.1926	1.5564
0.60		30°58′	1.1662	1.5362
0.577		30°	1.1547	1.5270
0.55		28°49′	1.1413	1.517
0.50	1/4	26°34′	1.1180	1.5000
0.45		24°14′	1.0966	1.4839
0.40	1/5	21°48′	1.0770	1.4697
0.35		19°17′	1.0594	1.4569
0.30		16°42′	1.0440	1.4457
0.25		14°02′	1.0308	1.4362
0.20	1/10	11°19′	1.0198	1.4283

注：(1)两坡排水屋面(或坡度相等的四坡顶)的实际面积为屋面水平面积乘以延尺系数 C；

(2)四坡排水屋面的斜脊长度＝$A\times D$(当 $S=A$ 时)；

(3)两坡排水屋面沿山墙泛水长度＝$S\times C$

(4)A、B、S、α 如图 4-70 所示。

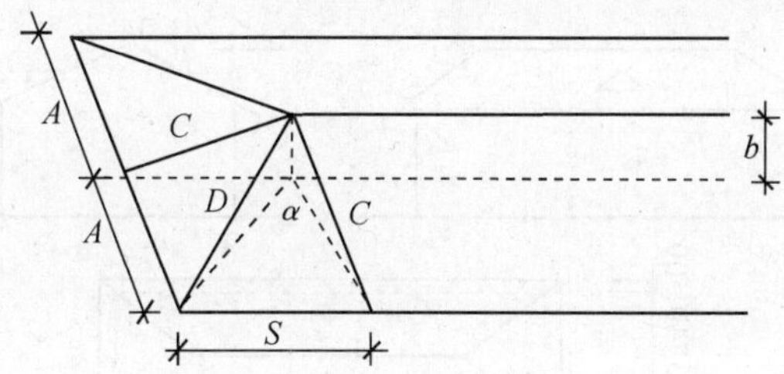

图4-70 屋面坡度系数

(2)卷材屋面工程量按以下规定计算:

①卷材屋面按图示尺寸的水平投影面积乘以规定的坡度系数以 m^2 计算。但不扣除房上烟囱、竖风道、风帽底座、屋顶小气窗和斜沟所占面积。女儿墙、伸缩缝和天窗等处的弯起高度,按图示尺寸并入屋面工程量内计算。如果图纸无规定时,伸缩缝、女儿墙的弯起高度按250mm计算,天窗弯起高度按500mm计算,且并入屋面工程量内。

②卷材屋面的附加层、接缝、收头、找平层的嵌缝、冷底子油、基底处理剂已计入定额内,不另计算。

(3)涂膜屋面工程量的计算同卷材屋面。涂膜屋面的油膏嵌缝、玻璃布盖缝、屋面分格缝以延长米计算。坡度小于3°49′的屋面工程量按图示尺寸水平投影面积计算。

(4)屋面排水工程量按以下规定计算:

①铁皮排水按图示尺寸展开面积计算;如果图纸未注明尺寸时,按表4-18规定计算;咬口搭接已包括在定额内,不另计算。

表4-18 铁皮排水单体零件面积折算表

名称	水落管	檐沟	水斗	漏斗	下水口	天沟	斜沟天窗窗台泛水	天窗侧面泛水	烟囱泛水	通气管泛水	滴水檐头泛水	滴水
铁皮(m^2)	0.32	0.30	0.40	0.16	0.45	1.30	0.50	0.70	0.80	0.22	0.24	0.11

②铸铁、玻璃钢及塑料水落管,区别不同直径、规格,按图示尺寸以延长米计算;雨水口、水斗、弯头、短管以个(套)计算。

(5)防水工程工程量按以下规定计算:

①建筑物地面防水、防潮层,按主墙间净空面积计算,扣除凸出地面的构筑物、设备基础等所占面积,不扣除柱、垛、间壁墙、附墙烟囱及0.3m^2以内的孔洞所占面积。与墙面连接处高度在500mm以内的按展开面积计算,且并入平面工程量内;超过500mm时,按立面防水层计算。

②构筑物及建筑物地下室防水层,按实铺面积计算,不扣除0.3m^2以内的孔洞面积。平面与立面交接处的防水层,其上卷高度超过500mm时,按立面防水层计算。

③防水卷材的附加层、接缝、收头、冷底子油等工料均已包括在定额内,不另计算。

④变形缝按延长米计算,断面或展开尺寸与定额不同时,材料用量按比例换算。

2. 计算实例

例4-21 有一带屋面小气窗的四坡水平瓦屋面,尺寸及坡度如图4-71所示。试计算屋面工程量、屋脊长度。

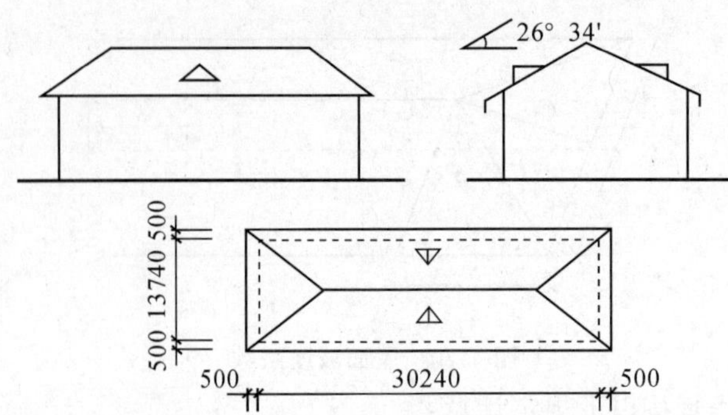

图 4-71 带屋面小气窗的四坡水屋面

解:(1)屋面工程量

$S_w=(30.24+0.5\times2)\times(13.74+0.5\times2)\times1.1180=514.81\ (m^2)$

(2)屋脊长度

①正屋脊长度:

若 $S=A$,则 $L_{j1}=30.24-13.74=16.5\ (m)$

②斜脊长度:

$L_{j2}=(13.74+0.5\times2)\div2\times1.50\times4=44.22\ (m)$

③屋脊总长:

$L_j=16.5+44.22=60.72\ (m)$

例 4-22 有一两坡水二毡三油卷材屋面,尺寸如图 4-72 所示。屋面防水层构造层次为:

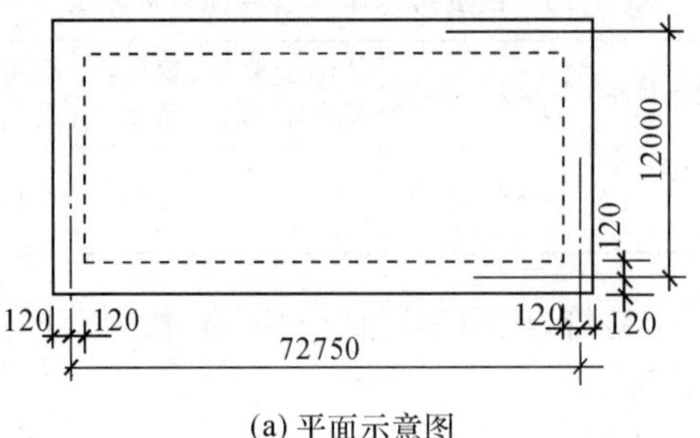

(a) 平面示意图

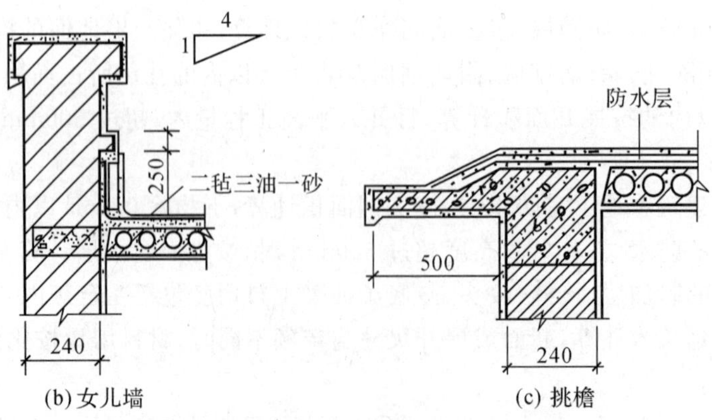

(b) 女儿墙 (c) 挑檐

图 4-72 卷材屋面

预制钢筋混凝土空心板、1∶2 水泥砂浆找平层、冷底子油一道、二毡三油一砂防水层。设计水落管共 18 根，排水系统简图如图 4-72 所示。(1)当有女儿墙、屋面坡度为 1∶4 时，试计算其工程量；(2)当有女儿墙、屋面坡度为 3%时，试计算其工程量；(3)当无女儿墙、有挑檐、屋面坡度为 3%时，试计算其工程量；(4)试计算图(a)、(c)所示的有挑檐平屋面涂刷聚氨酯涂料的工程量；(5)试计算图(a)、(b)所示的建筑物铁皮水落管、雨水口及水斗的工程量。

解：(1)当有女儿墙、屋面坡度为 1∶4 时，相应的角度为 14°02′，延迟系数 $c=1.0308$，计算公式为

屋面卷材＝屋面水平投影面积×延迟系数＋卷材弯起增加面积

即

$$S_{ju}=(72.75-0.24)\times(12-0.24)\times1.0308+0.25\times(72.75-0.24+12-0.24)\times2=921.12\ (\text{m}^2)$$

找平层面积 $S=(72.75-0.24)\times(12-0.24)\times1.0308=878.98\ (\text{m}^2)$

(2)当有女儿墙、屋面坡度为 3%时，因为坡度很小，按平屋面计算，计算公式为

屋面卷材＝屋面水平投影面积＋卷材弯起增加面积

即

$$S_{ju}=(72.75-0.24)\times(12-0.24)+0.25\times(72.75-0.24+12-0.24)\times2=894.86\ (\text{m}^2)$$

找平层面积 $S=(72.75-0.24)\times(12-0.24)=852.72\ (\text{m}^2)$

(3)当无女儿墙、有挑檐、屋面坡度为 3%时，计算公式为

屋面卷材＝外墙外围水平面积＋($L_{外}$＋4×檐宽)×檐宽

$$S_{ju}=(72.75+0.24)\times(12+0.24)+[(72.75+0.24+12+0.24)\times2+4\times0.5]\times0.5=979.63\ (\text{m}^2)$$

找平层面积：

$$S=(72.75+0.24+0.5\times2+0.2\times2)\times(12+0.24\times2+0.5\times2+0.2\times2)=1032.53\ (\text{m}^2)$$

(4)涂膜面积为

$$S_{tu}=(72.75+0.24+0.5\times2)\times(12+0.24\times2+0.5\times2)=997.39\ (\text{m}^2)$$

(5)铁皮水落管工程量：

$$0.32\times(19.6+0.3)\times18=114.62\ (\text{m}^2)$$

雨水口工程量：

$$0.45\times18=8.1\ (\text{m}^2)$$

水斗工程量：

$$0.4\times18=7.2\ (\text{m}^2)$$

4.3.7 防腐、隔热、保温工程

1. 工程量计算一般规则

(1)防腐工程

①防腐工程项目应区分不同防腐材料种类及其厚度，按设计实铺面积以 m² 计算。但应扣除凸出地面的构筑物、设备基础等所占的面积，砖垛等突出墙面部分按展开面积计算，且

并入墙面防腐工程量之内。

②踢脚板按实铺长度乘高以 m^2 计算,应扣除门洞所占面积并相应增加侧壁展开面积。

③平面砌筑双层耐酸块料时,按单层面积乘以系数 2 计算。

④防腐卷材接缝、附加层、收头等人工材料,已计入定额中,不再另行计算。

(2)保温隔热工程

①保温隔热层应区别不同保温隔热材料,除另有规定的以外,均按设计实铺厚度以 m^3 计算。

②保温隔热层的厚度按隔热材料(不包括胶结材料)净厚度计算。

③地面隔热层按围护结构墙体间净面积乘以设计厚度以 m^3 计算,不扣除柱、垛所占的体积。

④墙体隔热层,外墙按隔热层中心线、内墙按隔热层净长乘以图示尺寸的高度及厚度以 m^3 计算。应扣除冷藏门洞口和管道穿墙洞口所占的体积。

⑤柱包隔热层,按图示柱的隔热层中心线的展开长度乘以图示尺寸高度及厚度以 m^3 计算。

⑥其他保温隔热层计算如下:

池槽隔热层按图示池槽保温隔热的长、宽及其厚度以 m^3 计算。其中,池壁按墙面计算,池底按地面计算。

门洞口侧壁周围的隔热部分,按图示隔热层以 m^3 计算,并入墙面的保温隔热工程量内。

柱帽保温隔热层按图示保温隔热层体积计算,且并入天棚保温隔热层工程量内。

2. 计算实例

例 4-23 如图 4-73 所示,踢脚板高度为 150mm,(1)图中(a)方案所示为耐酸沥青混凝土面层,试计算其工程量;(2)图中(b)方案所示为耐酸沥青砂浆面层,试计算其工程量。

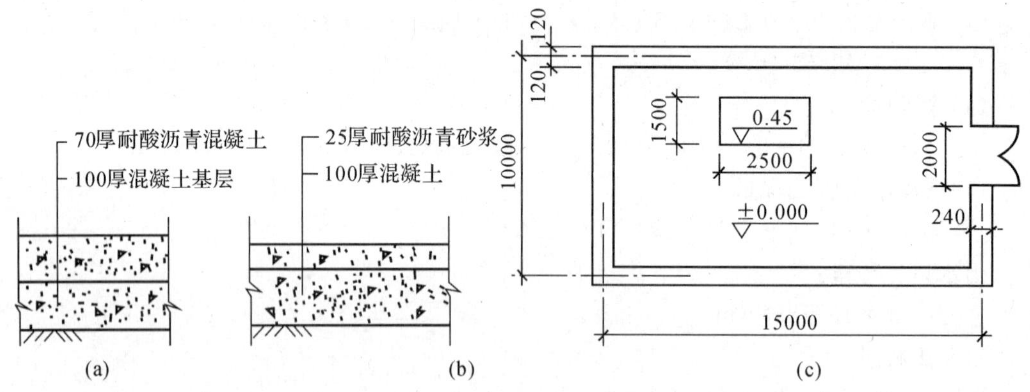

图 4-73 防腐地面及构造图

解:(1)$S_{ff}=(15-0.24)\times(10-0.24)-1.5\times2.5+0.24\times2=140.79\ (m^2)$

(2)$S_{ff}=(15-0.24)\times(10-0.24)-1.5\times2.5+0.24\times2+0.15$

$\times[(15-0.24+10-0.24)\times2+0.12\times2-2]=147.88\ (m^2)$

例 4-24 某办公楼屋面 240 女儿墙轴线尺寸为 12m×50m,平屋面构造如图 4-74 所示。试计算屋面工程量。

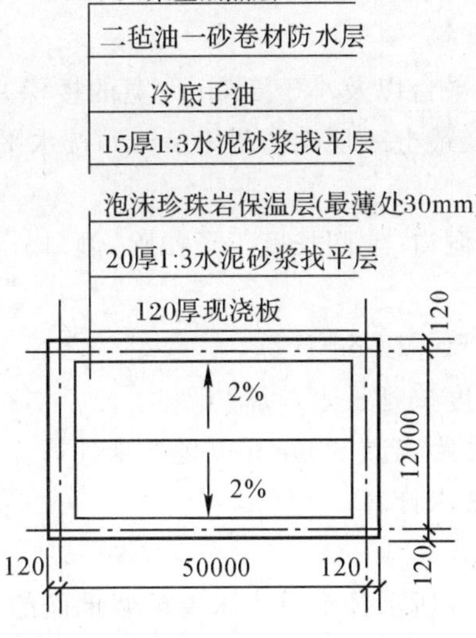

图 4-74　屋面构造图

解:屋面坡度系数:$k=\sqrt{1+0.02^2}=1.0002$

屋面水平投影面积:

$S=(50-0.24)\times(12-0.24)=585.18\ (m^2)$

(1)20 厚 1∶3 水泥砂浆找平层:

$S_1=585.18\times1.0002=585.30\ (m^2)$

(2)泡沫珍珠岩保温层:

$V=585.18\times[0.03+2\%\times(12-0.24)\div2\div2]=51.96\ (m^3)$

(3)15 厚 1∶3 水泥砂浆找平层:

$S_2=585.30\ (m^2)$

(4)二毡三油一砂卷材屋面:

$S_3=585.30+(50-0.24+12-0.24)2\times0.25=616.06\ (m^2)$

(5)架空隔热层

$S_4=(50-0.24-0.24\times2)\times(12-0.24-0.24\times2)=555.88\ (m^2)$

注:通常架空隔热层的实铺面积只有当屋面施工完毕后才能知道。因此,预算时一般可按女儿墙内退 240mm 计算估计面积。

4.3.8　楼地面工程

1. 工程量计算一般规则

(1)地面垫层按室内主墙间净空面积乘以设计厚度以 m^3 计算。但应扣除凸出地面的构筑物、设备基础、室内铁道、地沟等所占体积,不扣除柱、垛、间壁墙、附墙烟囱及面积在 $0.3m^2$以内的孔洞所占体积。

(2)整体面层、找平层均按主墙间净空面积以 m^2 计算。应扣除凸出地面的构筑物、设备基础、室内管道、地沟等所占面积,不扣除柱、垛、间壁墙、附墙烟囱及面积在 $0.3m^2$ 以内的孔洞所占面积,但门洞,空圈、暖气包槽、壁龛开口部分亦不增加。

(3)块料面层，按图示尺寸实铺面积以 m^2 计算，门洞、空圈、暖气包槽、壁龛的开口部分的工程量并入相应的面层内计算。

(4)楼梯面层(包括踏步、平台以及小于 500mm 宽的楼梯井)按水平投影面积计算。

(5)台阶面层(包括踏步及最上一层踏步沿 300mm)按水平投影面积计算。

(6)其他：

①踢脚板按延长米计算，洞口、空圈长度不予扣除，洞口、空圈、垛、附墙烟囱等侧壁长度亦不增加。

②散水、防滑坡道按图示尺寸以 m^2 计算。

③栏杆、扶手包括弯头长度按延长米计算。

④防滑条按楼梯踏步两端距离减 300mm 以延长米计算。

⑤明沟按图示尺寸以延长米计算。

2. 计算实例

例 4-25 试计算如图 4-75 所示住宅室内水泥砂浆地面的工程量。

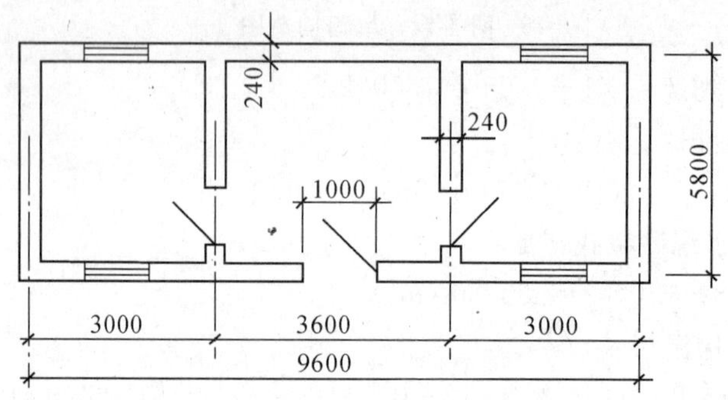

图 4-75 水泥砂浆地面

解：$S=(5.8-0.24)\times(9.6-0.24\times3)=49.37\ (m^2)$

例 4-26 如图 4-76 所示，(1)试计算门厅踢脚线工程量；(2)试计算门厅镶贴大理石面层工程量；(3)试计算台阶镶贴大理石面层工程量。

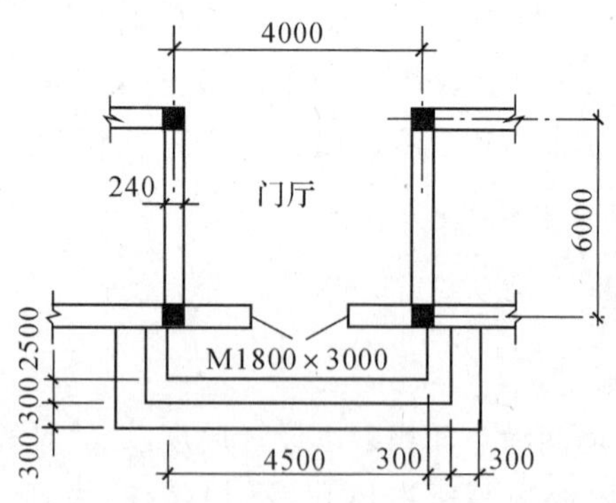

图 4-76 门厅平面

解：$S_{踢脚线}=6\times2+(4-0.24)=15.76\ (m)$

$S_{门厅}=(4-0.24)\times6+1.8\times0.24=22.99\ (m^2)$

(3)$S_{台阶}=(4.5+0.3\times2\times2)\times0.3\times3+0.3\times3\times2\times(2.5-0.3)=9.09\ (m^2)$

$S_{平台}=(2.5-0.3)\times(4.5-0.3\times2)=8.58\ (m^2)$

4.3.9 装饰工程

装饰工程包括墙柱面装饰、天棚装饰、油漆、镶贴面层、喷浆等工程项目。

1.工程量计算一般规则

(1)内墙抹灰工程量,按以下规定计算:

①内墙抹灰面积,应扣除门窗洞口和空圈所占的面积,不扣除踢脚板、挂镜线,0.3m² 以内的孔洞和墙与构件交接处的面积,洞口侧壁和顶面亦不增加。墙垛和附墙烟囱侧壁面积与内墙抹灰工程量合并计算。

②内墙面抹灰的长度,以主墙间的图示净长尺寸计算。其高度确定规则如下:

无墙裙的,其高度按室内地面或楼面至天棚底面之间距离计算。

有墙裙的,其高度按墙裙顶至天棚底面之间距离计算。

钉板条天棚的内墙面抹灰,其高度按室内地面或楼面至天棚底面另加 100 mm 计算。

③内墙裙抹灰面积按内墙净长乘以高度计算。应扣除门窗洞口和空圈所占的面积,门窗洞口和空圈的侧壁面积亦不增加,墙垛、附墙烟囱侧壁面积并入墙裙抹灰面积内计算。

(2)外墙抹灰工程量,按以下规定计算:

①外墙抹灰面积,按外墙面的垂直投影面积以 m² 计算。应扣除门窗洞口、外墙裙和大于 0.3m² 孔洞所占面积,洞口侧壁面积不另增加。附墙垛、梁、柱侧面抹灰面积并入外墙面抹灰工程量计算,栏板、栏杆、窗台线、门窗套、扶手、压顶、挑檐、遮阳板、突出墙外的腰线等,另按相应规定计算。

②外墙裙抹灰面积按其长度乘高度计算,扣除门窗洞口和大于 0.3m² 孔洞所占的面积,门窗洞口及孔洞的侧壁不增加。

③窗台线、门窗套、挑檐、腰线、遮阳板等展开宽度在 300mm 以内的,按装饰线以延长米计算。如果展开宽度超过 300mm 以上时,按图示尺寸以展开面积计算,套零星抹灰定额项目。

④栏板、栏杆(包括立柱、扶手或压顶等)抹灰按立面垂直投影面积乘以系数 2.2 以 m² 计算。

⑤阳台底面抹灰按水平投影面积以 m² 计算,且并入相应天棚抹灰面积内。如果阳台带悬臂梁的,其工程量乘系数 1.30。

⑥雨篷底面或顶面抹灰分别按水平投影面积以 m² 计算,并入相应天棚抹灰面积内。雨篷顶面带反沿或反梁的,其工程量乘系数 1.20;底面带悬臂梁的,其工程量乘以系数 1.20。雨篷外边线按相应装饰或零星项目执行。

⑦墙面勾缝按垂直投影面积计算,应扣除墙裙和墙面抹灰的面积,不扣除门窗洞口、门窗套、腰线等零星抹灰所占的面积,附墙柱和门窗洞口侧面的勾缝面积亦不增加。独立柱、房上烟囱勾缝,按图示尺寸以 m² 计算。

(3)外墙装饰抹灰工程量,按以下规定计算:

①外墙各种装饰抹灰均按图示尺寸以实抹面积计算。应扣除门窗洞口空圈的面积,其侧壁面积不另增加。

②挑檐、天沟、腰线、栏杆、栏板、门窗套、窗台线、压顶等均按图示尺寸展开面积以m²计

算，并入相应的外墙面积内。

(4)块料面层工程量，按以下规定计算：

①墙面贴块料面层均按图示尺寸以实贴面积计算。

②墙裙以高度在1500mm以内为准，超过1500mm时按墙面计算；当高度低于300mm以内时，按踢脚板计算。

(5)木隔墙、墙裙、护壁板均按图示尺寸长度乘以高度按实铺面积以m^2计算。

(6)玻璃隔墙按上横档顶面至下横档底面之间高度乘以宽度(两边立挺外边线之间)以m^2计算。

(7)浴厕木隔断，按下横档底面至上横档顶面高度乘以图示长度以m^2计算，门扇面积并入隔断面积内计算。

(8)铝合金、轻钢隔墙、幕墙，按四周框外围面积计算。

(9)独立柱按以下规定计算：

①一般抹灰、装饰抹灰、镶贴块料按结构断面周长乘以柱的高度以m^2计算。

②柱面装饰按柱外围饰面尺寸乘以柱的高以m^2计算。

(10)各种零星项目均按图示尺寸以展开面积计算。

(11)天棚抹灰工程量，按以下规定计算：

①天棚抹灰面积，按主墙间的净面积计算，不扣除间壁墙、垛、柱、附墙烟囱、检查口和管道所占的面积。

带梁天棚，梁两侧抹灰面积，并入天棚抹灰工程量内计算。

②密肋梁和井字梁天棚抹灰面积，按展开面积计算。

③天棚抹灰如果带有装饰线时，区别三道线以内或五道线以内按延长米计算，线角的道数以一个突出的棱角为一道线。

④檐口天棚的抹灰面积，并入相同的天棚抹灰工程量内计算。

⑤天棚中的折线、灯槽线、圆弧形线、拱形线等艺术形式的抹灰，按展开面积计算。

(12)各种吊顶天棚龙骨按主墙间净面积计算，不扣除间壁墙、检查口、附墙烟囱、柱、垛和管道所占面积。但天棚中的折线、迭落等圆弧形、高低吊灯槽等面积也不展开计算。

(13)天棚面装饰工程量，按以下规定计算

①天棚装饰面积，按主墙间实铺面积以m^3计算，不扣除间壁墙、检查口、附墙烟囱、附墙垛和管道所占面积，应扣除独立柱及与天棚相连的窗帘盒所占的面积。

②天棚中的折线、迭落等圆弧形、拱形、高低灯槽及其他艺术形式天棚面层均按展开面积计算。

(14)喷涂、油漆、裱糊工程量，按以下规定计算：

楼地面、天棚面、墙、柱、梁面的喷(刷)涂料、抹灰面、油漆及裱糊工程，均按楼地面、天棚面、墙、柱、梁面装饰工程相应的工程量计算规则规定计算。

2. 计算实例

例4-27 如图4-77所示，已知室内净高为3.3m，四樘窗洞口尺寸均为1200×1500，门洞口高为2.2m，水磨石踢脚板为150mm。一房间按图示尺寸进行吊顶，铝合金龙骨，石膏板面层。试计算内墙面抹灰工程量和吊顶工程量。

解：

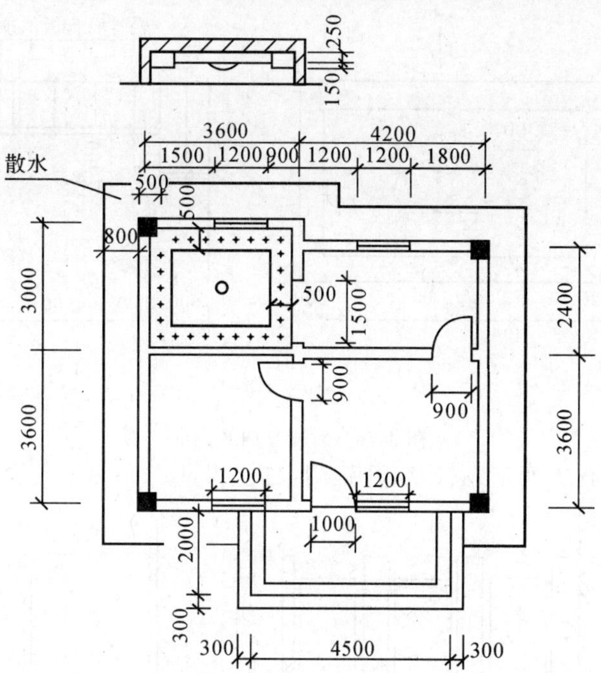

图 4-77　某建筑平面示意图

应扣除门窗洞口：

1.2×1.5×4+0.9×2.2×2×2+1.0×2.2+1.5×2.2×2=23.92 (m^2)

内墙抹灰长度：

(3.6－0.24)×4+(4.2－0.24)×4+(3.0－0.24)×2
+(2.4－0.24)×2+(3.6－0.24)×4=52.56 (m)

内墙抹灰工程量：

52.56×3.3－23.92=149.53 (m^2)

(2)吊顶龙骨工程量：

(3.6－0.24)×(3.0－0.24)=9.27 (m^2)

(3)吊顶面层工程量：

9.27+(3.6－0.24－0.5×2)×2×0.15+(3.0－0.24－0.5×2)×2×0.15
=10.51 (m^2)

例 4-28　某工程天棚平面如图 4-78 所示，设计为 U38 不上人型轻钢龙骨石膏板吊顶，龙骨网格 350×350。试计算天棚装饰工程量。

解：(1)天棚骨架：

$S_{\text{跌级式}}$=0.6×(4.5+7.5)×2=14.4 (m^2)

$S_{\text{平面}}$=(4.5+0.6×2)×(7.5+0.6×2)－14.4=35.19 (m^2)

(2)石膏板饰面：

$S_{\text{跌级式}}$=0.6×(4.5+7.5)×2+0.3×(4.5+7.5)×2=21.6 (m^2)

$S_{\text{平面}}$=(4.5+0.6×2)×(7.5+0.6×2)－14.4=35.19 (m^2)

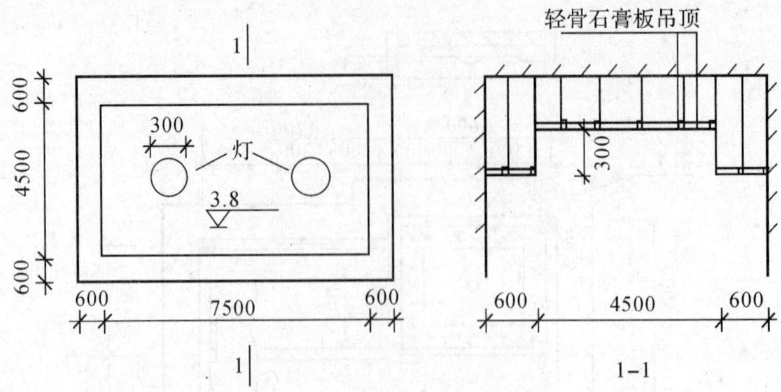

图 4-78　天棚平面及剖面

例 4-29　如图 4-79 所示，试计算厕所木隔断工程量。

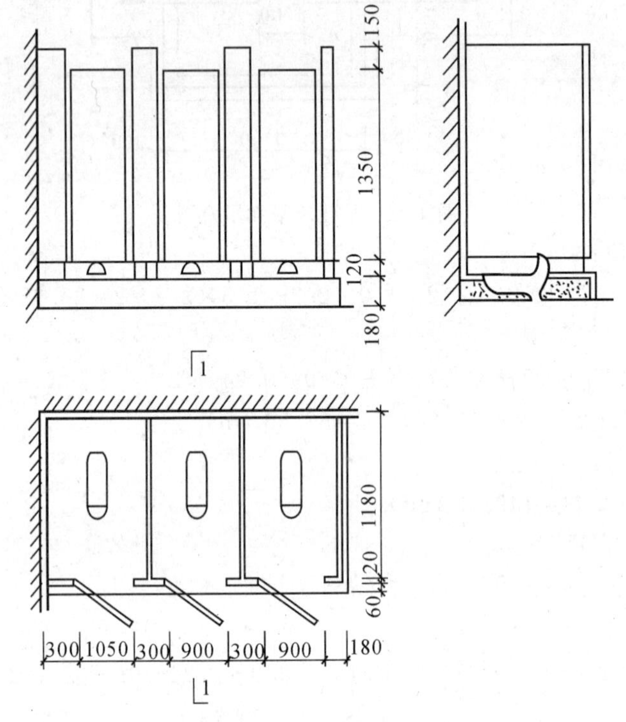

图 4-79　厕所木隔断示意图

解：

厕所木隔断工程量 $=\sum$（木隔断实高×木隔断宽＋门扇面积）

＝(1.35＋0.15)×(0.30×3＋0.18＋1.18×3)＋1.35×0.90×2

＋1.35×1.05

＝6.93＋3.85＝10.78 (m^2)

4.4　工程量清单的编制

建设部于 2003 年 2 月颁布了《建设工程工程量清单计价规范》GB50500—2003，并于 2003 年 7 月 1 日起正式实施。这个规范的实施，标志着我国由定额计价模式进入了定额计价模式与工程量清单计价模式并存的时期，并将最终过渡到清单计价模式，实现与国际接轨。

4.4.1　工程量清单的内容

1. 工程量清单

工程量清单是指表现拟建工程的分部分项工程项目、措施项目、其他项目名称和相应数量的明细清单。工程量清单由分部分项工程量清单、措施项目清单和其他项目清单组成。

工程量由具有编制招标文件能力的招标人，或受其委托具有相应资质的中介机构编制。工程量清单包括序号、项目编码、项目名称、计量单位和工程数量 5 项内容，其中项目编码、项目名称、计量单位和工程量计算规则由规范附录统一设定，即工程量清单的四个统一。工程数量由编制人根据设计文件和统一的工程量计算规则计算编制。工程量清单应作为招标文件的组成部分。

2. 项目编码

采用 12 位阿拉伯数字表示。

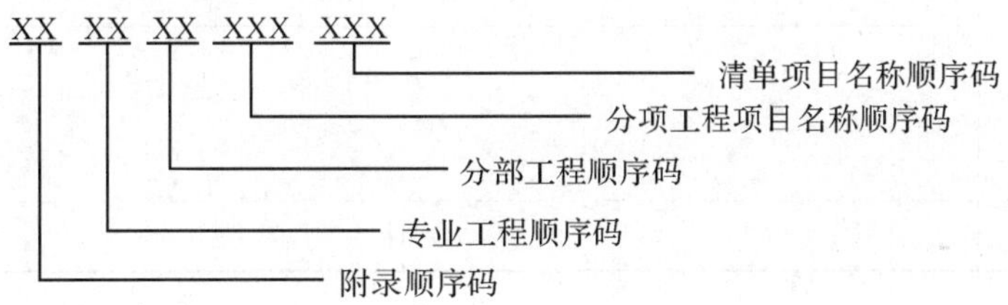

例如：挖基础土方：010101003001，01 指附录的顺序码——建筑工程，01 指专业工程顺序码——土石方，01 指分部工程顺序码——土方工程，003 指分项工程顺序码——挖基础土方，001 指清单名称顺序码(招标单位自己编)——挖带形基槽。

4.4.2　工程量清单的格式

1. 分部分项工程量清单的格式

分部分项工程量清单如表 4-19 所示。编制时应注意以下问题：

(1)编制时必须做到项目编码、项目名称、计量单位与计算规则的“四统一”；

(2)清单项目的设置必须与计价规范中附录规定的项目相一致，并且做到不漏项、不重复计算；

(3)清单项目的特征描述一定要详细、全面，保证投标人正确报价；

(4)工程量计算尽量准确无误，以便投标人准确报价，减少合同实施中的纠纷问题；

(5)分部分项工程量清单中的工程名称、页数和页码应正确填写。

表 4-19 分部分项工程量清单

工程名称： 第 页 共 页

序号	项目编码	项目名称	计量单位	工程数量
		本章小计		
		合计		

2. 措施项目清单格式

措施项目清单如表 4-20 所示。编制时应注意以下问题：

(1)清单编制人依据图纸、经验和有关规范的规定拟订合理的施工方案，为投标人提供较全面的措施项目清单；

(2)措施项目一律以项为计量单位，数量为 1；

(3)编制时力求全面、准确。

表 4-20 措施项目清单

工程名称： 第 页 共 页

序 号	项 目 名 称
	合 计

3. 其他项目清单格式(见表 4-21)

(1)招标人部分：预留金；材料购买费。

(2)投标人部分：总承包服务费；零星工作费。

表 4-21 其他项目清单

工程名称： 第 页 共 页

序 号	项 目 名 称
1	招标人部分
	小 计
2	投标人部分
	合 计

4.4.3 工程量清单编制实例

例 某多层砖混结构住宅土方工程，土壤类别为二类土，基础为标准砖大放脚带形基础。垫层宽度为 0.92m，挖土深度为 1.8m，弃土运距为 4km，基础总长度为 1590.6m。招标人的施工方案：采用反铲挖土机开挖、放坡系数为 0.2，工作面宽度为 0.25m，现场土方全部外运，采用自卸汽车运输。又知投标人的管理费费率为 10%，利润率为 8%，试确定该分部分项工程的报价及综合单价。

解：工程数量计算：0.92×1.8×1590.6＝2634 (m^3)

分部分项工程量清单

工程名称：××多层砖混结构住宅楼建筑工程　　　　第　页　共　页

序号	项目编码	项目名称	计量单位	工程数量
1	010101003001	机械挖条形砖基础土方，二类土，挖土深度为 1.8m，全部挖土外运，运距为 4km，C10 细石砼垫层宽度为 0.92m（底面积为 2258m^2），基底打夯，地基钎探	m^3	2634

该基础挖土方分部分项项目中所包含的施工过程费用计算（以预算定额计价）

(1)反铲机械挖土，自卸汽车运土（1km 以内）综合单价组价：

工程量：

(0.92＋2×0.25＋0.2×1.8)×1.8×1590.6×90%＝4586.7 (m^3)

查定额子目 1－47：预算单价为 6829.57 元/1000m^3。

其中：人工费为 1152 元/1000m^3；材料费为 0.00 元/1000m^3；机械费为 5677.57 元/1000m^3。

综合单价人工费＝4.5867×1152÷2634＝2.01 (元/m^3)

综合单价材料费＝0

综合单价机械费＝4.5867×5677.57÷2634＝9.89 (元/m^3)

管理费＝(2.01＋0＋9.89)×10%＝1.19 (元/m^3)

利润＝(2.01＋0＋9.89＋1.19)×8%＝1.05 (元/m^3)

(2)人工配合挖土方每立方米的综合单价组价：

工程量：5096.3×10%＝509.63 (m^3)

查定额子目 1－13 换：预算单价为 722.4 元/100 (m^3)。

其中：人工费为 722.4 元/100m^3；机械费为 0 元/m^3；材料费为 0 元。

综合单价中人工费＝5.0963×722.4÷2634＝1.40 (元/m^3)

材料费＝0 (元/m^3)

机械费＝0 (元/m^3)

管理费＝(1.40)×10%＝0.14 (元)

利润＝(1.40＋0.14)×8%＝0.12 (元)

(3)挖土机挖土，自卸汽车运土（运距为每增加 1km）综合单价组价：

工程量：5096.3m^3。

查定额子目 1－70：预算单价为 1183.16×3＝3549.48 (元/1000m^3)

其中：人工费为 0 元/1000m^3；材料费为 0 元/1000m^3；机械费为 3549.48 元/1000m^3。

综合单价人工费：0 元/m^3。

综合单价材料费：0 元/m^3。

综合单价机械费：5.096×3549.48÷2634＝6.87 (元/m^3)

管理费＝(6.87)×10％＝0.69（元/m^3）

利润＝(6.87＋0.69)×8％＝0.60（元/m^3）

分部分项工程综合单价分析表

工程名称：××多层砖混结构住宅楼建筑工程　　　　第 页 共 页

序号	项目编码	项目名称	工程内容	综合单价组价(元)						
				人工费	材料费	机械费	管理费	利润	风险因素	综合单价
1	010101003001	挖基础土方	反铲挖土机挖土、自卸汽车运输1km(4586.7m^3)	2.01	0	9.89	1.19	1.05	1.1	15.55
			人工挖普硬土(309.63m^3)	1.4	0	0.00	0.14	0.12	1	1.66
			自卸汽车运输(5069.3m^3)	0	0	6.87	0.69	0.60	1	8.16
小 计				3.41	0	16.76	2.02	1.77		25.37

分部分项工程量清单计价表

工程名称：××多层砖混结构住宅楼建筑工程　　　　第 页 共 页

序号	项目编码	项目名称	计量单位	工程数量	金额(元)	
1	010101003001	机械挖条形砖基础土方，二类土，挖土深度为1.8m，全部挖土外运，运距为4km，C10细石砼垫层宽度为0.92m（底面积为2258m^2），基底打夯，地基钎探	m^3	2634	25.37	66824.58

思考题

1. 工程量的含义，工程量和实物量有什么区别？
2. 建筑面积的计算规则中哪些是不计算建筑面积的，哪些是计算一半建筑面积的？
3. 工程量清单中的分部分项工程量应按什么规则计算？
4. 工程量清单编码的12位阿拉伯数字代表什么含义。

练习题

1. 某工程设计采用深基础地下架空层，层高2.3m，结构外围水平长60m、宽18m，其内隔出一间外围水平面积为18m^2的房间，经初装饰后作水泵房使用。该工程基础以上的建筑面积为6400m^2，求该工程总建筑面积。

2. 某展览馆为7层框架结构，每层层高3m，各层外墙的外围水平面积均为4000m^2，馆内布置有大厅并设有两层回廊，大厅长36m、宽24m、高8.9m，每层回廊长110m、宽2.4m。求该展览馆的建筑面积。

3. 某高校新建一栋6层教学楼，建筑面积18000m^2，经消防部门检查认定，建筑物内楼梯不能满足紧急疏散要求。为此，又在两端墙外各增设一个封闭疏散楼梯，每座楼梯的每层水平投影面积为16m²。求该教学楼的建筑面积。

4. 如图4-80所示，设计室外地坪标高－0.30m，该处土壤类别为三类。试计算人工挖沟槽的工程量。

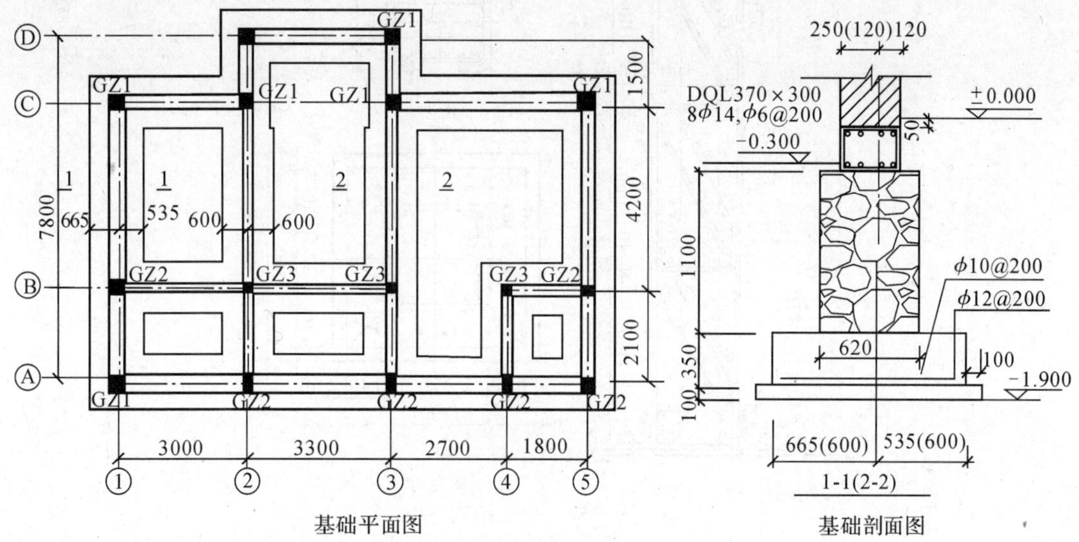

图4-80

5. 已知某框架结构设备基础，有4个框架柱，柱下采用独立基础，尺寸和配筋如图4-81所示。试计算：(1)基础垫层、独立基础和柱混凝土工程量；(2)垫层、基础和柱模板的工程量；(3)计算基础和柱钢筋的工程量。

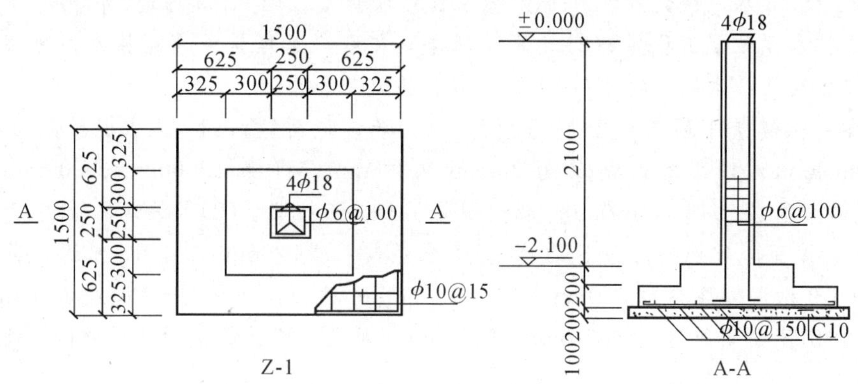

图4-81　独立基础

6. 图4-82所示为钢柱结构图，计算20根钢柱的工程量。

7. 已知某平屋顶平面图和女儿墙详图如图4-83所示，试计算保温层、找平层、防水层工程量。

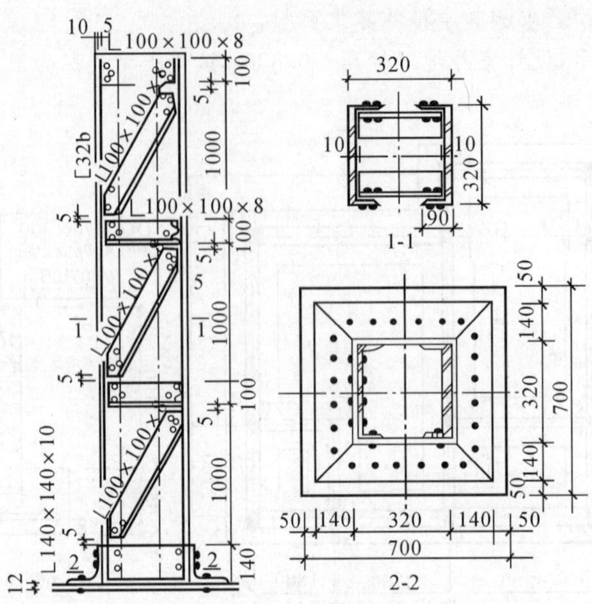

图 4-82　钢柱结构

8. 某建筑平面如图 4-84 所示，墙体厚度均为 240mm，室内地面和室外台阶均采用 15mm 厚 1∶3 水泥砂浆找平，15mm 厚水磨石地面，散水宽 800mm。室内采用 150mm 水磨石踢脚。试计算：(1)楼地面工程量；(2)墙基 1∶2 防水砂浆防潮层工程量。

9. 某工程如图 4-85 所示，若内墙做 1∶1∶6 混合砂浆抹灰 $\delta=15$，1∶1∶4 混合砂浆抹灰 $\delta=5$；外墙裙做 1∶3 水泥砂浆 $\delta=14$，1∶2.5 水泥砂浆抹面 $\delta=6$，外墙水泥砂浆勾缝；挑檐外侧抹 1∶2.5 水泥砂浆 $\delta=20$；腰线做水泥砂浆抹灰。(1)计算内墙、外墙裙、外墙勾缝、挑檐、腰线抹水泥砂浆工程量；(2)计算天棚抹石灰砂浆工程量外墙裙抹水泥砂浆工程量；(3)①～②轴线间做木制挂镜线(一道)，计算挂镜线工程量。

10. 某一层建筑平面图如图 4-86 所示。(1)若该地面做法：1∶2 水泥砂浆面层 20mm 厚；120mm 高水泥砂浆踢脚线；Z 为 300mm×300mm；M1 为 1200mm×2000mm；台阶为 1∶2水泥砂浆面层；踏步高 150mm。试计算地面部分工程量。(2)若该地面做法：地面、平台及台阶粘贴镜面同质地砖。设计的构造：素水泥浆一道；20mm 厚 1∶3 水泥砂浆找平层，5mm 厚 1∶2 水泥砂浆粘贴 500mm×500mm×5mm 镜面同质地砖；踢脚线 150mm 高。台阶及平台侧面不贴同质砖，粉刷 15mm 底层，5mm 面层。试计算镜面同质地砖工程量。

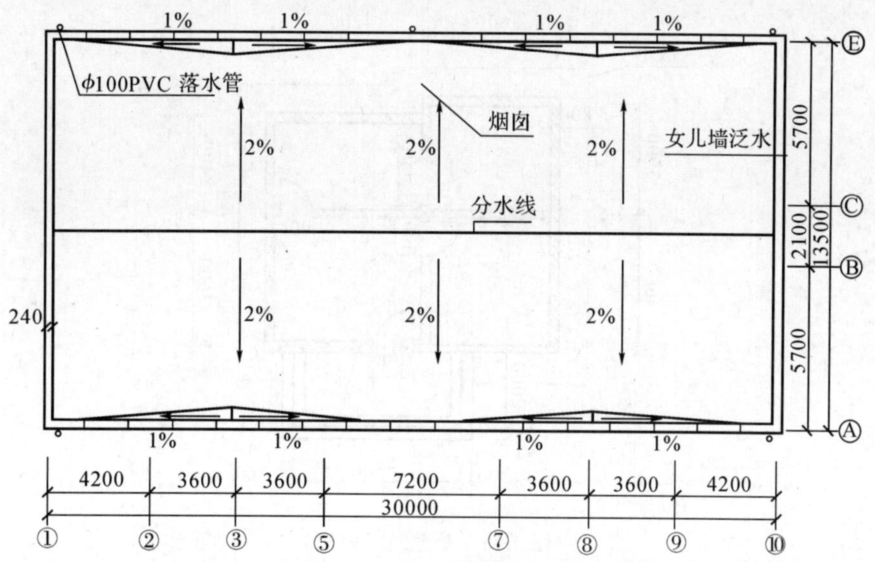

(a) 屋顶平面图

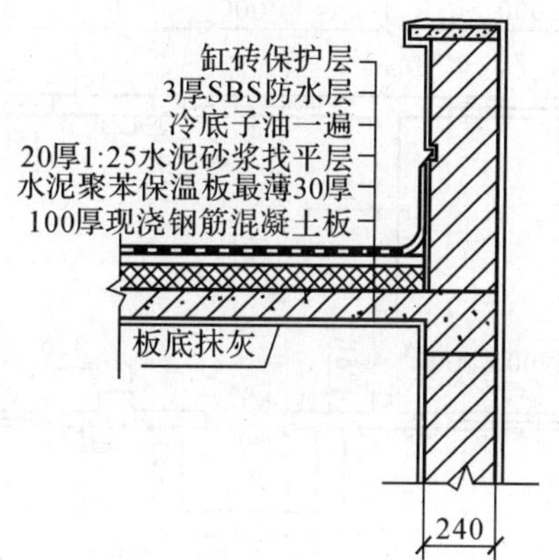

(b) 女儿墙

图 4-83

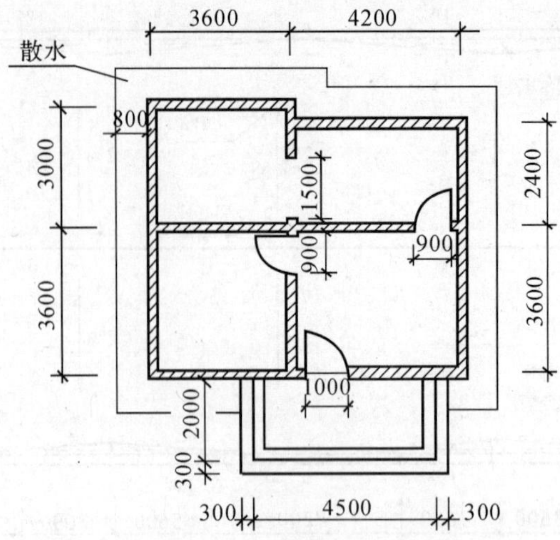

图 4-84 某建筑平面图

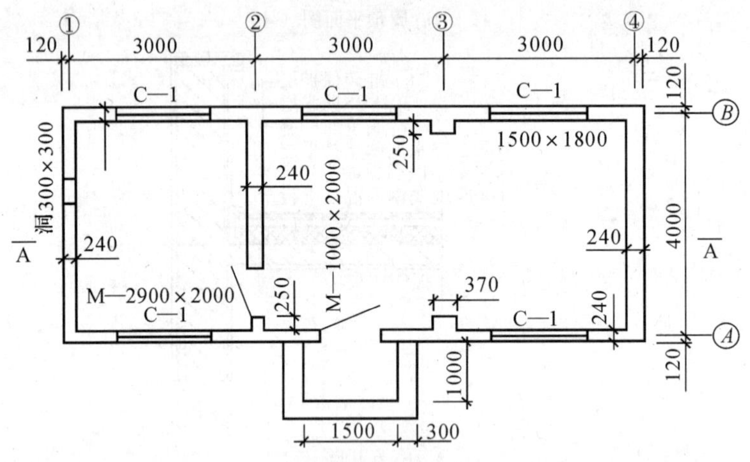

(a) 某建筑平面图

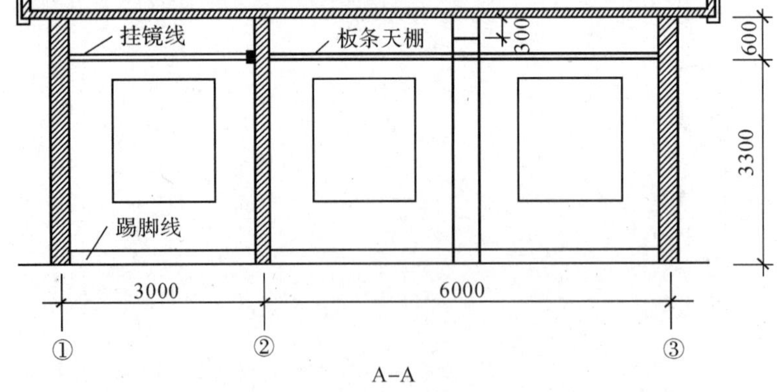

(b) 某建筑剖面图

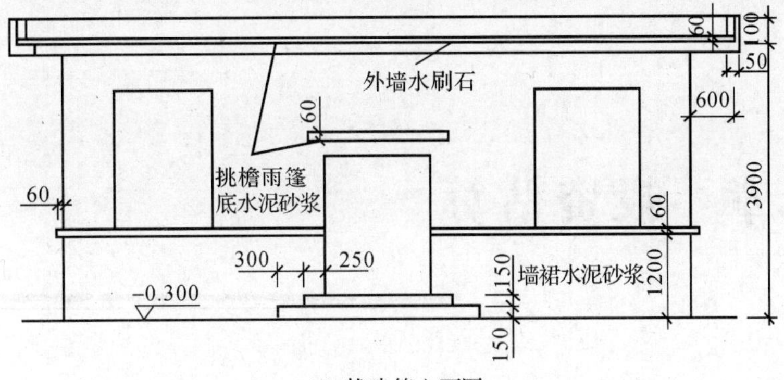

(c) 某建筑立面图

图 4-85

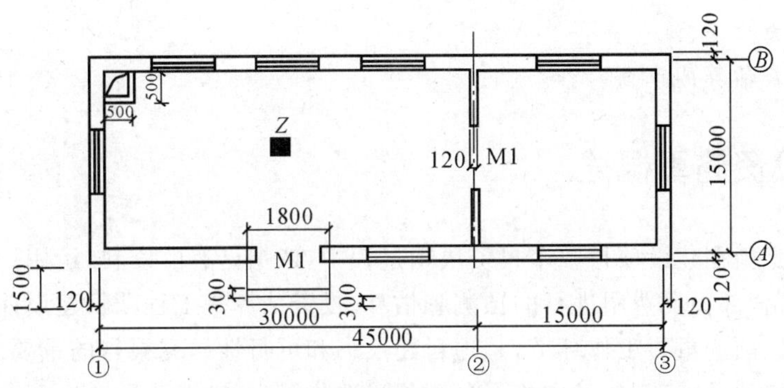

图 4-86　地面工程

第 5 章 投资估算

【教学目标和要求】

- 熟悉投资估算的编制内容与编制程序；
- 熟悉建设投资、流动资金的估算方法；
- 了解投资估算的审查内容。

5.1 投资估算概述

投资估算是指在建设项目整个投资决策过程中，依据已有的资料，运用一定的方法和手段，对建设项目全部投资费用进行的预测和估算。投资估算是工程项目建设前期从投资决策直至初步设计以前的重要工作环节，是项目建议书和可行性研究报告的重要组成部分，是保证投资决策正确的关键环节，是实施全过程工程造价管理的“龙头”。

据有关资料统计，投资决策阶段对工程造价的影响程度最高，达到 70%～80%。投资估算的准确与否不仅影响到项目的决策水平与投资经济效果，而且关系到其后阶段设计概算和施工图预算的编制质量。投资估算在项目开发建设过程中的作用，可归纳为以下几点。

(1)投资估算是项目投资决策的重要依据

项目建议书阶段的投资估算，是项目投资决策的重要依据，并对项目的规划、规模起参考作用，从经济上判断项目是否应立项并列入投资计划。

(2)投资估算是进行项目经济评价的基础

项目可行性研究阶段的投资估算，是正确评价建设项目投资合理性，分析投资效益，为项目决策提供依据的基础。

(3)投资估算是控制工程造价的最高限额

项目投资估算对工程设计概算起控制作用，它为设计提供了经济依据和投资限额。当可行性研究报告被批准之后，其投资估算额就作为设计任务书中下达的建设项目投资的最高限额，不得随意突破。投资估算一经确定，即成为限额设计的依据，用以对各设计专业实行投资切块分配，作为控制和指导设计的尺度或标准。

(4)投资估算是制定项目融资方案的依据

项目投资估算可作为项目资金筹措及制订建设贷款计划的依据，建设单位可根据批准的投资估算额进行资金筹措，向银行申请贷款。同时，投资估算可作为核算建设项目固定资产投资需要额和编制固定资产投资计划的重要依据。

5.1.1　投资估算的依据

编制工程项目投资估算的依据一般包括下列几项：

(1)政府部门发布的建设工程造价费用构成、取费标准、计算方法以及其他有关计算工程造价的文件。

(2)行业或专业机构发布的投资估算指标和工程造价指数。

(3)拟建项目特征资料，包括拟建项目的类型、规模、建设地点、建设工期、总体建筑结构、主要设备类型和建设标准，以及项目现场情况，如地理位置、地质条件、交通、供水、供电条件等。此类资料是编制投资估算的基础，内容越具体、越完备，结果就越准确、越全面。

(4)同类型工程的竣工结算资料，可以作为投资估算的可比资料。

(5)拟建项目所在地材料、设备预算价格及市场价格，可作为对同类投资资料调整的依据。

5.1.2　投资估算的内容

一份完整的投资估算，应包括投资估算编制依据、投资估算编制说明及投资估算总表，其中投资估算总表是核心内容，它主要包括建设项目总投资的构成。根据《投资项目可行性研究指南》的规定，项目投入中资金由建设投资(含建设期利息)和流动资金两部分组成。

1. 建设投资估算

建设投资估算的内容按照费用性质划分，可分为建筑工程费、设备及工器具购置费、安装工程费、工程建设其他费用、基本预备费、涨价预备费、建设期利息及固定资产投资方向调节税等。其中，建筑工程费、设备及工器具购置费、安装工程费形成固定资产，工程建设其他费用可分别形成固定资产、无形资产和递延资产。

从体现资金时间价值的角度考虑，可将建设投资估算内容划分为静态投资和动态投资两部分。静态投资是指不考虑资金时间价值的投资部分，一般包括建筑工程费、设备及工器具购置费、安装工程费、工程建设其他费用和基本预备费等。动态投资是指考虑资金时间价值的投资部分，包括涨价预备费和建设期利息等。

2. 流动资金估算

流动资金是指生产经营性项目投产后，用于购买原材料、燃料、支付工资及其他生产经营费用等所需的周转资金。它是伴随着固定资产投资而发生的长期占用的流动资产投资。因为项目的生产经营过程是连续不断的，流动资金就必须不断地投入，所以，流动资金是项目生产经营活动正常进行所必须的资金保证，是项目总投资的重要组成部分。

流动资金主要可以分为生产领域的流动资金和流通领域的流动资金。其中，生产领域的流动资金包括生产储备资金和生产资金，流通领域中的流动资金主要包括成品资金、结算资金、应收及预付款项、货币资金。

投资估算的内容与费用成分如图 5-1 所示。

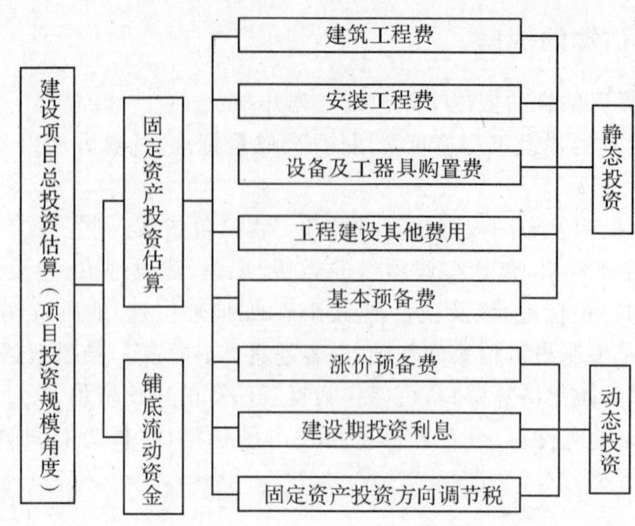

图 5-1 投资估算的内容与费用成分

5.1.3 投资估算的程序

项目的投资决策过程一般要经历一个逐步详细的技术经济论证过程。通常情况下，项目的投资决策过程包括投资机会研究阶段、项目建议书阶段、初步可行性研究阶段和详细可行性研究阶段，每一阶段都要编制相应的投资估算。由于受项目认识粗略、计价依据有限等客观条件影响，投资估算的深度和精度都受到一定限制，不同阶段误差幅度要求如表 5-1 所示。

表 5-1 各阶段投资估算的任务及投资估算误差幅度

投资估算阶段	主要任务	投资估算误差幅度
投资机会研究阶段	鉴别选择项目，寻找投资机会	可能大于 30%
项目建议书阶段	初定投资项目，审批项目建议	±30%
初步可行性研究阶段	筛选项目方案，进行辅助研究	±20%
详细可行性研究阶段	优化项目方案，提出综合结论	±10%

不同类型的工程项目可选用不同的投资估算方法，不同的投资估算方法对应不同的投资估算编制程序。从工程项目费用组成考虑，一般较为常用的投资估算编制程序如下：

(1)熟悉工程项目的特点、组成、内容和规模等；

(2)收集有关资料、数据和估算指标等；

(3)选择相应的投资估算方法；

(4)估算工程项目各单位工程的建筑面积及工程量；

(5)进行单项工程的投资估算；

(6)进行附属工程的投资估算；

(7)进行工程建设其他费用的估算；

(8)进行预备费用的估算；

(9)计算固定资产投资方向调节税；

(10)计算贷款利息；

(11)汇总工程项目投资估算总额；

(12)检查、调整不适当的费用，确定工程项目的投资估算总额；

(13)估算工程项目主要材料、设备以及需用量。

5.2 建设投资的估算方法

5.2.1 静态建设投资的估算

静态建设投资估算方法可概括为指数估算法、比例估算法、系数估算法和指标估算法等几类。其中，指数估算法、比例估算法和系数估算法一般应用于工业项目，而指标估算法同时适用于工业项目与民用项目。

1. 指数估算法

指数估算法基于投资额与项目规模之间呈非线性关系，而且单位生产能力投资额随着工程规模的增大而减小的特征来估算项目投资额。其计算公式如下：

$$C_2=C_1\left(\frac{Q_2}{Q_1}\right)^x\cdot f \tag{5-1}$$

式中：C_1——已建类似项目的投资额；

C_2——拟建项目的投资额；

Q_1——已建类似项目的生产能力；

Q_2——拟建项目的生产能力；

f——不同时期、不同地点的综合调整系数；

x——生产能力指数。

生产能力指数是一个经验常数，不同项目、不同国家和地区，其数值各不相同。当拟建项目的规模与类似项目的规模相差不大于 50，而生产规模的扩大仅依靠增大设备规模来达到时，其取值约为 0.6～0.7；若生产规模的扩大是依靠增大规格设备的数量达到的，其取值约为 0.8～0.9。

例 5-1　已知建设一座年产量 40 万吨的某生产装置的投资额为 8 亿元，现拟建一座年产量 90 万吨的该类产品的生产装置，试用指数估算法确定其投资额。($x=0.6, f=1.2$)

解：根据公式(5-1)，得 $C_2=80000\times(\frac{90}{40})^{0.6}\times1.2=15.6164$ (亿元)

指数估算法主要应用于拟建项目与已知参考项目规模不同的场合。该法计算简便，且不需要详细的工程设计资料，只需要知道工艺流程及规模就可以。在总承包工程报价时，承包商大都采用这种方法估价。

2. 系数估算法

系数估算法又称因子估算法，该法是以拟建项目的主体工程费或主要设备费为基数，以其他工程费占基数的百分比为系数估算项目总投资的方法。其种类繁多，下面介绍几种主要类型。

(1)设备系数法

设备系数法以拟建项目或装置的设备费为基数，根据已建成的同类项目或装置的建筑安装费和其他工程费用等占设备费的百分比，求出相应的建筑安装费及其他工程费用等，再加上拟建项目的其他有关费用，从而得出建设项目总投资。计算公式如下：

$$C=E(1+f_1P_1+f_2P_2+f_3P_3+\cdots)+I \tag{5-2}$$

式中：C——拟建项目投资额；

E——根据拟建项目的设备清单按当时当地价格计算设备费的总和；

$P_1,P_2,P_3,\cdots$——已建项目中建筑安装及其他工程费用等占设备费百分比；

$f_1,f_2,f_3,\cdots$——由于时间因素引起的定额、价格、费用标准等变化的综合调整系数；

I——拟建项目的其他费用。

例 5-2 某新建项目设备投资为 1 亿元，根据拟建同类项目统计情况，一般建筑工程占设备投资的 28.5%，安装工程占设备投资的 9.5%，其他工程费用占设备投资的 7.8%，该项目其他费用估计为 800 万元。试估算该项目的投资额（调整系数 $f=1$）。

解：根据公式(5-2)，该项目的投资额为

$$C=10000\times(1+28.5\%+9.5\%+7.8\%)+800=1.538(亿元)$$

(2)专业系数法

专业系数法以拟建项目中投资比重较大并与生产能力直接相关的工艺设备的投资为基数，根据同类型的已建项目的有关统计资料，计算出拟建项目的各专业工程（总图、土建、暖通、给排水、管道、电气、自控等）占工艺设备投资的百分比，据以求出各专业的投资，然后把各部分投资费用与工程其他有关费用汇总，得出项目的总投资。其计算公式如下：

$$C=E(1+f_1P_1'+f_2P_2'+f_3P_3'+\cdots)+I \tag{5-3}$$

式中：E——拟建项目中投资比重较大并与生产能力直接相关的工艺设备的投资；

$P_1',P_2',P_3',\cdots$——各专业工程费用占工艺设备费用的百分比。

(3)朗格系数法

该法以设备费为基础，乘以适当系数来推算项目的建设费用。其计算公式如下：

$$C=E\cdot K_L=E\cdot(1+\sum K_i)(1+K_c) \tag{5-4}$$

式中：C——总建设费用；

E——主要设备费；

K_L——朗格系数，表示总建设费用与设备费用之比；

K_i——管线、仪表、建筑物等项费用的估算系数；

K_c——管理费、合同费、应急费等项费用的总估算系数。

例 5-3 在某地建设一座年产 30 万套汽车轮胎的工厂，已知该工厂预计的设备费为 2200 万美元，根据表 5-2 所示的计算内容及方法，计算朗格系数并估算该工厂的投资。

表 5-2　某工厂的投资计算内容及方法

项目	估算系数
设备费	—
设备基础、绝热、油漆及设备安装工程费	0.43
配管工程费	0.14
电器、仪表、建筑工程费	0.79
包括管理费等在内的总费用	0.31

解：设备费 $E=2200$ 万美元

朗格系数 $K_L=(1+0.43+0.14+0.79)\times(1+0.31)=3.09$

总投资 $C=2200\times3.09=6798$(万美元)

3. 指标估算法

根据编制的各种具体的投资估算指标，进行单位工程投资的估算。投资估算指标的表示形式较多，如以元/m、元/m^2、元/m^3、元/t、元/kVA 表示。根据这些投资估算指标，乘以所需的面积、体积、容量等，就可以求出相应的土建工程、给排水工程、照明工程、采暖工程、变配电工程等各单位工程的投资。在此基础上，可汇总成某一单项工程的投资。另外，再估算工程建设其他费用及预备费，即可求得所需的投资。

(1)面积指标估算法

面积指标估算法是用测算的已建类似项目每平方米建筑面积的价格指标(包括土建、给排水、采暖、通风、空调、电气、动力管道等单位工程所需费用)乘以拟建项目的建筑面积，估算拟建项目投资额的方法。其计算公式如下：

拟建项目投资额＝单位面积综合造价指数×拟建项目建筑面积
×价格浮动指数±结构及建筑标准部分的价差　　(5-5)

此种方法多用于民用房屋、工业厂房的造价估算。以工业厂房为例，虽然影响其造价的因素很多，一是厂房结构型式，如钢结构、钢筋混凝土结构等；另一是各种技术参数，如高度、跨度、吊车重量及台数等。如果能够根据上述两个主要因素，分析出本地区各种厂房价格指标，再乘以总面积，即可得出该厂房所需投资。

(2)单元指标估算法

单元指标估算法是用已建类似项目的单元价格指标乘以拟建项目的单元数量，估算拟建项目投资额的方法。对于工业建设项目和民用建设项目，单元含义不同，估算公式分别如下：

工业项目投资额＝单元指标×生产能力×物价浮动指数　　(5-6)

民用项目投资额＝单元指标×建筑功能×物价浮动指数　　(5-7)

单元价格指标是指每个估算单位的投资额。例如：啤酒厂单位生产能力投资指标、饭店单位客房间投资指标、冷库单位储藏量投资指标、医院每个床位投资指标等。

使用指标估算法进行投资估算决不能生搬硬套。若套用的指标与具体工程之间的标准或条件有差异时，应加以必要的换算或调整；使用的指标单位应密切结合每个单位工程的特点，能正确反映其设计参数，切勿盲目、单纯地套用一种单位指标。

5.2.2 动态建设投资的估算

1.涨价预备费估算

涨价预备费估算公式如下：

$$PC = \sum_{t=1}^{n} I_t[(1 + f)^t - 1] \tag{5-8}$$

式中：PC——涨价预备费；

I_t——第 t 年的建筑工程费、安装工程费、设备及工器具购置费之和；

f——建设期价格平均上涨率；

n——建设期。

建设期价格平均上涨率，又称建设期价格上涨指数，政府部门有规定的按规定执行，没有规定的由工程咨询人员合理预测。

例 5-4 某工程在建设期初的建安工程费和设备工器具购置费为 4.5 亿元。按实施进度计划，建设期 3 年，投资分年使用比例为：第一年 25%，第二年 55%，第三年 20%。投资在每年平均支用，建设期内预计年平均价格总水平上涨率为 5%。试估算该项目的涨价预备费。

解：第一年投资计划额：

$I_1 = 45000 \times 25\% = 1.125$(亿元)

第一年涨价预备费：

$PC = 11250 \times [(1+0.05)-1] = 562.5$(万元)

第二年投资计划额：

$I_2 = 45000 \times 55\% = 2.475$(亿元)

第二年涨价预备费：

$PC_2 = 24750 \times [(1+0.05)^2-1] = 2536.875$(万元)

第三年投资计划额：

$I_3 = 45000 \times 20\% = 9000$(万元)

第三年涨价预备费：

$PC_3 = 9000 \times [(1+0.05)^3-1] = 1418.625$(万元)

所以，该项目建设期的涨价预备费：

$PC = 562.5 + 2536.875 + 1418.625 = 4518$(万元)

2.建设期贷款利息估算

建设期贷款利息是在完成静态投资估算和分年投资计划的基础上，根据筹资方式、筹资金额及筹资费率等，采用复利计息方式进行估算。计算方法如下：

(1)贷款额在各年年初发生

$$q_j = (p_{j-1} + A_j)i \tag{5-9}$$

式中：q_j——建设期第 j 年应计利息；

p_{j-1}——建设期第$(j-1)$年末贷款累计金额与利息累计金额之和；

A_j——建设期第 j 年贷款金额；

i——年利率。

(2)贷款额在各年均衡发生

贷款是按季度、月份平均发生的。为了简化计算,可按当年借款在年中支用考虑,即上年贷款按全年计息,当年贷款按半年计息。计算公式如下:

$$q_j=(p_{j-1}+\frac{A_j}{2})i \tag{5-10}$$

例 5-5　某新建项目,建设期为3年,第一年贷款300万元,第二年400万元,第三年300万元,年利率为5.6%,试用复利法计算建设期贷款利息。

解:建设期各年利息计算如下:

$$q_1=0.5\times300\times5.6\%=8.4(万元)$$

$$q_2=(308.4+0.5\times400)\times5.6\%=28.47(万元)$$

$$q_3=(736.87+0.5\times300)\times5.6\%=49.66(万元)$$

所以,建设期末累计贷款利息为

$$q=8.4+28.47+49.66=86.53(万元)$$

建设投资可列表进行计算,表格形式可依行业有所不同,以制造业为例,其参考格式如表5-3所示。

表 5-3　建设投资估算　单位:万元

序号	工程或费用名称	估算价值						占建设投资比例(%)
		建筑工程	设备购置	安装工程	其他费用	合计	其中外币	
1	固定资产投资							
1.1	建筑工程投资							
1.2	设备购置费							
1.3	安装工程费							
1.4	工程建设其他费用							
2	无形资产投资							
2.1	土地使用权							
2.2	其他							
3	递延资产投资							
4	预备费							
4.1	基本预备费							
4.2	涨价预备费							
5	固定资产投资方向调节税							
合计(1+2+3+4+5)								

5.3 流动资金的估算方法

流动资金按编制对象和精度要求不同,可采用扩大指标估算法或分项详细估算法进行估算。

5.3.1 扩大指标估算法

扩大指标估算法是按照流动资金占某种基数的比率来估算流动资金的。一般常用的基数有产值、产量、销售收入、经营成本、总成本和固定资产投资等,究竟采用何种基数依行业习惯而定。所采用的比率根据经验确定,或根据现有同类企业的实际资料确定,或依行业、部门给定的参考值确定。扩大指标估算法简便易行,但准确度不高,适用于项目建议书阶段的估算。

1. 销售收入资金率估算法

销售收入资金率,即销售收入占用流动资金的数额。

流动资金=年销售收入额×销售收入资金率 (5-11)

例 5-6 某项目投产后的销售收入为 2000 万元,其同类企业的百元产值流动资金占用额为 20 元,则该项目的流动资金估算额为

$$2000\times\frac{20}{100}=400(\text{万元})$$

2. 经营成本资金率估算法

经营成本是一项反映物质、劳动消耗和技术水平、生产管理水平的综合指标。一些工业项目,尤其是采掘工业项目常用经营成本资金率估算流动资金。

流动资金=年经营成本×经营成本资金率 (5-12)

3. 单位产量资金率估算法

单位产量资金率,即单位产量占用流动资金的数额。

流动资金=年生产能力×单位产量资金率 (5-13)

5.3.2 分项详细估算法

分项详细估算法,也称分项定额估算法,是国际上通行的流动资金估算方法。为简化计算,仅对存货、现金、应收账款这三项流动资产和应付账款这项流动负债进行估算,计算公式如下:

流动资金=流动资产-流动负债 (5-14)

流动资产=现金+应收账款+存货 (5-15)

流动负债=应付账款 (5-16)

流动资产和流动负债各项构成估算公式如下:

1. 现金的估算

现金=(年工资福利费+年其他费)÷年周转次数 (5-17)

周转次数=360 天÷最低需要周转天数 (5-18)

2. 应收账款的估算

应收账款=年经营成本÷年周转次数 (5-19)

3. 存货的估算

存货主要包括原材料、辅助材料、燃料、低值易耗品、维修备件、包装物、在产品、自制半成品和产成品等。为简化计算，仅考虑外购原材料、外购燃料、在产品和产成品，并分项进行计算。计算公式为

存货＝外购原材料、燃料＋在产品＋产成品 (5-20)

外购原材料、燃料＝年外购原材料、燃料动力费÷年周转次数 (5-21)

在产品＝(年工资福利费＋年其他费＋年外购原材料、燃料动力费＋年修理费)÷年周转次数 (5-22)

产成品＝年经营成本÷年周转次数 (5-23)

4. 应付账款的估算

应付账款＝年外购原材料、燃料动力和商品备件费÷年周转次数 (5-24)

例 5-7 假定已知某拟建项目达到设计生产能力后，全场定员 1000 人，工资和福利费按照每人每年 10000 元估算。每年的其他费用为 800 万元。年外购原材料、燃料动力费估算为 21600 万元。年经营成本为 25200 万元，年修理费占年经营成本的 10%。各项流动资金的最低周转天数分别为：应收账款 30 天，现金 40 天；应付账款 30 天，存货 40 天。试用分项详细估算法对该项目进行流动资金的估算。

解：

(1)应收账款＝年经营成本÷年周转次数

＝25200÷(360÷30)＝2100(万元)

(2)现金＝(年工资福利费＋年其他费)÷年周转次数

＝(1×1000＋800)÷(360÷40)＝200(万元)

(3)存货：

外购原材料、燃料＝年外购原材料、燃料动力费÷年周转次数

＝21600÷(360÷40)＝2400(万元)

在产品＝(年工资福利费＋年其他费＋年外购原材料、燃料动力费＋年修理费)÷年周转次数

＝(1×1000＋800＋21600＋25200×10%)÷(360÷40)＝2880(万元)

产成品＝年经营成本÷年周转次数

＝25200÷(360÷40)＝2800(万元)

存货＝2400＋2880＋2800＝8080(万元)

(4)流动资金＝现金＋应收账款＋存货

＝200＋2100＋8080＝10380(万元)

(5)应付账款＝年外购原材料、燃料动力费÷年周转次数

＝21600÷(360÷30)＝1800(万元)

(6)流动负债＝应付账款＝1800(万元)

(7)流动资金＝流动资产－流动负债＝10380－1800＝8580(万元)

用分项详细估算法估算出的该拟建项目的流动资金额是 8580 万元。

铺底流动资金＝流动资金×30%＝8580×30%＝2574 (万元)

流动资金也可列表计算，如表 5-4 所示。

表 5-4 流动资金估算 单位:万元

序号	项目	最低周转天数	周转次数	投产期		达到设计生产能力期			
				3	4	5	6	…	n
1	流动资产								
1.1	应收账款								
1.2	存货								
1.3	现金								
2	流动负债								
2.1	应付账款								
3	流动资金								
4	流动资金增加额								

5.4 投资估算的审查

投资估算本身是经验总结加科学预测的产物,相对于工程概预算而言,投资估算是粗线条的,但其一经批准,即作为工程建设项目总投资的计划控制额,不得任意突破。为了保证投资估算的完整性、准确性,使其更好地发挥作用,需要做好审查工作。投资估算审查按照对工程建设项目的管辖权限,在审查项目建议书、可行性研究报告时同时进行。投资估算的审查主要从编制依据、估算方法和费用项目三个方面着手。

5.4.1 审查投资估算的编制依据

在明确所审工程项目的特点、构成和内容的基础上,审查所采用的各种基础资料和数据,重点要审查这些基础资料和数据的时效性、准确性和适用范围。例如,使用不同年代的基础资料就应特别注重时效性,另外套用国家或地方建设工程主管部门颁发的估算指标,引用当地工程造价管理部门提供的有关数据,或直接调查类拟已竣工的工程项目资料等,一定要注意它的地区、时间、水平、条件、内容等差异,以达到准确、恰当地使用这些基础资料和数据的目的。

5.4.2 审查投资估算的编制方法

投资估算方法有许多种,各有特色,但都有一定的局限性。投资估算方法的审查,是为了将投资估算方法自身固有的适用性和局限性对工程项目投资估算值的可靠性、科学性的影响,控制在一个较为合理的范围内。

投资估算方法的审查,要看所选择的投资估算方法是否恰当。一般说来,供决策用的投资估算不宜使用单一的投资估算方法,而是综合使用几种投资估算方法,互相补充,相互校核。对于投资额较大、较重要的工程应优先采用近似概算的方法。对于投资额不大、一般规模的工程项目,适宜使用类似比较或系数估算法。此外,还应针对工程项目建设前期阶段不同,选用不同的投资估算方法。

5.4.3　审查投资估算的费用项目

审查编制投资估算的费用项目，一方面是防止编制投资估算时多项、重项或漏项，保证内容准确、估算合理，确保投资估算的各专业覆盖面，如环境设施、“三废”处理装置等通常是必须配套的，要同时设计、同时施工、同时验收。另一方面是确保费用估算中取费基数和费率标准符合国家和地方有关政策规定。审查编制内容的重点是费用类型与费用数额，具体如下：

(1)审查费用项目与规定要求、实际情况是否相符，是否有多项、重项和漏项现象，估算的费用划分是否符合国家规定，是否针对具体情况作了适当增减。

(2)审查是否考虑了物价变化、费率变动等对投资额的影响，所用的调整系数是否合适。

(3)审查现行标准和规范与已建项目当时的标准和规范有变化时，是否考虑了上述因素对投资估算额的影响。

(4)审查工程项目采用高新技术、材料、设备以及新结构、新工艺等，是否考虑了相应费用额的变化。

(5)审查工程项目所取基本预备费和涨价预备费是否恰当等。

总之，在进行工程项目投资估算审查的时候，应在工程项目评估的基础上，将上述审查的内容联系起来系统考虑，既要防止漏项少算，又要防止重复计算和高估冒算。使评审后的投资估算既能符合国家有关部门和地方政府的相关政策和规定，又能紧密结合项目实际情况，做到科学、准确、合理，以利于工程项目造价控制目标的实现，使之对项目建设具有指导意义。

思考题

1. 简述投资估算的概念。
2. 简述投资估算的阶段划分及各阶段精度要求。
3. 简述投资估算的编制依据及编制内容。
4. 简述投资估算的编制程序。

练习题

1. 已知建设日产120吨尿素化肥装置的投资额为180万元，试估计建设日产260吨尿素化肥装置的投资额(取生产能力指数 $x=0.6$，综合调整系数 $f=1.2$)。若将生产能力在原有的基础上增加一倍，其投资额应增加多少？

2. 某新建工业项目，采用系数法进行固定资产投资估算，经估算主要生产车间的投资为2600万元，辅助及公用系统投资系数为0.65，行政及生活福利设施投资系数为0.28，其他投资系数为0.32，试确定该项目的投资额。

3. 某工程项目建设期为3年，第一年预计投资额为8935万元，第二年预计投资额为24570万元，第三年预计投资额为11164万元，建设期内年平均工程造价上涨率为5%，试确定该项目建设期内的涨价预备费。

4.某公司计划投资兴建一工业项目,该产品年生产能力为3000万吨,同类型产品年产2000万吨的已建项目设备投资额为5600万元,且该已建项目中建筑、安装及其他工程费用等占设备费的百分比分别为50%、20%、8%,相应的综合调价系数分别为1.31、1.25、1.05。试确定拟建项目的总投资额。

5.某工业建设项目投资构成中,设备及工器具购置费为500万元,建筑安装工程费为1500万元,建设工程其他费用为200万元。本项目预计建设期为3年,初步估算假定,建筑安装工程费在建设期内每年等额投入,设备及工器具购置费和建设工程其他费用在第三年投入,基本预备费费率为10%,建设期内预计年平均价格总水平上涨率为6%,贷款利息为135万元,试估算该项目的建设投资。

第 6 章　设计概算

【教学目标和要求】

- 熟悉设计概算的组成框架；
- 掌握单位工程概算、单项工程综合概算和建设项目总概算的编制；
- 掌握单位建筑工程设计概算的三种编制方法及其特点；
- 熟悉设计概算审查的内容、方法和步骤；
- 重点是能熟练应用概算定额法(或概算指标法,或类似工程预算法)编制设计概算；
- 本章是建筑工程造价文件的重要组成部分,要求熟练掌握建筑工程设计概算的编制方法,并能灵活应用于工程实际中。

设计概算是初步设计文件的重要组成部分,是在投资估算的控制下,由设计单位根据初步设计(或扩大初步设计)图纸、概算定额(或概算指标)、各项费用定额(或取费标准)、建设地区自然条件和技术经济条件以及设备、材料预算价格等资料,编制和确定的建设项目从筹建至竣工交付生产或使用所需全部费用的经济文件。

设计概算文件必须完整地反映工程项目初步设计的内容,严格执行国家有关的方针、政策和制度,实事求是地根据工程所在地的建设条件,按有关的依据及资料进行编制。设计概算文件包括概算编制说明书、总概算书、单项工程综合概算书、单位工程概算书、工程建设其他费用概算书、分年度投资汇总表、资金供应量汇总表、主要材料表等,设计概算的编制工作应由设计单位负责。

6.1　设计概算的编制内容

设计概算可分为单位工程概算、单项工程综合概算和建设项目总概算三级。它由单个到综合、局部到总体,逐个编制汇总而成。各级概算之间的相互关系如图 6-1 所示。

6.1.1　单位工程概算

单位工程概算是确定各单位工程建设费用的文件,是编制单项工程综合概算的依据,是单项工程综合概算的组成部分。单位工程概算按其工程性质分为建筑工程概算、设备及安装工程概算两大类。建筑工程概算包括土建工程概算,给排水、采暖工程概算,通风、空调工程概算,电气、照明工程概算,弱电工程概算,特殊构筑物工程概算等;设备及安装工程概算包括机械设备及安装工程概算,电气设备及安装工程概算,热力设备及安装工程概算,工具、器

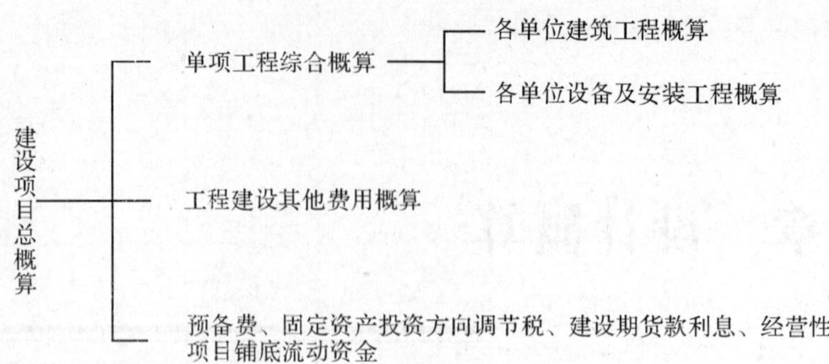

图 6-1 设计概算的组成内容

具及生产家具购置费用概算等。

6.1.2 单项工程综合概算

单项工程综合概算是以单项工程为编制对象,确定建成后可独立发挥作用的建筑物或构筑物所需全部建设费用的文件,由该单项工程中的各单位工程概算汇总编制而成。

综合概算书是工程项目总概算书的组成部分,是编制总概算书的基础文件,一般由编制说明和综合概算表两部分组成。

单项工程综合概算的组成内容如图 6-2 所示。

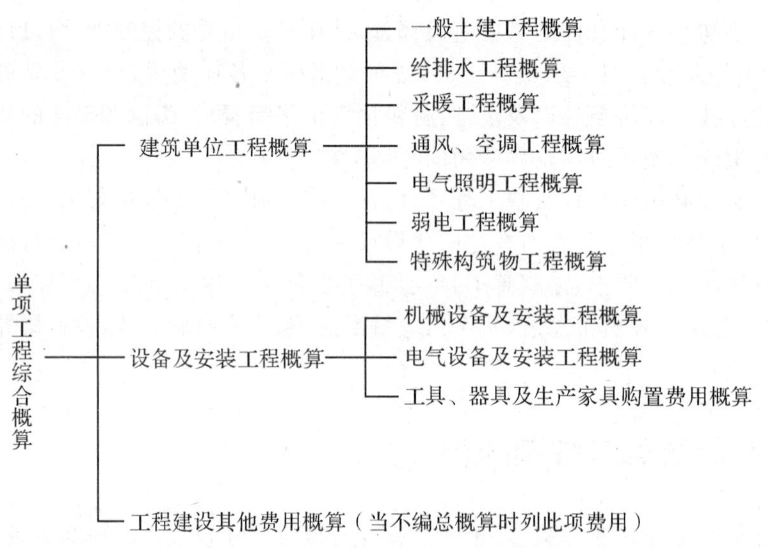

图 6-2 单项工程综合概算的组成内容

6.1.3 建设项目总概算

建设项目总概算是以整个建设项目为编制对象,确定项目从筹建到竣工验收整个过程所需的全部建设费用的文件。它是由各单项工程综合概算,工程建设其他费用概算,预备费、建设期贷款利息和固定资产投资方向调节税概算汇总编制而成。建设项目总概算的组成内容如图 6-3 所示。

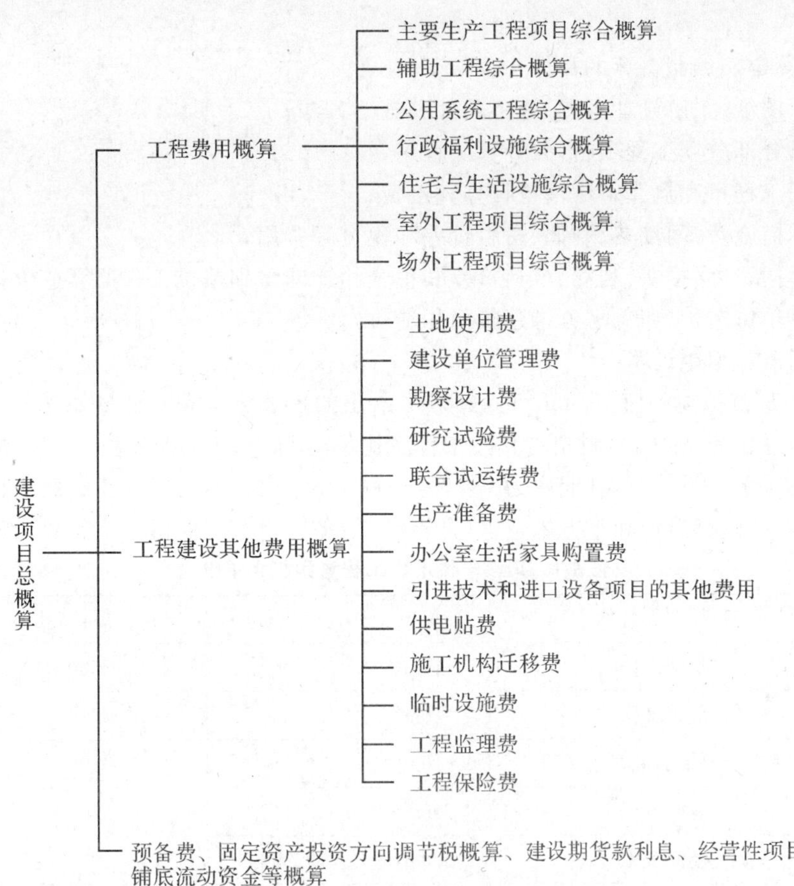

图 6-3　建设项目总概算的组成内容

6.2　设计概算的编制方法

单位工程是单项工程的组成部分，是指具有单独设计可以独立组织施工，但不能独立发挥生产能力或使用效益的工程。单位工程概算包括建筑工程概算、设备及安装工程概算两大类。建筑工程概算的编制方法有概算定额法、概算指标法、类似工程预算法等；设备及安装工程概算的编制方法有预算单价法、扩大单价法、设备价值百分比法和综合吨位指标法等。本书主要介绍单位建筑工程设计概算的编制方法。

6.2.1　概算定额法

概算定额法是采用概算定额编制建筑工程概算的方法，类似于用预算定额编制建筑工程预算。它是根据初步设计(或扩大初步设计)图纸资料和概算定额的项目划分计算出工程量，然后套用概算定额单价(基价)计算汇总后，再计取有关费用，便可得出单位工程概算造价。

利用概算定额编制概算，其编制对象必须是对建筑、结构、构造均有明确的规定，图纸内容比较齐全、完善，能够计算工程量的设计图纸。该种方法编制精度高，是编制设计概算的常用方法。

利用概算定额编制概算的具体步骤如下：

(1)熟悉图纸，了解设计意图、施工条件和施工方法；

(2)列出分部分项工程项目，并计算工程量；

(3)根据工程量和概算定额基价计算直接费；

(4)计算措施费、间接费、利润、材料价差和税金等费用；

(5)将直接费、间接费、利润、材料价差和税金相加即得到单位工程概算造价；

(6)计算单位造价(如每平方米建筑面积造价)；

(7)编制概算编制说明。

例 6-1 某市拟建一座7560m² 的教学楼，给出的扩大单价和工程量如表6-1所示。其中：材料调整系数为1.10，材料费占直接工程费比率为60%。各项费率分别为：措施费费率为10%，间接费费率为5%，利润率为7%，综合税率为3.413%。用概算定额法编制该教学楼土建工程设计概算造价和平方米造价(计算结果：平方米造价保留一位小数，其余取整)。

表 6-1 某教学楼土建工程量和扩大单价

分部工程名称	单位	工程量	扩大单价(元)
基础工程	$10m^3$	160	2500
砌筑工程	$10m^3$	280	3300
混凝土及钢筋混凝土工程	$10m^3$	150	6800
地面工程	$100m^2$	40	1100
楼面工程	$100m^2$	90	1800
卷材屋面	$100m^2$	40	4500
门窗工程	$100m^2$	35	5600
脚手架工程	$100m^2$	180	600

解：根据已知条件和表6-1中的数据，求得该教学楼土建工程造价如表6-2所示。

表 6-2 某教学楼土建工程概算造价计算表

序号	分部工程或费用名称	单位	工程量	扩大单价(元)	合价(元)
1	基础工程	$10m^3$	160	2500	400000
2	砌筑工程	$10m^3$	280	3300	924000
3	混凝土及钢筋混凝土工程	$10m^3$	150	6800	1020000
4	地面工程	$100m^2$	40	1100	44000
5	楼面工程	$100m^2$	90	1800	162000
6	卷材屋面	$100m^2$	40	4500	180000
7	门窗工程	$100m^2$	35	5600	196000
8	脚手架工程	$100m^2$	180	600	108000

续表

序号	分部工程或费用名称	单位	工程量	扩大单价(元)	合价(元)
A	直接工程费小计	以上 8 项之和			3034000
B	措施费	A×10%			303400
C	间接费	(A+B)×5%			166870
D	利润	(A+B+C)×7%			245299
E	材料价差	A×60%×10%			182040
F	税金	(A+B+C+D+E)×3.413%			134186
概算造价		A+B+C+D+E+F			4065795
平方米造价		4065795/7560			537.8 元/m^2

6.2.2 概算指标法

由于设计深度不够等原因，对一般附属、辅助和服务工程等项目，以及住宅和文化福利工程项目或投资比较小、比较简单的工程项目，可采用概算指标法编制概算。

概算指标法采用直接费指标，一般是以建筑面积、建筑体积或万元为单位，以整栋建筑物为依据编制而成的。它的数据来源于各种已建的建筑物预算或竣工结算资料。

由于概算指标通常是按每栋建筑物每 $100m^2$ 建筑面积(或每栋建筑物每 $1000m^3$ 建筑体积)表示的价值或工料消耗量，因此，它比概算定额更为扩大、综合，所以利用概算指标编制的设计概算比按概算定额编制的设计概算更加简化，但精确度也比按概算定额编制的设计概算低。但由于编制速度快，因而能满足时间紧迫的要求，具有一定的实用价值。

在初步设计阶段编制设计概算，如果已有初步设计图纸，则根据初步设计图纸、设计说明和概算指标，按设计的要求、条件和结构特征，查阅概算指标中相同类型建筑物的简要说明和结构特征编制设计概算；如果无初步设计图纸或可行性研究阶段只有大致的轮廓方案，也可采用概算指标来编制设计概算。

(1)当拟建工程初步设计的内容符合概算指标规定的内容时，可直接套用概算指标编制概算。即用拟建的厂房(或住宅)的建筑面积(或体积)乘以技术条件相同或基本相同的概算指标得出直接工程费，然后按规定计算出措施费、间接费、利润和税金等，编制出单位工程概算。具体步骤及计算公式如下。

①计算每平方米建筑面积直接工程费：

$$\text{每平方米建筑面积直接工程费}=\text{人工费}+\text{主要材料费}+\text{其他材料费}+\text{机械费} \quad (6\text{-}1)$$

其中：

$$\text{每平方米建筑面积人工费}=\text{指标规定的人工工日数}\times\text{拟建地区日工资标准} \quad (6\text{-}2)$$

$$\text{每平方米建筑面积主要材料费}=\sum(\text{主要材料数量}\times\text{拟建地区材料预算价格}) \quad (6\text{-}3)$$

$$\text{每平方米建筑面积其他材料费}=\text{每平方米建筑面积主要材料费}\times\frac{\text{其他材料费}}{\text{主要材料费}}\times100\% \quad (6\text{-}4)$$

施工机械使用费在概算指标中一般用“元”表示，故不需计算，可直接按概算指标中的机械费计算每平方米建筑面积机械费确定。

②按求得的直接工程费及地区规定取费标准,求出措施费、间接费、利润和税金等其他费用及材料价差。

③计算每平方米建筑面积概算单价:

每平方米建筑面积概算单价=直接费+间接费+材料价差+利润+税金 (6-5)

④计算概算价值(单位工程造价):

拟建工程概算价值=拟建工程建筑面积×每平方米建筑面积概算单价 (6-6)

(2)当拟建工程初步设计的内容与概算指标规定的内容局部有差异时,为了保证概算价值的正确性,不能简单按照相似工程的概算指标直接套用,而必须对概算指标进行修正,然后根据已计算的建筑面积或建筑体积乘以修正后的概算指标及单位价值,计算工程概算价值。换算方法如下:

单位直接费修正值=原概算指标单位直接费-换出结构构件价值
+换入结构构件价值 (6-7)

由于拟建工程(设计对象)往往与类似工程的概算指标的技术条件不尽相同,而且概算指标编制年份的设备、材料、人工等价格与拟建工程当时当地的价格也有差异。因此,必须对其进行调整,其调整方法如下。

①设计对象的结构特征与概算指标有局部差异时的调整

结构变化修正概算指标(元/m²)$=J-Q_1P_1+Q_2P_2$ (6-8)

其中:

J——原概算指标;

Q_1——换出旧结构的含量;

Q_2——换入新结构的含量;

P_1——换出旧结构的单价;

P_2——换入新结构的单价。

结构变化修正概算指标的人工、材料、机械数量

=原概算指标的人工、材料、机械数量-换出结构构件工程量×相应定额人工、材料、机械消耗量+换入结构构件工程量×相应定额人工、材料、机械消耗量 (6-9)

②设备、人工、材料、机械费用的调整

设备、人工、材料、机械费用修正

=原概算指标的设备、人工、材料、机械费用$-\sum$(换出设备、人工、材料、机械数量×原概算指标设备、人工、材料、机械单价)$+\sum$(换入设备、人工、材料、机械数量×拟建地区相应单价) (6-10)

例 6-2 某市一栋普通办公楼为框架结构 2700m²,建筑工程直接工程费为 378 元/m²,其中毛石基础为 39 元/m²,现拟建一栋办公楼 3000m²,是采用钢筋混凝土带形基础为 51 元/m²,其他结构相同。求该拟建新办公楼建筑工程直接工程费造价。

解:调整后的概算指标=378-39+51=390(元/m²)

拟建新办公楼建筑工程直接工程费=3000×390=117(万元)

然后按上述概算定额法同样计算程序和方法,计算出措施费、间接费、利润和税金,便可求出新建办公楼的建筑工程造价。

例 6-3　假设新建单身宿舍一座，其建筑面积为 3500m^2，按概算指标和地区材料预算价格等计算出单方造价如下：一般土建工程为 640.00 元/m^2(其中直接工程费 468.00 元/m^2)；采暖工程 32.00 元/m^2；给排水工程 36.00 元/m^2；照明工程 30.00 元/m^2。按照当地造价管理部门规定，土建工程措施费费率为 8%，间接费费率为 15%，利润率为 7%，税率为 3.4%。

但新建单身宿舍设计资料与概算指标相比较，其结构构件有部分变更，设计资料表明外墙为一砖半外墙，而概算指标中外墙为一砖外墙，根据当地土建工程预算定额，外墙带形毛石基础的预算单价为 147.87 元/m^3，一砖外墙的预算单价为 177.10 元/m^3，一砖半外墙的预算单价为 178.08 元/m^3；概算指标中每 100m^2 建筑面积中含外墙带形毛石基础为 18m^3，一砖外墙为 46.5m^3；新建工程设计资料表明，每 100m^2 中含外墙带形毛石基础为 19.6m^3，一砖半外墙为 61.2m^3。

试计算调整后的概算单价和新建宿舍的概算造价。

解：对土建工程中结构构件的变更和单价调整过程如表 6-3 所示。

表 6-3　结构构件的变更和单价调整

序号	结构名称	单位	数量 (每 100m^2 含量)	单价 (元)	合价 (元)
	土建工程单位直接工程费造价				468.00
	换出部分				
1	外墙带形毛石基础	m^3	18	147.87	2661.66
2	一砖外墙	m^3	46.5	177.10	8235.15
	合计	元			10896.81
	换入部分				
3	外墙带形毛石基础	m^3	19.6	147.87	2898.25
4	一砖半外墙	m^3	61.2	178.08	10898.51
	合计	元			13796.75
结构变化修正指标	468.00－10896.81÷100＋13796.75÷100＝497.00(元/m^2)				

以上计算结果为直接工程费单价，需取费得到修正后的土建单位工程造价为

$$497\times(1+8\%)(1+15\%)(1+7\%)(1+3.4\%)=682.94(\text{元}/m^2)$$

其余工程单方造价不变，因此，经过调整后的概算单价为

$$682.94+32.00+36.00+30.00=780.94(\text{元}/m^2)$$

新建宿舍楼概算造价为

$$780.94\times3500=2733290(\text{元})$$

6.2.3　类似工程预算法

如果拟建工程与已完工程或在建工程相似，结构特征基本相同或概算定额和概算指标不全时，就可以利用已完工程或在建工程的工程造价资料来编制拟建工程的设计概算。

类似工程预算法是以原有的相似工程的预算或结算资料为基础，按照编制概算指标的

方法，求出单位工程的概算指标，再按概算指标法编制拟建工程概算。

利用类似工程编制概算时，应考虑到拟建工程在建筑与结构、地区工资、材料预算价格、施工机械使用费、间接费的差异。类似工程造价的价差调整常用的两种方法如下：

(1)当类似工程造价资料有具体的人工、材料、机械台班的用量时，可按类似工程预算造价资料中的主要材料用量、工日数量、机械台班用量乘以拟建工程所在地的主要材料预算价格、人工单价、机械台班单价，计算出直接工程费，再乘以当地的综合费率，即可得出所需的造价指标。

(2)当类似工程造价资料只有人工费、材料费、施工机械使用费和间接费时，可按下列公式调整：

$$K=a\%K_1+b\%K_2+c\%K_3+d\%K_4+\cdots \tag{6-11}$$

式中：K——综合修正系数。

$a\%$、$b\%$、$c\%$、$d\%$、…——类似工程预算的人工费比重、材料费比重、施工机械使用费比重和间接费等比重。

$a\%$＝类似工程人工费(或工资标准)÷类似工程预算造价×100%

$b\%$、$c\%$、$d\%$类同。

K_1、K_2、K_3、K_4、…——拟建工程地区与类似工程预算造价在人工费、材料费、施工机械使用费、间接费等之间的差异系数。

$$K_1=\frac{\text{拟建工程地区人工工资标准}}{\text{类似工程地区人工工资标准}}$$

$$K_2=\frac{\sum(\text{类似工程各主要材料消耗量}\times\text{拟建工程地区材料预算价格})}{\text{类似工程主要材料费用}}$$

$$K_3=\frac{\sum(\text{类似工程各主要机械台班费}\times\text{拟建工程地区机械台班单价})}{\text{类似工程主要机械使用费}}$$

$$K_4=\frac{\text{拟建工程地区的间接费率}}{\text{类似工程地区的间接费率}}$$

$$\text{修正后的类似工程预算单方造价}=\frac{\text{类似工程预算的造价}}{\text{类似工程建筑面积}}\times\text{综合修正系数} \tag{6-12}$$

拟建工程概算造价＝修正后的类似工程预算单方造价×拟建项目建筑面积 (6-13)

例 6-4 某市 2001 年拟建住宅楼，建筑面积为 6500m^2，编制土建工程概算时采用 1997 年建成的 6000m^2 某类似住宅工程预算造价资料，如表 6-4 所示。由于拟建住宅楼与已建成的类似住宅在结构上作了调整，拟建住宅每平方米建筑面积比类似住宅工程增加直接工程费为 25 元。拟建住宅工程所在地区的利润率为 7%，综合税率为 3.413%。

试求：(1)计算类似住宅工程成本造价和平方米成本造价是多少？

(2)用类似工程预算法编制拟建新住宅工程的概算造价和平方米造价是多少？

(计算结果：平方米造价保留一位小数，其余取整。)

表 6-4　某住宅类似工程造价资料

序号	名称	单位	数量	1997 年单价(元)	2001 年第一季度单价(元)
1	人工	工日	37908	13.5	20.3
2	钢筋	t	245	3100	3500
3	型钢	t	147	3600	3800
4	木材	m^3	220	580	630
5	水泥	t	1221	400	390
6	砂子	m^3	2863	35	32
7	石子	m^3	2778	60	65
8	红砖	千块	950	180	200
9	木门窗	m^3	1171	120	150
10	其他材料	万元	18		调整系数 10%
11	机械台班费	万元	28		调整系数 7%
12	措施费费率			15%	17%
13	间接费费率			16%	17%

解:(1)求类似住宅工程成本造价和平方米成本造价如下：

类似住宅工程人工费＝37908×13.5＝511758(元)

类似住在工程材料费＝245×3100＋147×3600＋220×580＋1221×400＋2863×35
＋2778×60＋950×180＋1171×120＋180000＝2663105(元)

类似住宅工程机械台班费＝280000 元

类似住宅工程直接工程费＝人工费＋材料费＋机械台班费
＝511758＋2663105＋280000＝3454863(元)

措施费＝3454863×15%＝518229(元)

类似住宅工程直接费＝3454863＋518229＝3973092(元)

间接费＝直接费合计×间接费费率＝3973092×16%＝635695(元)

类似住宅工程的成本造价＝直接费＋间接费＝3973092＋635695＝4608787(元)

类似住宅工程的每平方米成本造价＝4608787÷6000＝768.1(元/m^2)

(2)求拟建新住宅工程的概算造价和平方米造价如下：

首先,求出类似住宅工程人工、材料、机械台班费占其预算成本造价的百分比。然后,求出拟建新住宅工程的人工费、材料费、机械台班费、措施费、间接费与类似住宅工程之间的差异系数。最后,求出综合调整系数(K)和拟建新住宅的概算造价。

①求类似住宅工程各费用占其预算成本造价的百分比：

人工费占造价百分比＝511758÷4608787＝11.10%

材料费占造价百分比＝2663105÷4608787＝57.78%

机械台班费占造价百分比＝280000÷4608787＝6.08%

措施费占造价百分比＝518229÷4608787＝11.24%

间接费占造价百分比＝635695÷4608787＝13.79%

②求拟建新住宅与类似住宅工程在各项费上的差异系数：

$$工资修正系数 K_1=\frac{拟建工程地区人工工资标准}{类似工程地区人工工资标准}=\frac{20.3}{13.5}=1.50$$

材料预算价格修正系数 K_2

$$=\frac{\sum(类似工程各主要材料消耗量\times拟建工程地区材料预算价格)}{类似工程主要材料费用}$$

$$=\frac{245\times3500+147\times3800+220\times630+1221\times390+2863\times32}{2663105}$$

$$+\frac{2778\times65+950\times200+1171\times150+180000\times1.1}{2663105}=1.08$$

机械使用费修正系数 K_3

$$=\frac{\sum(类似工程各主要机械台班费\times拟建工程地区机械台班单价)}{类似工程主要机械使用费}=1.07$$

$$间接费修正系数 K_4=\frac{拟建工程地区的间接费费率}{类似工程地区的间接费费率}=\frac{17\%}{16\%}=1.06$$

$$措施费修正系数 K_5==\frac{拟建工程地区的措施费费率}{类似工程地区的间接费费率}=\frac{17\%}{15\%}=1.13$$

③求综合调整系数(K)：

综合修正系数＝人工费比重×K_1＋机械费比重×K_2＋材料费比重×K_3

＋间接费比重×K_4＋措施费比重×K_5

$=11.10\%\times1.50+57.78\%\times1.08+6.08\%\times1.07+13.79\%\times1.06+11.24\%\times1.13$

$=(16.65+62.4024+6.5056+14.6174+12.7012)\%=1.129$

④拟建新住宅平方米造价：

修正后的类似工程预算单方造价

$$=\left[\frac{4608786}{6000}\times1.129+25(1+17\%)(1+17\%)\right]\times(1+7\%)(1+3.413\%)$$

$=[867.22+25(1+17\%)(1+17\%)]\times(1+7\%)(1+3.413\%)=997.46(元/m^2)$

拟建工程概算造价＝修正后的类似工程预算单方造价×拟建项目建筑面积

＝997.46×6500＝6483490(元)＝648.35(万元)

6.3　设计概算的审查

6.3.1　设计概算审查内容

1. 审查设计概算的编制依据

(1)审查编制依据的合法性

概算中所采用的各种编制依据必须符合国家或授权机关的有关规定，不能擅自更改概算定额、指标或费用标准。

(2)审查编制依据的时效性

编制概算中所采用的各种依据，如定额、指标、价格、取费标准等都具有时效性，审查时应在规定的有效期内。如果有调整和新的规定，应按新的调整办法和规定执行。

(3)审查编制依据的适用范围

各种编制依据都有规定的适用范围。如:主管部门规定的各种专业定额及其取费标准,只适用于该部门的专业工程;各地区规定的各种定额及其取费标准,只适用于该地区范围以内。

2. 审查设计概算的编制深度

(1)审查编制说明

审查编制说明可以检查概算的编制方法、深度和编制依据等重大原则问题。

(2)审查概算编制深度

一般大中型项目的设计概算,应有完整的编制说明和"三级概算"(总概算表、单项工程综合概算表、单位工程概算表),并按有关规定的深度进行编制。审查是否有符合规定的"三级概算",各级概算的编制、校对、审核是否按规定签署。

(3)审查概算的编制范围

审查设计概算编制范围及具体内容是否与主管部门批准的建设项目范围及具体工程内容一致;审查分期建设项目的建筑范围及具体工程内容有无重复交叉,是否重复计算或漏算;审查其他费用所列的项目是否符合规定,静态投资、动态投资和经营性项目铺底流动资金是否分别列出等。

3. 审查建设规模、标准

审查概算的投资规模、生产能力、设计标准、建设用地、建筑面积、主要设备、配套工程、设计定员等是否符合原批准可行性研究报告或立项批文的标准。如果概算总投资超过原批准投资估算 10%以上的,应进一步审查超估算的原因。

4. 审查设备规格、数量和配置

工业建设项目投资比重大,一般占总投资额的 30%～50%,要认真审查。审查所选用的设备规格、台数是否与生产规模一致,材质、自动化程度有无提高标准,引进设备是否配套、合理,备用设备台数是否适当,消防、环保设备是否计算等。还要重点审查设备价格是否合理、是否符合有关规定,如国产设备应按当时询价资料或有关部门发布的出厂价、信息价等编制概算,引进设备则依据询价或合同价编制概算。

5. 审查工程费

建筑安装工程投资是随着工程量增加而增加的,要认真审查。要根据初步设计图纸、概算定额及工程量计算规则、专业设备材料表、建构筑物和总图运输一览表进行审查,审查有无多算、重算、漏算。

6. 审查计价指标

审查建筑工程采用的计价定额、费用定额、价格指数和有关人工、材料、机械台班单价是否符合工程所在地(或专业部门)现行规定;审查安装工程所采用的专业部门或地区定额是否符合工程所在地区的市场价格水平,概算指标调整系数、主材价格、人工、机械台班和辅材调整系数是否按当地最新规定执行;审查引进设备安装费率或计取标准、部分行业专业设备安装费率是否按有关规定计算等。

7. 审查其他费用

工程建设其他费用约占项目总投资的 25%以上,必须认真逐项审查。审查费用项目是否按国家统一规定计列,具体费率或计取标准是否按国家、行业或有关部门规定计算,有无随意列项、多列、交叉计列和漏项等。

6.3.2 设计概算审查方法

审查设计概算是一项复杂而细致的技术经济工作，要求审查人员既要懂得有关专业的生产技术知识，又要懂得工程技术和工程概算知识，还必须掌握投资经济管理、银行金融等多学科知识。因此，审查设计概算前要熟悉设计图纸和有关资料，深入调查研究，了解建筑市场动态和发展趋势，了解现场施工条件，这样才能使审批后的概算更符合实际。具体的审查方法有：对比分析法、主要问题复核法、查询核实法、利用工程量综合指标对比审核法、分类整理法、联合会审法等。本章主要介绍以下几种审查设计概算的方法。

1. 对比分析法

对比分析法主要是通过建设规模、标准与立项批文对比；工程数量与设计图纸对比；综合范围、内容与编制方法、规定对比；各项取费与规定标准对比；材料、人工单价与统一信息对比；引进设备、技术投资与报价要求对比；技术经济指标与同类工程对比等。通过以上对比，容易发现设计概算存在的主要问题和偏差。

2. 查询核实法

查询核实法是对一些关键设备和设施、重要装置、引进工程图纸不全、难以核算的较大投资进行多方查询核对，逐项落实的方法。主要设备的市场价向设备供应部门或招标公司查询核实；重要生产装置、设施向同类企业（工程）查询了解；引进设备价格及有关费税向进出口公司调查落实；复杂的建筑安装工程向同类工程的建设、承包、施工单位征求意见；深度不够或不清楚的问题直接向原概算编制人员、设计者询问清楚。

3. 联合会审法

联合会审前，可先采取多种形式分头审查，包括设计单位自审，主管、建设、承包单位初审，工程造价咨询单位评审，邀请同行专家预审，审批部门复审等，经层层审查把关后，由有关单位和专家进行联合会审。在会审会议上，由设计单位介绍概算编制情况及有关问题，各有关单位、专家汇报初审和预审意见。然后进行认真分析、讨论，结合对各专业技术方案的审查意见所产生的投资增减，逐一核实原概算出现的问题。经过充分协商，认真听取设计单位意见后，实事求是地处理和调整。

6.3.3 设计概算审查步骤

一般设计概算审查的步骤如下。

1. 掌握有关数据和资料

要了解建设规模、设计能力和工艺流程，熟悉设计概算的组成内容、编制的依据和方法，熟悉设计图纸和说明书的主要内容，弄清概算所列的工程费用的构成以及概算各表和设计文字说明相互之间的关系，同时还要收集概算定额、指标和有关规定的文件资料，为审查工作做好必要的准备。

2. 进行分析对比

利用规定的概算定额或指标，以及有关技术经济指标，与设计概算进行分析对比，根据设计和概算列明的工程性质、结构类型、建设条件、费用构成、投资比例、占地面积、生产规模、建筑面积、设备数量、造价指标、劳动定员等与国内外同类型工程进行对比分析，找出差距，提出问题，为审核提供线索。

3. 调查研究

对审查过程中发现的问题，要深入细致地调查研究，了解设计是否技术先进、经济合理，概算采用的定额价格和费用标准是否符合有关规定等。

4. 积累资料

对已建项目的实际造价和有关资料，以及技术经济资料等进行收集整理，为修订概算定额和今后设计概算审查工作提供参考依据。

思考题

1. 设计概算的内容有哪些？

2. 单位建筑工程设计概算的编制方法有哪些？

练习题

1. 某投资商欲投资建设某宾馆（以下简称 A 工程），A 工程为框剪结构，建筑面积为 $10000m^2$。经调查，该地区的类似工程为某原有宾馆（以下简称 B 工程），B 工程决算的单位建筑面积建筑安装工程费为 2000 元。

A 工程和 B 工程的主要差异之处在于：一是 B 工程采用的是铝合金窗（定额直接费为 250 元/m^2），而 A 工程采用的玻璃幕墙（定额直接费为 1000 元/m^2）；二是 B 工程是钢筋混凝土平屋顶（定额直接费为 100 元/m^2），而 A 工程屋顶拟采用仿古歇山型屋顶（定额直接费为 600 元/m^2）。A 工程玻璃幕墙总面积为 $3600m^2$，屋顶投影面积为 $1200m^2$。

若 B 工程是 1998 年建成的，其建筑安装工程费用构成为：人工费占 20%，材料费占 55%，机械使用费占 13%，综合费用占 12%，而在 B 工程决算至 A 工程估算期间，人工费上涨了 20%，材料费上涨了 10%，综合费率下降了 3%。

试估算该工程建筑安装工程费用。

2. 某住宅楼为 $2229.15m^2$，其土建工程预算造价为 142.56 元/m^2，土建工程总预算造价为 31.78 万元（2000 年价格水平），该住宅所在地土建工程万元定额如表 6-5 所示。2003 年，在某地拟建类似住宅楼 $2500m^2$。采用类似工程预算法求拟建类似住宅楼 $2500m^2$ 土建工程概算平方米造价和总造价。

表 6-5　某地某土建工程万元定额（2000 年）

序号	名称	材料规格	单位	数量	万元基价		占造价比重（%）	2003 年拟建住宅当地价
					单价（元）	合价（元）		
1	人工费		工日	486	1.59	772	6.6	32 元/工日
2	钢筋	ϕ10 以上占 60% ϕ10 以下占 40%	t	3.14	569.1	1781		2400 元/t
	型钢	<100×75×8 占 30% <100×75×9 占 15% 1200×102 占 5% 钢板占 50%	t	1.88	670.12	1260		2500 元/t

续表

序号	名称	材料规格	单位	数量	万元基价		占造价比重(%)	2003年拟建住宅当地价
					单价(元)	合价(元)		
3	木材	二级松圆木	m^3	2.82	136.5	385		640元/m^3
4	水泥	425号	t	15.65	53.6	839		348元/t
5	砂子	粗细净砂	m^3	36.71	12.20	448		36元/m^3
6	石子		m^3	35.62	14.00	499		65元/m^3
7	红砖		千块	11.97	43.10	516		177元/千块
8	木门窗		m^2	15.01	25.35	380		120元/m^2
9	其他		元	2200		2200		5500元
		2～9项小计(材料费)				8308	71.1	
10	施工机械费		元	920		920	7.9	机械台班系数 $K_3=1.05$
	合计	人工费+材料费+机械费	元			10000		
11	综合费用					1690	14.5	拟建地综合费率17.5%
		合 计				11690		

注：综合费率指措施费、间接费、利税占直接工程费的整体比率。

第7章　施工图预算

【教学目标和要求】

- 熟悉施工图预算的编制依据；
- 掌握施工图预算的编制方法及其特点；
- 熟悉施工图预算审查的内容、方法和步骤；
- 重点是能熟练应用单价法(工料单价法和综合单价法)编制施工图预算；
- 本章是建筑工程造价文件的重要组成部分,要求熟练掌握建筑工程施工图预算的编制方法,并能灵活应用于工程实际中。

施工图设计完成后应编制施工图预算。施工图预算是根据某单位工程的施工设计图纸、现行预算定额或单位估价表、费用定额以及地区设备、材料、人工、施工机械台班等预算价格编制而成,经建设单位和建设银行审查定案,其造价应控制在批准的初步设计概算造价之内。

对于实行施工招标的工程,施工图预算是当前进行工程招标的主要基础;其工程量清单是招标文件的组成部分;其造价是编制标底的主要依据。它也是建设单位与施工单位签订合同、银行拨款、结算工程费用的依据,以及施工单位编制施工计划、加强经济核算的依据。

7.1　施工图预算的编制依据

1. 各专业施工设计图纸

施工设计图纸必须经过有关部门批准,同时还要经过建设单位、设计单位和施工单位会审。它包括所附的文字说明、有关的通用图集和标准图集以及施工图纸会审记录,对工程的具体内容、各部的具体做法、结构尺寸、技术特征以及施工方法等都有明确规定,是编制施工图预算的重要依据。

2. 现行预算定额及单位估价表

现行预算定额规定了各部内容和项目划分,定额子目的工程内容、施工方法、材料规格、质量要求、计量单位、工程量计算规则等;项目之间的相互关系,调整换算定额的规定条件和方法以及人工、材料、机械台班消耗量的基础数据,是编制施工图预算的基础。地区单位估价表是根据现行预算定额、地区工人工资标准、施工机械台班使用定额和材料预算价格等进行编制的。它是预算定额在该地区的具体表现,也是该地区编制工程预算的基础资料,还可以根据本地区具体情况,补充预算定额所缺少的项目。

3. 施工组织设计或施工方案

施工组织设计或施工方案是建筑施工中重要文件。它对工程施工方法、材料、构件的加工和堆放地点都有明确规定，为预算编制中工程量的计算和预算单价的套用提供依据。因此，拟建工程施工组织设计文件经有关部门批准后，它所确定的施工方案和相应的技术组织措施，是施工图预算必须具备的依据之一。

4. 材料、人工、机械台班预算价格及有关动态调价文件

在市场经济条件下，材料、人工、机械台班的价格是随市场而变化的，为使预算造价与实际情况尽可能接近，各地区主管部门应合理确定材料、人工、机械台班预算价格及其调价规定。而造价工作人员应按当地规定的费率及有关文件进行计算，使所编制的施工图预算尽可能反映价格的动态变化。

5. 建筑安装工程费用定额

建筑安装工程费用定额是各省、市、自治区和各专业部门规定的费用定额及计算程序，规定了费用计算的名目和取费标准。

6. 工程承包合同或协议书

工程承包合同或协议书是发包方和承包方进行工程结算的依据之一，是编制工程造价预算文件必须遵循的基础文件。

7. 预算员工作手册

预算员工作手册是将常用的数据、计算公式和系数等资料汇编成手册以便查用，可以加快工程量计算速度，是编制施工图预算必不可少的工具。

7.2 施工图预算的编制方法

施工图预算的编制方法主要有单价法和实物法两种。它与利用概算定额编制概算的方法基本相同，不同之处在于设计概算项目划分较施工图预算粗略，是把施工图预算中的若干项目合并为一项，并且采用的是概算工程量计算规则。

7.2.1 单价法

1. 概述

单价法是用事先编制好的分部分项工程的单位估价表编制施工图预算的方法。按施工图计算的各分部分项工程的工程量乘以由地区造价管理部门编制的单位估价表中相应的人、料、机单价，汇总相加，得到单位工程的人工费、材料费、机械使用费之和，即直接工程费；然后根据规定求得间接费、计划利润和税金，考虑措施费后经汇总便可得到单位工程的施工图预算造价。

单价法编制施工图预算的计算公式表述为

$$\text{单位工程施工图预算直接费} = \sum(\text{工程量} \times \text{预算定额单价}) \tag{7-1}$$

2. 编制步骤

单价法编制施工图预算的步骤如图 7-1 所示。

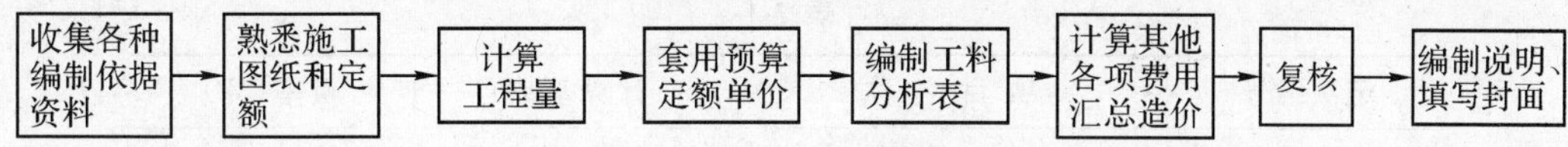

图 7-1　单价法编制施工图预算步骤

具体编制步骤如下：

(1)收集各种编制依据，准备资料。全面收集、准备各种与工程量计算相关的资料，如施工图纸，施工组织设计或施工方案，现行建筑安装工程预算定额，费用定额，统一的工程量计算规则，预算工作手册，工程所在地区的材料、人工、机械台班预算价格与调价规定等。

(2)熟悉施工图纸和定额。熟悉施工图纸和定额，了解施工组织设计和施工方案，并深入施工现场，全面掌握设计意图和工程全貌，为准确地计算工程量，进而合理地编制出施工图预算造价作准备。

(3)计算工程量。工程量是预算的基础数据，其精度不仅影响到预算的及时性，更直接关系到工程造价的准确性。因此，必须力争项目全面、计算准确、速度快，以确保预算的质量。

(4)套价。工程量计算完毕并核对无误后，与单位估价表中对应的分部分项工程的定额基价相乘后相加汇总，便可得出单位工程的人工费、材料费和机械使用费之和，即直接工程费。预算定额单价的套用，必须严格遵照定额规定，不得任意修改。各分项工程的名称、规格、计量单位应与预算定额或单位估价表所列内容一致，避免重套、错套或漏套预算基价而导致直接工程费偏高或偏低。当某些分项工程与定额基价项目不吻合时，应根据定额使用说明对定额基价进行调整或换算。当既不能直接套用也不能换算、调整时，应自行编制补充单位估价表或补充定额。

(5)编制工料分析表。其编制方法是根据各分部分项工程的实物工程量和相应定额项目所列的用工工日及材料数量，计算出各分部分项工程所需的人工及材料数量，相加汇总便得出该单位工程所需的各类人工和材料的数量。工料分析表不仅在编制预算时用作调整单项材料价差，还可作为材料供应部门备料的资料。

(6)计算造价。按照建筑安装单位工程造价构成的规定费用项目、费率和计费基础，分别计算出直接费、间接费、利润和税金，并汇总求得单位工程造价。

(7)复核。有关人员应对编制后的单位工程预算进行全面复核，如项目填列、工程量计算公式、套用定额单价、各项取费费率、计算精度、计算基础、计算结果、材料和人工预算价格及其价格调整等内容，以便及时发现并修改差错，提高预算的准确性。

(8)编制说明、填写封面。编制说明是编制者向审核者交代编制方面的有关情况，包括编制依据、工程性质、内容范围、设计图纸号、承包企业的等级和承包方式、所用预算定额编制年份、有关部门现行的调价文件号、套用单价或补充单位估价表方面的情况及其他需要说明的问题。封面上应填写工程编号、工程名称、工程量(建筑面积)、预算总造价及单方造价、编制单位名称及负责人和编制日期、审查单位名称及负责人和编制日期等相关内容。

3. 浙江省施工取费定额的表现形式

根据建设工程造价(费用)组成，《浙江省建设工程施工取费定额》对其中的四项费用制定了费率，各项费率的表现形式如下(以建筑工程为例)：

(1)建筑工程施工组织措施费费率(见表 7-1)

表 7-1

定额编号	项目名称		计算基数	费率(%)
A1	施工组织措施费			
A1-1	环境保护费		人工费+机械费	0.1～0.2
A1-2	文明施工费			
A1-21	其中	非市区工程	人工费+机械费	0.5～0.9
A1-22		市区一般工程	人工费+机械费	0.9～1.4
A1-23		市区临街工程	人工费+机械费	1.4～2.5
A1-3	安全施工费		人工费+机械费	0.3～0.8
…	…		…	…

注:专业工程施工组织措施费费率乘系数 0.6。

(2)建筑工程综合费用费率(见表 7-2)

表 7-2

定额编号	项目名称		计算基数	费率(%)		
				一类	二类	三类
A2	综合费用					
A2-1	民用建筑工程		人工费+机械费	59～43	49～36	40～29
A2-11	其中	企业管理费	人工费+机械费	35～26	29～22	24～17
A2-12		利润	人工费+机械费	24～17	20～14	16～12
A2-2	工业建筑工程		人工费+机械费	49～37	40～30	33～23
…	…		…	…	…	

注:①专业土石方工程指单独承包的土石方工程。

②其他专业建筑工程指定额所列项目以外需要有专业资质才能施工的项目。

(3)规费费率(见表 7-3)

表 7-3

定额编号	项目名称	计算基数	费率(%)
A3	规费	直接费+综合费用	4.39

(4)税金费率(见表 7-4)

表 7-4

定额编号	项目名称	计算基数	费率(%)		
			市区	城(镇)	其他
A4	税金	直接费+综合费用+规费	3.513	3.448	3.320
A4-1	税费	直接费+综合费用+规费	3.413	3.348	3.220
A4-2	水利建设基金	直接费+综合费用+规费	0.100	0.100	0.100

注:税费包括营业税、城市建设维护税及教育费附加。

4. 浙江省工程费用计算规定

(1)工料单价法计价的工程费用计算程序

工料单价法是指项目单价采用人工、材料、机械费用计算的一种计价方法,企业管理费、利润、风险费用及规费、税金单独计取。工料单价指完成一个规定计量单位项目所需人工费、材料费、施工机械使用费。其计算程序分为两种。

①以人工费加机械费为计算基数的工程费用计算程序表(见表 7-5)。

表 7-5　工程费用计算程序表

序号	费用项目	计算方法
一	直接工程费	$\sum$(分部分项工程量 × 工料单价)
	其中 1.人工费	
	其中 2.机械费	
二	施工技术措施费	$\sum$(措施项目工程量 × 工料单价)
	其中 3.人工费	
	其中 4.机械费	
三	施工组织措施费	$\sum$[(1 + 2 + 3 + 4) × 相应费率]
四	综合费用	(1+2+3+4)×相应费率
五	规费	(一+二+三+四)×相应费率
六	总承包服务费	分包项目工程造价×相应费率
七	税金	(一+二+三+四+五+六)÷相应费率
八	建设工程造价	一+二+三+四+五+六+七

②以人工费为计算基数的工程费用计算程序表(见表 7-6)。

表 7-6　工程费用计算程序表

序号	费用项目	计算方法
一	直接工程费	分部分项工程量×工料机单价
	1.其中人工费	
二	施工技术措施费	措施项目工程量×工料机单价
	2.其中人工费	
三	施工组织措施费	$\sum$(1 + 2) × 相应费率
四	综合费用	$\sum$(1 + 2) × 相应费率
五	规费	(1+2)×相应费率
六	总承包服务费	分包项目工程造价×相应费率
七	税金	(一+二+三+四+五+六)×相应费率
八	建设工程造价	一+二+三+四+五+六+七

(2)综合单价法计价的工程费用计算程序

综合单价法是指项目单价采用除规费、税金外的全费用(含利润)综合单价的一种计价方法，规费、税金单独计取。综合单价包括完成一个规定计量单位项目所需的人工费、材料费、施工机械使用费、企业管理费、利润以及风险费用。其计算程序分为两种。

①以人工费加机械费为计算基数的工程费用计算程序表(见表 7-7)。

表 7-7 工程费用计算程序表

序号	费用项目		计 算 方 法
一	分部分项工程量清单项目费		$\sum$(分部分项工程量 × 综合单价)
	其中	1.人工费	
		2.机械费	
二	措施项目清单费		(一)+(二)
	(一)施工技术措施费		$\sum$(技措施项目清单 × 综合单价)
	其中	3.人工费	
		4.机械费	
	(二)施工组织措施费		$\sum$[(1 + 2 + 3 + 4) × 相应费率]
三	其他项目清单费		按清单计价要求计算
四	规费		(一+二)×相应费率
五	税金		(一+二+三+四)×相应费率
六	建设工程造价		一+二+三+四+五

②以人工费为计算基数的工程费用计算程序表(见表 7-8)。

表 7-8 工程费用计算程序表

序号	费用项目	计 算 方 法
一	分部分项工程量清单项目费	Σ(分部分项工程量清单×综合单价)
	1.其中人工费	
二	措施项目清单费	(一)+(二)
	(一)施工技术措施费	$\sum$(技措项目清单 × 综合单价)
	2.其中人工费	
	(二)施工组织措施费	$\sum$[(1 + 2) × 相应费率]
三	其他项目清单费	按清单计价要求计算
四	规费	(1+2)×相应费率
五	税金	(一+二+三+四)×相应费率
六	建设工程造价	一+二+三+四+五

7.2.2 实物法

1. 概述

实物法是一种量与价分离的预算编制方法。这种方法首先根据施工图纸计算出各分项工程的实物工程量,套取相应的预算定额,并按类相加,求出单位工程所需的各种人工、材料、施工机械台班的消耗量;然后分别乘以工程所在地当时相应的实际单价,求出单位工程的人工费、材料费和施工机械使用费,汇总后便得到直接工程费,最后按规定计取其他各项费用(间接费、利润、税金、措施费等),汇总后即可得单位工程施工图预算造价。

实物法编制施工图预算,其中直接费的计算公式为

单位工程预算直接费= $\sum$(工程量 × 人工预算定额用量 × 当时当地人工工资单价)

$$+\sum(\text{工程量}\times\text{材料预算定额用量}\times\text{当时当地材料预算价格})$$
$$+\sum(\text{工程量}\times\text{施工机械台班预算定额用量}\times\text{当时当地机械台班单价})$$

2. 编制步骤

实物法编制施工图预算的步骤如图 7-2 所示。

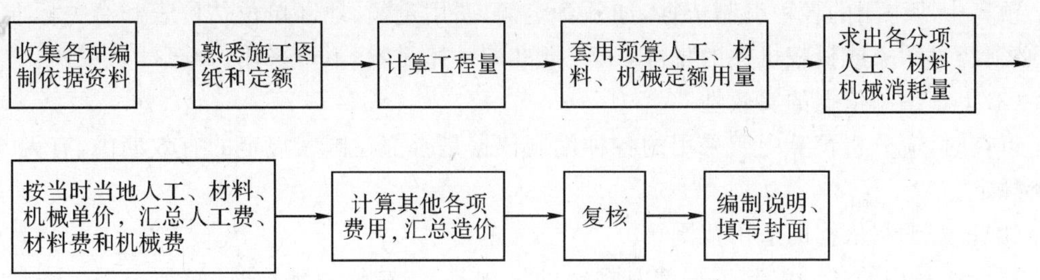

图 7-2 实物法编制施工图预算步骤

实物法编制施工图预算的步骤与单价法首尾部分的步骤是相同的；所不同的主要是中间的三个步骤，即

(1)工程量计算后，套用相应预算人工、材料、机械台班定额用量。

(2)求出各分项工程人工、材料、机械台班消耗数量并汇总单位工程所需各类人工工日、材料和机械台班的消耗量。

(3)用当时当地的各类人工、材料和机械台班的实际单价分别乘以相应的人工、材料和机械台班的消耗量，并汇总便得出单位工程的人工费、材料费和机械使用费。

采用实物法编制施工图预算，所用的人工、材料和机械台班的单价都比较准确地反映了实际水平的价格，所以能适应市场经济下价格波动较大的情况。但是，采用这种方法不仅需要统计人工、材料、机械台班消耗量，还需搜集当时当地的实际价格，因而工作量较大，计算过程繁琐，但随着建筑市场的开放、价格信息系统的建立、竞争机制的完善，实物法将成为今后我国编制预算的主要方法。

例 7-1 某土石方工程，工程量为 20m^3，单位用量及单价如表 7-9 所示。用实物法编制该工程施工图预算，求直接工程费。

表 7-9 某土石方工程的单位用量及单价表

项目	人工		材料		机械	
	单位用量(工日)	单价(元/工日)	单位用量(m^3)	单价(元/m^3)	单位用量(台班)	单价(元/台班)
预算定额	2.5	20	0.7	50	0.3	100
当时当地实际价格		30		60		120

解：直接工程费＝(2.5×30＋0.7×60＋0.3×120)×20＝3060(元)

7.3 施工图预算的审查

预算的审查，是落实工程造价管理的一个有力措施。审查施工图预算的重点应该放在以下几个方面。

7.3.1　施工图预算审查内容

1. 审查预算的编制依据

(1)审查编制依据的合法性

预算中所采用的各种编制依据，如预算定额、费用定额、地区单位估价表和有关标准、文件，必须经过国家或授权机关的批准，未经批准的一律无效，不得采用。

(2)审查编制依据的实效性

审查时，应分析预算中所采用的各种编制依据是否都在国家规定的有效期内，有无调整和新规定。

(3)审查编制依据的适用范围

预算所采用的各种编制依据都有规定的适用范围，在编制预算时，必须根据工程特点，确定定额、指标、价格等的适用范围是否正确。

2. 审查预算工程量

工程量是确定建筑安装工程造价的决定因素，是预算审查的重要内容。尤其造价高和容易出错的工程更需要特别仔细的审查。

(1)工程量计算常见问题分析

①多计工程量。主要目的是增加工程造价，其形式多样，无一定规律可循，但从工程量计算的基本原理来看，主要有以下两种形式：

a. 计算尺寸以大代小。计算工程量时，不按工程量计算规则取值，采用尺寸放大的长度(宽度或高度)，从而扩大工程量。例如，用轴线尺寸或外边线尺寸计算主墙间净面积，按楼层高度计算内墙块料面层等，都会使工程量增大。

b. 应扣除的不扣除。例如，外墙各种装饰面积均应按实贴(铺)面积计算，应扣除门窗洞口、空圈等的面积等，如果未扣除将导致工程量增加。

②重复计算工程量。多见于重复列项，以及某些交叉部位的重复计算。例如，墙面水泥砂浆贴面砖项目，有些定额中已编入砂浆找平层的用料，若再列“找平层”子项，就属于重复列项、重复计算工程量。

③虚增工程量。图纸未设计且施工也未做的工程量就属于虚增工程量。

④项目变更，计增不计减。工程施工中发生项目变更时的，工程结算时应按变更后的实际项目列项计算工程量。

(2)工程量审查的基本要点

①工程列项审查。是指审查预算书中所列子项(目)的完整性和合理性，是否有多列、重列、虚列和少列的现象，达到所列子项(目)与实际工程(图纸)内容相符。导致工程列项错误的主要原因是对该子项目的构造做法、材料、机械等不清楚，对定额各个分部、分项、子目的划分不熟悉。因此，列工程子项目应以施工图纸为依据，参照预算定额，即使定额上没有但图纸上要求做的也应列项。

②工程量计算方法的审查。工程量计算规则规定了工程量的计算方法，审查时应审查所列计算式是否符合规定，具体计算时还要仔细审查所计算工程量的范围。

③工程量计算所用数据的审查。计算工程量所用数据应符合如下要求：一是应按图纸所示尺寸取定；二是应按计算规则的规定取定；三是编制预算(包括标底和报价)时，应先按设

计施工图取定尺寸，结算时再按竣工图或补充设计图纸取定。

④审查工程量计量单位及结果是否正确。工程量计算结果的计量单位应与定额上所列的计量单位一致。计算时，应注意熟悉工程量的计算规则，正确运用计算公式，防止计算错误。工程量的计算结果数据应正确无误，汇总工程量的准确度取值应符合计算规则的规定。

3. 工程量的审查

(1)土石方工程

①审查平整场地，挖坑(槽)和挖土方工程量的计算是否符合工程量计算规则的规定，是否符合施工图纸上的尺寸。

②审查土的类别是否与勘察资料一致。

③审查坑(槽)的放坡(或采用挡土板)是否符合设计要求，放坡起点和放坡系数是否符合规定。

④审查外墙地槽挖土是否按其中心线长度，内墙挖土是否按其净长线计算。

⑤审查是否把人工挖土与机械挖土混在一起计算。

⑥回填土工程量应注意审查地槽(坑)回填土的体积是否扣除了基础所占的体积以及管径不小于500mm的管道体积，室内回填土的厚度及回填面积是否符合设计要求和工程量计算规则。

⑦运土方的审查除了注意运土距离以外，还要注意是否扣除了就地回填的土方。

(2)桩基础工程

①审查不同类型的桩是否分别计算，施工方法是否符合设计要求。

②审查桩料长度是否符合设计要求。

(3)砌筑工程

①审查墙身与墙基的划分是否符合规定。

②审查各种砌体的长(高)度计算是否符合规定。

③审查应扣除的门窗洞口面积及埋入墙体的各种钢筋混凝土梁、柱等构件体积是否已经扣除，应并入砌体计算的工程量是否计算正确。

④不同砂浆强度等级的墙体是否分别计算，有无混淆、错算或漏算的现象。

(4)混凝土及钢筋混凝土工程

①审查现浇构件与预制构件是否分别计算，有无混淆。

②各类构件是否分别列项进行计算，计算参数是否正确。

③现浇柱与梁、主梁与次梁及各种构件计算的界线是否符合规定，有无重算或漏算。

④钢筋混凝土的钢筋用量是否正确。

⑤计算预制构件的钢筋、混凝土时是否考虑了制作废品损耗、运输及安装损耗。

(5)木结构工程

①审查门、窗类型的确定是否正确。

②审查普通木门、窗是否按洞口面积制作；扇的制作与安装是否分别列项计算。

③审查相应的五金配件是否正确，是否与图纸规定一致。

④审查木装修的工程量是否按规定分别以延长米或平方米计算。

(6)楼地面工程

①审查楼梯抹面是否按踏步、休息平台的水平投影面积计算。

②审查台阶面层是否包括最上一层踏步沿 300mm。

③审查块料面层是否按实铺面积进行计算。

④审查整体面层中,是否扣除了楼梯,突出地面的构筑物,踢脚线是否按规定进行了计算。

⑤审查细石混凝土地面找平层的厚度与定额厚度不同时,是否按其厚度进行了换算。

(7)屋面及防水工程

①审查计算屋面面积时,所选用的坡度系数是否正确。

②审查屋面柔性防水层是否按计算规则的规定面积进行计算。

③审查屋面刚性防水层工程量是否按实铺面积计算,计算时是否扣除女儿墙所占面积以及大于 $0.3m^2$ 的孔洞面积。

④审查屋面保温层的工程量计算是否采用平均厚度计算等。

(8)装饰工程

①审查内墙抹灰的工程量是否按墙面的净宽和净高计算,有无漏算或重算。

②墙面与墙裙是否分开计算,各自高度的确定是否正确。

③并入顶棚抹灰工程的有关工程量计算是否正确。

④块料面层是否按实贴面积进行计算。

⑤计算木材面、金属面油漆的工程量时选取的工程量计算系数是否正确。

(9)金属构件制作工程

主要审查金属构件制作过程计算是否正确,单位的使用是否正确。

(10)水暖工程

①审查室内外给排水管道、暖气管道的划分是否符合规定。

②各种管道的长度、口径是否按设计规定计算。

③室内给水管道不应扣除阀门、接头零件所占的长度,但应扣除卫生设备本身所附带的管道长度。审查其计算是否符合要求,有无重算。

④室内排水管道采用承插铸铁管,不应扣除异形管及检查口所占的长度。检查是否符合规定,有无漏算。

⑤室外排水管道是否已扣除了检查井和连接井所占的长度。

⑥管道、散热器等的防腐、刷油的工程量计算是否正确。

(11)电气照明工程

①审查灯具的种类、型号、数量是否与设计一致。

②审查线路的敷设方法、线材品种等是否达到设计要求,有无重复计算预留线的工程量。

(12)设备及其安装工程

审查设备的种类、规格、数量是否与设计相符,工程量计算是否正确,有无把不需要安装的设备计算在安装工程费用内。

4. 审查设备、材料的预算价格

(1)审查设备、材料的预算价格是否符合工程所在地的真实价格及价格水平;

(2)设备、材料的原价确定方法是否正确;

(3)设备的运杂费率及其运杂费的计算是否正确,材料预算价格的各项费用的计算是否符合规定、是否正确。

5. 审查预算单价的套用

预算单价是计算直接工程费的价格依据，是确定工程造价的关键工作之一。因此，必须对预算单价套用的正确与否进行审查，审查时应注意以下几个方面：

(1)预算中所列各分项工程预算单价是否与现行预算定额的预算单价相符，其名称、规格、计量单位、施工方法、材料构成和所包括的工程内容是否与单位估价表一致。

(2)审查换算的单价，首先要审查换算的分项工程按定额规定是否允许换算，其次审查换算是否正确。

(3)审查补充定额和单位估价表的编制是否符合编制原则，补充定额的有关资料数据是否符合实际情况，单位估价表计算是否正确。

(4)审查人工、材料、施工机械台班价格是否符合有关规定，缺项材料的补编价格是否按正确构成因素计算等。

6. 审查有关费用项目及其计费

有关费用项目计取的审查，要注意以下几个方面：

(1)审查计费基础是否符合规定。直接费和间接费的计取基础是否符合现行规定，有无不能作为计费基础的费用而列入计费基础。根据工程造价的现行规定，除措施费中的安全施工费、规费和税金外，企业可以根据自身管理水平自主确定费率。

(2)预算外调增的材料差价是否计取了间接费。直接费或人工费增减后，有关费用是否作了相应调整。

(3)有无巧立名目、乱计费、乱摊费用的现象。

7.3.2　施工图预算审查方法

1. 全面审查法

全面审查法，又称逐项审查法，就是按预算定额顺序或施工先后顺序，逐一全部进行审查的方法。其具体计算方法和审查过程与编制施工图预算基本相同。

全面审查法的优点是全面细致，审查质量较高，效果好。其缺点是工作量大，花费时间长。全面审查法适用于工程规模小、工艺比较简单的工程以及经重点审查和分解对比审查发现差错率较大的工程。

2. 标准预算审查法

标准预算审查法是对于按标准设计图纸或通用图纸施工的工程，先集中力量编制标准预算，以此为参照审查预算的方法。

按标准设计图纸或通用图纸施工的工程，一般上部结构和做法相同，只是由于现场施工条件或地质情况不同，而在基础部分作局部改变。对于这样的工程预算，不需要逐一详细审查，可以集中力量细审或编制一份预算作为这种标准图纸的标准预算，或以这种标准图纸的工程量为标准，对照审查，而对局部不同的部分作单独审查即可。

标准预算审查法的优点是：时间短，效果好，容易定案。其缺点是：只适应按标准图纸设计施工的工程，适用范围小。

3. 分组计算审查法

分组计算审查法是一种加快审查工程量速度的方法，将预算中有关项目划分为若干组，并把相邻且有一定内在联系的分部分项工程项目进行编组，审查或计算同一组中某个分项工程量，利用工程量间具有相同或相似计算基础的关系，判断同组中其他几个分项工程量计算的准确程度的方法。其实质是应用了统筹法计算工程量的原理。

4. 对比审查法

对比审查法是用已建成工程的施工图预算或工程虽未建成但已审查修正的施工图预算，对比审查拟建的类似工程预算的一种方法。对比审查法，应根据工程的不同条件区别对待，一般适用于以下几种情况：

(1)新建工程和拟建工程采用同一个施工图，但基础部分和现场施工条件不同，则新建工程基础以上部分可采用对比审查法。

(2)两个工程的设计相同，但建筑面积不同。根据两个工程建筑面积之比与两个工程各分部分项工程量之比基本一致的特点，可审查新建工程各分部分项工程量，或者用两个工程每平方米建筑面积造价以及每平方米建筑面积的各分部分项工程量进行对比审查。

(3)两个工程的面积相同，但设计图纸不完全相同。对相同的部分，如厂房中的柱子、房架、屋面、砖墙等，进行工程量的对比审查，不能对比的分部分项工程按图纸计算。

5. 筛选审查法

筛选审查法是统筹法的一种，也是一种对比方法。它是根据建筑工程中各个分部分项工程的工程量、造价、用工量在单位面积上的数值变化不大的特点，把这些数据加以汇集、优选，找出这些分部分项工程在单位建筑面积上的工程量、价格、用工的基本数值，归纳为工程量、造价(价值)、用工三个基本数值表，并注明基本值适用的建筑标准。用这些基本数值作为标准来对比筛审拟建项目各分部分项工程的工程量、造价或用工量。这些基本值犹如“筛子孔”，用来筛选各分部分项工程，筛下去的就不审查了，没有筛下去的就意味着此分部分项工程的单位建筑面积数值不在基本值范围之内，应对该分部分项工程详细审查。当所审查的预算的建筑面积标准与“基本值”所适用的标准不同，就要对其进行调整。

筛选法的优点是：简单易懂，便于掌握，审查速度和发现问题快；其缺点是：解决差错、分析其原因尚需继续审查。因此，此法适用于住宅工程或不具备全面审查条件的工程。

6. 重点审查法

重点审查是相对全面审查而言的，即抓住对工程造价影响比较大的项目和容易发生差错的项目进行重点审查。重点审查的内容主要有以下几个方面：工程量大或造价较高的项目；换算后的定额单价和补充定额单价；工程量计算规则容易混淆的项目和根据以往审查经验经常会发生差错的项目；各项费用的计费基础及其费率标准；市场采购材料的差价；工程结构复杂的工程；补充单位估价表。

重点审查法应灵活掌握，在重点审查过程中，如果发现问题较大、较多，应扩大审查范围，甚至放弃重点审查，而进行全面审查。反之，如果没有发现问题，或者发现的差错很小，应考虑适当缩小审查范围。此外，如果建设单位工程预算的审查力量较强，或时间比较充裕，则审查的范围可放宽一些；反之，可适当缩小。

采用重点审查法有时也可以采用抽查的方式进行。一个工程建设项目，可抽查几个主要单位工程，进行比较详细的重点审查，其他则进行比较简略的审查。一个单位工程，仅对主要分部分项工程进行审查。重点审查法的优点是：重点突出，审查时间短，效果好。这种方法比较简单，非专职审查人员采用较多。

7. 利用手册审查法

利用手册审查法是指将工程中常用的构件、配件等，事先整理成预算手册，按手册对照审查的方法。例如：将工程中常用的洗池、大便台、检查井等预制构配件，按标准图集计算出工程量，套上单价，编制成预算手册使用，这样可以大大简化预算审查工作。

8. 分解对比审查法

分解对比审查法是将一个单位工程造价分解为直接费和间接费（含利润和税金）两部分，然后再将直接费按分部工程和分项工程进行分解，分别与审定的标准预算或综合指标进行对比分析的方法。

分解对比审查法一般有以下三个步骤：

(1)全面审查某种建筑的定型标注施工图或复用施工图的工程预算，经审定后作为审查其他类似工程预算的对比基础。而且将审定预算按直接费与应取费用分解成两部分，再把直接费分解为各分部工程和分项工程预算，分别计算出它们的每平方米预算价格。

(2)把拟审预算的单位建筑面积造价指标与标准指标进行对比分析，如果有较大差别，再用分部(分项)工程费用占总造价的比例指标进行对比。

若发现某分部工程的某费用有较大差别，再用单位面积的工程量价格指标和材料价格指标进行对比分析审查。如果发现哪项指标与标准指标差别较大，再对该项工程的工程量或材料用量作重点审查。由于单位面积的工程量指标和材料指标不受价格因素的影响，所以只要选择的标准恰当，一般对比效果都较好。

(3)对比审查，其方法是：

①经分析对比，如果发现应取费用相差较大，应考虑建设项目的投资来源和工程类别及其取费项目和取费标准是否符合现行规定。

②经过分解对比，如果发现土建工程预算价格出入较大，首先审查其土方和基础工程，因为±0.00 以下的工程往往相差较大。然后对比其余各个分部工程，如果发现某一分部工程预算价格相差较大，再进一步对比各分项工程或工程细目，首先应检查所列工程细目是否正确，预算价格是否一致。如果发现相差较大的，再进一步审查所套预算单价。最后审查该工程细目的工程量。

分解对比审查法的优点是：简单易行，准确率较高，审查速度快。适用于规模小、结构简单的一般民用建筑住宅工程等，特别适合于采用标准施工图或复用施工图的工程。

7.3.3　施工图预算审查程序

施工图预算的审查必须按程序有步骤地进行，以加快审查速度，提高审查质量。施工图预算的审查工作一般按以下三个步骤进行。

1. 准备阶段

(1)熟悉施工图纸。施工图纸是编审预算分项工程数量的重要依据，必须全面了解。

(2)了解施工现场情况，熟悉施工组织设计或施工方案。

(3)了解预算范围。根据预算编制说明，了解预算包括的工程内容。例如：配套设施、室外管线、道路以及会审图纸后的设计变更等。

(4)熟悉送审工程施工图预算所依据的定额、单位估价表、费用标准和有关文件。

2. 审查阶段

根据工程规模、工程性质、审查时间、质量要求和审查能力等情况，合理确定审查方法。在审查计算过程中，应将审查的问题做出详细的记录。审查单位将审查记录中的疑点、错误、重复计算和遗漏项目等问题与施工图预算编制单位交换意见，作进一步核对，以便更正。

3. 定案阶段

将审查的基本情况、核减（或核增）项目的数量、金额及核减（或核增）原因等进行归纳整理，形成书面材料，经编制单位和审查单位双方认可后由各自责任人签字并加盖公章，向有关方面报告审查结果。

7.4 定额计价法编制施工图预算实例

1. 设计说明

(1)本工程为砖混结构两层楼房，建筑面积为221.88m^2。

(2)基础：100mm厚C15混凝土垫层，360mm高C20混凝土带形基础，M5.0混合砂浆砌一砖厚基础墙，20mm厚水泥砂浆墙基防潮层。

(3)墙身：MU10标准砖，M5.0混合砂浆砌筑。墙厚除标明外均为240mm，墙中心线与定位轴线重合。

(4)楼地面及屋面做法、屋顶抹灰见外墙剖面图。

(5)踢脚线做法同楼地面。

(6)外墙及外窗台：白色面砖贴面。

(7)内墙抹灰：混合砂浆抹灰，刷乳胶漆两遍。

(8)楼梯及雨篷：现浇C20钢筋混凝土，20mm厚水泥砂浆面层，底面混合砂浆抹灰，刷乳胶漆两遍。

(9)女儿墙：做法见外墙剖面图。外侧抹灰同外墙，内侧及压顶面为20mm厚水泥砂浆抹面。

(10)散水：宽1000mm，60mm厚C10混凝土垫层，20mm厚1∶2.5水泥砂浆抹面。

(11)台阶：C15现浇混凝土，20mm厚1∶3水泥砂浆抹面。

(12)门窗油漆：清漆两遍。

(13)现浇构件主筋均为Ⅱ级钢筋。

(14)门窗表(见表7-10)。

表7-10 门窗表

门窗名称	编号	洞口尺寸（宽×高）	数量	门窗名称	编号	洞口尺寸（宽×高）	数量
有腰多扇木窗	C_1	2700×2700	2	有腰四扇半截玻璃门	M_1	3000×3300	1
有腰双扇木窗	C_2	1200×900	2	无腰单扇胶合板门	M_2	900×2100	6
有腰三扇木窗	C_3	1800×1500	7	无腰单扇胶合板门	M_3	800×2100	1
有腰双扇木窗	C_4	1200×1500	1				

2. 施工说明

(1)本工程施工地形平坦,土质较好。常年地下水位在地面 1.5m 以下,施工时可考虑为三类干土。

(2)预制空心板为场外加工生产。

(3)施工土方采用人工开挖,人力车运土,卷扬机井架垂直运输。

3. 预算编制说明

(1)本工程预算按包工包料承包方式。

(2)本工程的模板按含模量计算,钢筋按设计图纸计算。

(3)编制依据:本工程施工图及《浙江省建筑工程预算定额》(2003 版)。

(4)本预算中材料均按定额预算价格计价。

4. 图纸

5. 工程量计算基础数据

(1)外墙中心线:$L_{中}=(12.6+8.4)\times 2=42.00(\text{m})$

(2)外墙外围长度:$L_{外}=(12.84+8.64)\times 2=42.96(\text{m})$

(3)首层建筑面积:$S_1=12.84\times 8.64=110.94(\text{m}^2)$

(4)二层建筑面积:$S_2=12.84\times 8.64=110.94(\text{m}^2)$

(5)建筑面积:221.88 m^2

(6)门窗计算表(见表 7-11)。

表 7-11　门窗计算表

名　称	代号	洞口尺寸(宽×高)	单件面积(m^2)	一层			二层			总面积(m^2)
				外墙	内墙		外墙	内墙		
					240	120		240	120	
有腰多扇木窗	C_1	2700×2700	7.29	2/14.58						14.58
有腰双扇木窗	C_2	1200×900	1.08	1/1.08	1/1.08					2.16
有腰三扇木窗	C_3	1800×1500	2.70	2/5.40			5/13.5			18.90
有腰双扇木窗	C_4	1200×1500	1.80				1/1.80			1.80
有腰四扇半截玻璃门	M_1	3000×3300	9.90	1/9.90						9.90
无腰单扇胶合板门	M_2	900×2100	1.89		2/3.78			1/1.89	3/5.67	11.34
无腰单扇胶合板门	M_3	800×2100	1.68			1/1.68				1.68
应扣洞口面积(m^2)				30.96	4.86	1.68	15.30	1.89	5.67	

(7)过梁计算表(见表 7-12)。

表 7-12　过梁计算表

门窗代号	洞口尺寸(宽×高)	过梁长度(宽+0.5)	过梁断面面积	单件过梁体积(m^3)	过梁体积		
					外墙	内墙	
						240	120
C_1	2700×2700	3.20	0.24×0.30	0.23	2/0.46		
C_2	1200×900	1.70	0.24×0.12	0.049	1/0.049	1/0.049	
C_3	1800×1500	2.30	0.24×0.12	0.066	7/0.462		
C_4	1200×1500	1.70	0.24×0.12	0.049	1/0.049		
M_2	900×2100	1.40	0.24×0.12	0.04		3/0.12	3/0.12
M_3	800×2100	1.30	0.12×0.24	0.037			1/0.037
过梁体积合计(m^3)					1.02	0.169	0.157

(8)预制空心板数据表((见表 7-13)。

表 7-13 预制空心板数据表

型 号	每块体积(m^3)	块数	体积小计(m^3)	含钢量(t/m^3)		钢筋总量(t)	
				φ16 以内	φ16 以外	φ16 以内	φ16 以外
YKBR842-64	0.182	10	1.82	0.019	0.043	0.270	0.610
YKBR842-54	0.153	75	11.48				
YKBR842-54	0.086	11	0.95				
体积合计(m^3)			14.25				

6. 工程量计算表(见表 7-14)

表 7-14 工程量计算表

序号	分部分项工程名称	部位与编号	单位	计算式	计算结果
	1. 土石方及基础工程				
1	平整场地		m^2	按建筑物底面积的外边线每边各加 2m 计算	212.86
				(12.84+4.0)×(8.64+4.0)=212.86(m^2)	
2	挖地槽		m^3	按地槽长度乘地槽截面积计算	109.20
				地槽宽度:(设计宽度加工作面宽度,考虑支模需要,每边加宽 300mm) 1.50+0.30×2=2.10(m) 地槽深度:(自槽底至设计室外地坪) 1.4-0.45=0.95(m) 地槽断面:2.10×0.95=2.00(m^2) 外墙地槽长度:(按外墙中心线长度计算)42.00m 内墙地槽长度:(按基础底净长计算) (8.40-2.10)×2(道)=12.60(m) 地槽总长度:42.00+12.60=54.60(m) 地槽总体积:54.60×2.00=109.20(m^3)	
3	地槽原土打底夯		m^2	按地槽挖土底面积计算	114.66
				内外墙地槽总长度:54.60m 地槽宽度:2.10m 地槽底面积:54.60×2.10=114.66(m^2)	
4	C15 混凝土基础垫层		m^3	按图示尺寸计算	9.42
				垫层断面面积=垫层宽度×垫层厚度 =1.70×0.10=0.17(m^2) 外墙基础垫层长度:(按外墙中心线长度计算)42.00m 内墙基础垫层长度:(按内墙基础垫层净长度计算) (8.40-1.70)×2(道)=13.40(m) 基础垫层总体积:(42.0+13.40)×0.17=9.42(m^3)	
5	现浇 C20 混凝土带形基础		m^3	按图示尺寸计算	30.13

续表 1

<table>
<tr><th>序号</th><th>分部分项工程名称</th><th>部位与编号</th><th>单位</th><th>计算式</th><th>计算结果</th></tr>
<tr><td></td><td></td><td></td><td></td><td>混凝土基础断面面积＝基础宽×基础高
＝1.50×0.36＝0.54(m²)
外墙混凝土基础长度:(按外墙中心线长度计算)42.00m
内墙混凝土基础长度:(按内墙混凝土基础净长度计算)
(8.40－1.50)×2(道)＝13.80(m)
混凝土带形基础总体积:
(42.00＋13.80)×0.54＝30.13(m³)</td><td></td></tr>
<tr><td>6</td><td>砖基础(混合砂浆 M5.0)</td><td></td><td>m³</td><td>按砖基础图示尺寸计算</td><td>10.64</td></tr>
<tr><td></td><td></td><td></td><td></td><td>砖基高＝基础底高－(垫层高＋混凝土基础高)＝1.40－(0.10＋0.36)＝0.94(m)
砖基宽:(按砖基顶面宽度计算)0.24m
大放脚断面面积＝大放脚宽×大放脚高×2
＝0.0625×0.126×2＝0.016(m²)
砖基断面面积＝砖基高×砖基宽＋大放脚断面
＝0.94×0.24＋0.016＝0.24(m²)
砖基长度：58.32m(与防潮层长度同)
砖基体积＝砖基断面积×基长度－基础梁
＝0.24×58.32－3.36＝10.64(m³)</td><td></td></tr>
<tr><td>7</td><td>墙基防潮层</td><td></td><td>m²</td><td>按墙基顶面水平宽度乘以长度计算</td><td>14.00</td></tr>
<tr><td></td><td></td><td></td><td></td><td>外墙砖基长度:(按外墙中心线长度计算)42.00m
内墙砖基长度:(按内墙砖基净长度计算)(8.40－0.24)×2(道)＝16.32(m)
墙基防潮层总长度:42.00＋16.32＝58.32(m)
墙基防潮层面积:58.32×0.24＝14.00(m²)</td><td></td></tr>
<tr><td>8</td><td>基础梁</td><td></td><td>m³</td><td>按断面面积乘以长度计算</td><td>3.36</td></tr>
<tr><td></td><td></td><td></td><td></td><td>基础断面:0.24×0.24＝0.0576 (m²)
基梁长度:58.32m(与防潮层长度同)
基梁体积:0.0576×58.32＝3.36(m³)</td><td></td></tr>
<tr><td>9</td><td>墙基回填土</td><td></td><td>m³</td><td>按挖土体积减去设计室外地坪以下埋设的体积计算</td><td>61.95</td></tr>
<tr><td></td><td></td><td></td><td></td><td>挖土体积:109.20m³
室外地坪以上砖基体积＝墙基防潮层面积×室内外高差＝14.00×0.45＝6.30(m³)
墙基回填土体积＝挖土体积－(基础垫层体积＋混凝土基础体积＋基础梁体积＋砖基础体积－室外地坪以上砖基体积)
＝109.20－(9.42＋30.13＋10.64＋3.36－6.30)
＝61.95(m³)</td><td></td></tr>
<tr><td>10</td><td>室内回填土</td><td></td><td>m³</td><td>按主墙间净面积乘以填土厚度计算</td><td>28.60</td></tr>
<tr><td></td><td></td><td></td><td></td><td>回填厚度＝室内外高差－地坪厚度
＝0.45－(0.08＋0.06＋0.015)＝0.295(m)
主墙间净面积＝首层建筑面积－防潮层面积
＝110.94－14.00＝96.94(m²)
回填土体积:96.94×0.295＝28.60(m³)</td><td></td></tr>
</table>

续表 2

序号	分部分项工程名称	部位与编号	单位	计算式	计算结果
11	室内原土打底夯		m^2	按主墙间净面积计算	96.94
				96.94m^2	
12	余土外运		m^3	挖土体积减去回填土体积计算	18.65
				挖土体积:109.20m^3 回填土体积=墙基回填土+室内回填土 =61.95+28.60=90.55(m^3) 余土体积:109.20-90.55=18.65(m^3)	
	2.混凝土及钢筋混凝土工程				
13	现浇C20混凝土过梁		m^3	按断面面积乘以长度计算(见过梁计算表)	1.35
14	现浇C20混凝土圈梁		m^3	按断面面积乘以长度计算	4.25
		二层及屋面		断面:0.24×0.18=0.0432(m^2) 长:(12.60+0.24)×2+(8.40-0.24)×4-3.60(雨篷)-3.20(过梁)×2=48.32(m) 长:(12.60+0.24)×2+(8.40-0.24)×3=50.16(m) 体积:(48.32+50.16)×0.0432=4.25(m^3)	
15	现浇C20混凝土单梁		m^3	按断面面积乘以长度计算	
		L_1梁		断面:0.50×0.25=0.125(m^2) 长度:6.00-0.24=5.76(m) 体积:0.125×5.76=0.72(m^3)	0.72
		L_2梁		断面:0.50×0.25=0.125(m^2) 长度:8.40-0.24=8.16(m) 体积:0.125×8.16=1.02(m^3)	1.02
16	现浇C20混凝土雨篷梁		m^3	按断面面积乘以长度计算	0.35
				断面:0.24×0.40=0.096(m^2) 长度:3.60m 体积:0.096×3.60=0.35(m^3)	
17	现浇C20混凝土板带		m^3	按断面面积乘以长度计算(板带按平板计算)	0.11
				断面:0.24×0.12=0.0288(m^2) 长度:4.20-0.24=3.96(m) 体积:0.0288×3.96=0.11(m^3)	
18	现浇C20混凝土构造柱		m^3	按全高计算,扣除与板梁相交部分体积,与砖墙嵌接部分体积并入柱身体积内计算	3.42

续表 3

序号	分部分项工程名称	部位与编号	单位	计算式	计算结果
				高度:室内地坪以下高度:1.40－0.10－0.36 ＝0.94(m) 室内地坪以上高度:7.50m 全高:0.94＋7.50＝8.44(m) 断面:0.27×0.27＝0.0729(m^2) 0.3×0.24＝0.072(m^2) 柱总体积:(0.0729×4＋0.072×2)×8.44 ＝3.68(m^3) 扣除:圈梁0.27×0.27×4×2×0.18＋0.3×0.24 ×2×2×0.18 ＝0.1568(m^3) 基础梁(0.27×0.27×4＋0.3×0.24×2)× 0.24＝0.1045(m^3) 总体积:3.68－0.1568－0.1045＝3.42(m^3)	
19	现浇C20混凝土女儿墙压顶		m^3	按压顶断面面积乘以长度计算	1.21
				断面:0.24×0.12＝0.0288(m^2) 长度:42.00m(同$L_{中}$) 体积:0.0288×42.00＝1.21(m^3)	
20	现浇C20混凝土复式雨篷		m^2	按伸出墙外的板底水平投影面积计算	4.32
				长度:1.20m 宽度:3.60m 投影面积:1.20×3.60＝4.32(m^2)	
21	现浇C20混凝土台阶		m^2	按水平投影面积计算	10.08
				水平投影宽:2.10m 水平投影长:4.80m 水平投影面积:4.80×2.10＝10.08(m^2)	
22	现浇C20混凝土直形楼梯		m^2	按水平投影面积计算	5.76
				(4.48－0.12)×1.00＋(1.16＋0.24)×1.00 ＝5.76(m^2)	
23	预制混凝土空心板		m^3	按除空腹后的实体积计算	14.25
				见预制空心板数据表	
24	空心板接头灌缝		m^3	按空心板实体积计算	14.25
	3.钢筋工程				
25	基础钢筋		kg	按设计图示尺寸计算	
		ϕ10		保护层厚度:35mm 主筋:ϕ10@200 每根长度＝基础宽－2×保护层厚度 ＝1.50－2×0.035＝1.43(m) 数量＝[(基础长－0.10)÷设计间距＋1]×n ＝[(12.84－0.10)÷0.20＋1]×2＋[(8.40－ 0.24－0.10)÷0.20＋1]×4 ＝65×2＋42×4＝298(根) 重量:1.43×298×0.617＝262.93(kg)	262.93

续表 4

序号	分部分项工程名称	部位与编号	单位	计算式	计算结果
		ϕ6		分布筋:ϕ6@250 每根长度(平均)=内外墙中心线长度=8.40×4+12.60×2=58.80(m) 数量:(1.50−0.10)÷0.25+1=7(根) 重量:58.80×7×0.222=91.38(kg)	91.38
26	基础梁钢筋		kg	按设计图示尺寸计算	
		ϕ12		保护层厚度:25mm 主筋:4ϕ12 每根长度(平均)=内外墙中心线长度=8.40×4+12.60×2=58.80(m) 重量:58.80×4×0.888=208.86(kg)	208.86
		ϕ6		箍筋:ϕ6@250 每根长度=0.24×4=0.96 (m) 数量=[(基础长−0.10)÷设计间距+1]×n =[(12.84−0.10)÷0.25+1]×2+[(8.40−0.24−0.10)÷0.25+1]×42=172(根) 重量:0.96×172×0.222=36.65(kg)	36.66
27	圈梁钢筋		kg		
		ϕ12		保护层厚度:25mm 主筋:4ϕ12 每根长度(平均):98.48m(圈梁长度) 重量:98.48×4×0.888=349.8(kg)	349.8
		ϕ6		箍筋:ϕ6@200 每根长度=(0.24+0.18)×2=0.84 (m) 数量: 二层=[(基础长−0.10)÷设计间距+1]×n =[(12.84−0.10)÷0.20+1]+[(12.84−3.60−6.40−0.10)÷0.20+1]+ [(8.16−0.10)÷0.20+1]×2 =163(根) 屋面层=[(基础长−0.10)÷设计间距+1]×n =[(12.84−0.10)÷0.20+1]×2+[(8.16−0.10)÷0.20+1]×2 =213(根) 共计:163+213=376(根) 重量:0.84×376×0.222=70.12(kg)	70.12

续表 5

序号	分部分项工程名称	部位与编号	单位	计算式	计算结果
28	过梁钢筋		kg	按设计图示尺寸计算	
		ϕ12		保护层厚度:25mm 主筋:4ϕ12 主筋长度:3.15×2+1.65×2+2.25×7+1.65+1.35×6+1.25=36.35(m) 重量:36.35×4×0.888=129.12(kg)	129.12
		ϕ6		箍筋:ϕ6@200 箍筋总长=1.01×17×2+0.65×(9×2+12×7+9+8×6+7) =34.34+107.9=142.24(m) 重量:142.24×0.222=31.58(kg)	31.58
29	单梁钢筋		kg	按设计图示尺寸计算	
		L_1梁 ϕ20		保护层厚度:25mm 主筋:3ϕ20 每根长度=梁净长−2×保护层厚度=6−2×0.025=5.95(m) 重量:5.95×3×2.466=44.02(kg)	44.02
		ϕ20		主筋:2ϕ12 每根长度=梁净长−2×保护层厚度=6−2×0.025=5.95(m) 重量:5.95×2×0.888=10.57(kg)	10.57
		ϕ8		箍筋:ϕ8@100(两端各 800mm)ϕ8@200 每根长度=(0.5+0.25)×2=1.5(m) 数量:(6.00−0.10)÷0.20+1=31(根) 由于两端 0.8m 加密布置,增加:31÷6.00×0.80×2=10(根) 箍筋总数量:41 根 重量:1.5×41×0.395=24.29(kg)	24.29
		L_2梁 ϕ20		保护层厚度:25mm 主筋:3ϕ20 每根长度=梁净长−2×保护层厚度=8.40−2×0.025=8.35(m) 重量:8.35×2×2.466=41.18(kg)	41.18
		ϕ8		箍筋:ϕ8@100(两端各 800mm)ϕ8@200 每根长度=(0.5+0.25)×2=1.5(m) 数量:(8.40−0.10)÷0.20+1=43(根) 由于两端 0.8m 加密布置,增加:43÷8.40×0.80×2=10(根) 箍筋总数量:53 根 重量:1.5×53×0.395=31.40(kg)	31.40

续表 6

序号	分部分项工程名称	部位与编号	单位	计算式	计算结果
30	雨篷梁钢筋		kg	按设计图示尺寸计算	
		ϕ20		保护层厚度:25mm 主筋:4ϕ20 每根长度=梁净长-2×保护层厚度=3.60-2×0.025=3.55(m) 重量:3.55×4×2.466=35.02(kg)	35.02
		ϕ16		主筋:3ϕ16 每根长度=梁净长-2×保护层厚度=3.60-2×0.025=3.55(m) 重量:3.55×3×1.580=16.83(kg)	16.83
		ϕ8		箍筋:ϕ8@100 每根长度=(0.24+0.4)×2=1.28(m) 数量:(3.60-0.10)÷0.10+1=36(根) 重量:1.28×36×0.395=18.20(kg)	18.20
31	板带钢筋		kg	按设计图示尺寸计算	
		ϕ14		保护层厚度:15mm 主筋:3ϕ14 每根长度:4.20-0.12-0.15=3.93(m) 重量:3.93×3×1.208=14.24(kg)	14.24
		ϕ8		箍筋:ϕ8@200 每根长度:=(0.12+0.24)×2=0.72(m) 数量:(4.20-0.12-0.10)÷0.20+1=21(根) 重量:0.72×21×0.395=5.97(kg)	5.97
32	构造柱钢筋		kg	按设计图示尺寸计算	
		ϕ12		保护层厚度:25mm 主筋:4ϕ12 每根长度:8.44+0.15(柱底插筋)-0.025=8.57(m) 重量:8.57×4×0.888×6(6 根柱)=182.64(kg)	182.64
		ϕ6		箍筋:ϕ6@100(两端各 1m)ϕ6@200 每根长度:0.96m(同基础梁) 数量:(8.44-0.10)÷0.20+1=43(根) 由于两端 1m 加密布置,增加:43÷8.44×1×2=12(根) 箍筋总数量:43+12=55 根 重量:0.96×55×0.222×6=70.33(kg)	70.33
33	女儿墙压顶钢筋		kg	按设计图示尺寸计算	
		ϕ6		保护层厚度:25mm 主筋:2ϕ6 每根长度:42.00m(同 $L_{中}$) 重量:42×2×0.222=18.64(kg)	18.64

续表 7

序号	分部分项工程名称	部位与编号	单位	计算式	计算结果
		ϕ6		箍筋:ϕ6@200 每根长度=(0.12+0.24)×2=0.72(m) 数量:[(12.84−0.10)÷0.20+1]×2+[(8.16−0.10)÷0.20+1]×2=214(根) 重量:0.72×214×0.222=34.21(kg)	34.21
34	雨篷钢筋		kg	按设计图示尺寸计算	
		ϕ10		保护层厚度:25mm 主筋:ϕ10@150 每根长度=外伸长+锚固长 =1.20+0.24+0.10−0.025×4+0.30−0.025×2=1.69(m) 数量:(3.60−0.10)÷0.15+1=25(根) 重量:1.69×25×0.617=26.07(kg)	26.07
		ϕ6		分布筋:ϕ6@200 每根长度:3.60−2×0.025=3.55(m) 分布筋数量:(1.20−0.10)÷0.20+1=7(根) 重量:3.55×7×0.222=5.52(kg)	5.52
35	楼梯钢筋		kg	按设计图示尺寸计算	
		TB1ϕ12		保护层厚度:15mm 主筋:①、②、③、④,ϕ12@100 数量均为:(1.00−0.10)÷0.10+1=10(根) 长度:①1+0.24+0.40−0.015=1.63(m) ②1+0.24+$\sqrt{0.85^2+0.9^2}$=2.48(m) ③ $\sqrt{0.85^2+0.9^2}$+0.15=1.39(m) ④ $\sqrt{0.36^2+2.79^2}$+0.4+0.25+0.015=5.00(m) 重量:(1.63+2.48+1.39+5.00)×10×0.888=93.24(kg)	93.24
		TB1ϕ6		分布筋:⑤ϕ6@200 每根长度:1.00−2×0.015=0.97(m) 数量:(1.63−0.10)÷0.20+1+(2.48−0.10)÷0.20+1+(1.39−0.10)÷0.20+1+(5.00−0.10)÷0.20+1=9+13+8+26=56(根) 重量:0.97×56×0.222=12.06(kg)	12.06
		TB2ϕ10		主筋:①、②、③,ϕ10@130 数量均为:(1.00−0.10)÷0.13+1=8(根) 长度:①1+0.24+$\sqrt{(1.16+0.24)^2+1.11^2}$+0.24−0.015×3=3.22(m) ② $\sqrt{(0.60+0.24)^2+0.70^2}$+0.24−0.015×2=1.30(m) ③0.60+0.24+0.015=0.83(m) 重量:(3.22+1.30+0.83)×8×0.617=26.41(kg)	26.41

续表 8

序号	分部分项工程名称	部位与编号	单位	计算式	计算结果
		TB2ϕ6		分布筋:④ϕ6@200 每根长度:1.00－2×0.015＝0.97(m) 数量:(3.22－0.24－0.10)÷0.20＋1＋(1.30－0.24－0.10)÷0.20＋1＋ (0.83－0.10)÷0.20＋1＝16＋6＋5＝27(根) 重量:0.97×27×0.222＝5.81(kg)	5.81
36	预应力空心板钢筋		kg		
		≤ϕ16		计算见预制空心板数据表	270
		＞ϕ16		计算见预制空心板数据表	610
	4.模板工程(按混凝土及钢筋混凝土体积用含模量计算)				
37	现浇带形基础模板		m^2	30.13m^3(体积计算见前)×0.74m^2/m^3(含模量)＝22.30 m^2	22.30
38	现浇构造柱模板		m^2	3.42m^3×6.67m^2/m^3＝22.81(m^2)	22.81
39	现浇单梁模板		m^2	(0.72＋1.02)m^3×10.60m^2/m^3＝18.44(m^2)	18.44
40	现浇圈梁模板		m^2	(4.25＋0.35)m^3×7.28m^2/m^3＝33.49(m^2)	33.49
41	现浇过梁模板		m^2	1.35m^3×9.68m^2/m^3＝13.07(m^2)	13.07
42	现浇基础梁模板		m^2	3.36m^3×6.40m^2/m^3＝21.50(m^2)	21.50
43	现浇复式雨篷模板		m^2	按水平投影面积:4.38(m^2)	4.38
44	现浇直形楼梯模板		m^2	按水平投影面积:5.76(m^2)	5.76
45	现浇板带模板		m^2	0.11m^3×8.04m^2/m^3＝0.88(m^2)	0.88
46	现浇女儿墙压顶模板		m^2	1.21m^3×25.25m^2/m^3＝30.55(m^2)	30.55
47	现浇台阶模板		m^2	按水平投影面积:10.08(m^2)	10.08
48	预制混凝土空心板模板		m^3	同混凝土体积:14.25(m^3)	14.25
	5.脚手架工程				
49	外墙砌筑脚手架		m^2	按外墙面积计算(不扣除门窗洞口、空洞等面积),外墙乘系数为1.15	449.09
				外墙外边线长度:42.96m 外墙高度:(室外设计地坪至女儿墙上表面高度)0.45＋8.64＝9.09(m) 外墙砌筑脚手架面积:42.96×9.09×1.15＝390.51×1.15＝449.09(m^2)	
50	内墙砌筑脚手架		m^2	按内墙面积计算(不扣除门窗洞口、空洞等面积),内墙乘系数为1.1	173.12
		首层		内墙净长:(8.40－0.24)×2＋(2.40－0.24)＝18.48(m) 内墙净高:3.70－0.18＝3.52(m) 首层内墙脚手架面积:18.48×3.52＝65.05(m^2)	

续表 9

序号	分部分项工程名称	部位与编号	单位	计算式	计算结果
		二层		内墙净高：7.50－3.70－0.12－0.18＝3.50(m) 3.50m 高的内墙净长：8.40－0.24＋(4.20－0.12－0.06)×3＝20.22(m) 脚手架面积：3.50×20.22＝70.77(m^2)	
		单梁下		单梁 L_2 下内墙净高：7.00－3.70－0.12＝3.18(m) 3.18m 高的内墙净长：4.50－0.12＋0.06＋2.40－0.12＋0.06＝6.78(m) 脚手架面积：3.18×6.78＝21.56(m^2)	
		合计		(65.05＋70.77＋21.56)×1.1＝157.38×1.1＝173.12(m^2)	
51	现浇单梁浇捣脚手架		m^2	按梁的净长乘以地面(楼面)至梁顶面高度计算	53.11
		L_1 梁		梁净长：6.00m 地面至梁顶高度：3.70m 脚手架面积：6.00×3.70＝22.20(m^2)	
		L_2 梁		梁净长：8.40m 地面至梁顶高度：3.68m 浇捣脚手架面积：8.40×3.68＝30.91(m^2)	
		合计		22.20＋30.91＝53.11(m^2)	
52	墙面及梁的抹灰脚手架			因天棚抹灰高度大于 3.6m，故用满堂脚手架，不计算墙、梁面抹灰脚手架	
53	满堂脚手架		m^2	按天棚水平投影面积计算	193.32
				天棚水平投影面积(室内净面积)＝建筑面积－墙体所占面积 首层：110.94－14.00－(2.40－0.24)×0.12＝96.68(m^2) 二层：110.94－42.00×0.24－(8.40－0.24)×0.24－(4.20－0.12－0.06)×3×0.12－6.78×0.12＝96.64(m^2) 满堂脚手架面积：96.68＋96.64＝193.32(m^2)	
	6.门窗工程及零星工程				
54	有腰双扇玻璃窗		m^2	按窗洞口尺寸计算	3.96
				2.16＋1.80＝3.96(m^2)(数据见门窗计算表)	
55	有腰多扇玻璃窗		m^2	按窗洞口尺寸计算	33.48
				14.58＋18.90＝33.48(m^2)(数据见门窗计算表)	
56	有腰双扇半截玻璃门		m^2	9.90 m^2(数据见门窗计算表)	9.90
57	无腰单扇胶合板门		m^2	按门洞口尺寸计算	13.02
				11.34＋1.68＝13.02(m^2)(数据见门窗计算表)	

续表 10

序号	分部分项工程名称	部位与编号	单位	计算式	计算结果
58	窗帘轨		m	按窗洞口尺寸加 300mm 计算	25.20
		C_1 窗		(2.7+0.3)×2=6.0(m)	
		C_2、C_4 窗		(1.2+0.3)×2=4.5(m)	
		C_3 窗		(1.8+0.3)×2=14.7(m)	
				窗帘盒长度:6.00+4.50+14.70=25.2(m)	
	7.砌筑工程				
59	M5.0 混合砂浆砌筑外墙	包括女儿墙	m^3	按实砌墙体体积计算	67.36
				外墙长度:42.00m(按外墙中心线长度) 外墙高度:(±0.000 至女儿墙压顶底面)8.64－0.12=8.52(m) 外墙厚度:0.24m 扣除:门窗洞口面积:30.96+15.30=46.26(m^2) 构造体积:3.42÷6×5=2.85(m^3) 过梁体积:1.02m^3 圈梁体积:(42.00×2－3.60－3.20×2)×0.0432+0.35=3.55(m^3) 外墙体积:(42.00×8.52－46.26)×0.24－2.86－1.02－3.55=67.36(m^3)	
60	M5.0 混合砂浆砌筑内墙		m^3	按实砌墙体体积计算	
		一砖内墙		内墙长度(按净长计算) 首层:16.32m(见内墙砌筑脚手架) 二层:8.40－0.24=8.16(m) 内墙高度(算至钢筋混凝土板底) 首层:3.70－0.18=3.52(m) 二层:7.50－3.70－0.12－0.18=3.50(m) 扣除门窗洞口面积:4.86+1.89=6.75(m^2) 体积:(16.32×3.52+8.16×3.50－6.75)×0.24=19.02(m^3)	19.02
		$\frac{1}{2}$砖内墙		一层长度:(2.40－0.24)=2.16(m) 高度 3.68m 二层:$\frac{1}{A}$上长度(4.20－0.12－0.06)×2=8.04(m) 高度 3.68m B 上长度:4.20－0.12－0.06=4.02(m) 高度:3.68m ②上长度:(4.50－0.12+0.06)+(2.40－0.12+0.06)=6.78(m) 高度:3.68m 扣除门窗洞口:1.68+5.67=7.35(m^2) 内墙体积:(2.16×3.68+4.02×3.68+6.78×3.68－7.35)×0.12=4.84(m^3)	4.84

续表 11

序号	分部分项工程名称	部位与编号	单位	计算式	计算结果
	8. 楼地面工程				
61	地面灰土垫层		m^3	按室内主墙间净面积乘以设计厚度计算	7.76
				室内主墙间净面积：96.94m^2 设计厚度：0.08m 体积：96.94×0.08=7.76(m^3)	
62	地面 C10 混凝土层		m^3	按室内主墙间净面积乘以设计厚度计算	5.82
				室内主墙间净面积：96.94m^2 设计厚度：0.06m 体积：96.94×0.06=5.82(m^3)	
63	楼面 C20 细石混凝土找平层		m^2	按室内主墙间净面积计算	96.94
				96.94 m^2	
64	楼地面 1∶2 水泥砂浆面		m^2	按主墙间净面积计算	193.88
				96.94×2=193.88(m^2)	
65	水泥砂浆踢脚线		m	按延长米计算	164.34
		一层		(8.40－0.24)×4＋(6.00－0.24)×2＋(4.20－0.24)×2＋(2.40－0.24)×4＋(1.80－0.18)×2＋(6.60－0.18)×2=76.80(m)	
		二层		(4.20－0.18)×6＋(8.40－0.24)×3＋(4.50－0.18)×4＋(4.20－0.24)×2＋(2.40－0.18)×2＋1.32＋1.50＋4.20＋2.40－0.12=87.54(m)	
		合计		76.80＋87.54=164.34(m)	
66	水泥砂浆楼梯面		m^2	按楼梯的水平投影面积计算	5.76
				5.76 m^2(见前计算)	
67	台阶水泥砂浆面		m^2	按台阶的水平投影面积计算	10.08
				10.08 m^2(见前计算)	
68	屋面水泥砂浆找平层		m^2	按实际面积计算	113.17
				找平层面积=屋面净面积＋女儿墙泛水弯面积 屋面净面积：110.94－42.00×0.24=100.86(m^2) 泛水弯起部分：(42.00－4×0.24)×0.30=12.31(m^2) 找平层面积：100.86＋12.31=113.17(m^2)	
69	混凝土散水		m^2	按散水水平投影面积计算	42.16
				宽度：1.00m 中线长度：42.96＋4×1.00－4.80=42.16(m) 投影面积：1.00×42.16=42.16(m^2)	

续表 12

序号	分部分项工程名称	部位与编号	单位	计算式	计算结果
70	型钢栏杆木扶手		m	按长度以延长米计算	9.65
				3.36×1.18+1.16×1.18+2.40−0.24+4.48−1.32−1.00=9.65(m)	
	9.构件运输及安装工程				
71	钢筋混凝土空心板运输		m^3	按设计工程量加损耗计算(损耗率0.8%)	14.36
				14.25×1.008=14.36 (m^3)	
72	空心板运输		m^3	按设计工程量加损耗计算(损耗率0.5%)	14.32
				14.25×1.005=14.32 (m^3)	
73	型钢栏杆运输		kg	按标准图集	81.67
				圆钢:5.182×9.65=50.01(kg) 扁钢:3.281×9.65=31.66(kg)	
	10.屋面防水及保温隔热工程				
74	屋面三毡四油一砂防水		m^2	按设计涂刷面积计算	113.17
				113.17m^2(同屋面水泥砂浆找平层)	
75	排水管(PVC管)		m	按檐口至室外地坪高度以延长米计算	16.34
				每根长度:7.5+0.12+0.08+0.02+0.45=8.17(m) PVC落水管长度:8.17×2=16.34(m)	
76	PVC水斗	ϕ100	只	按设计计算	2.00
				2只	
77	屋面保温隔热(水泥珍珠岩)		m^3	按材料净厚度乘以实铺面积计算	17.15
				保温层厚度:0.08+8.64×2%(坡度)×1÷2=0.17(m) 实铺面积:8.16×12.36=100.86(m^2) 保温层体积:0.17×100.86=17.15(m^3)	
	11.墙柱面工程及天棚工程				
78	内墙面抹灰		m^2	按内墙面净面积计算	528.55
				一层:内墙面抹灰长度76.80m(同踢脚线) 墙面高度3.70m 二层:80.94m长,3.68m高 6.60m长,3.18m高 扣除门窗面积合计:(30.96+15.30)+(4.86+1.68+1.89+5.67)×2=74.46(m^2) 内墙面抹灰面积:76.80×3.70+3.68×80.94+3.18×6.60−74.46=528.55(m^2)	

续表 13

序号	分部分项工程名称	部位与编号	单位	计算式	计算结果
79	单梁抹灰		m^2	按结构展开面积计算	7.50
		L_2 梁		长度:8.40－0.24＝8.16(m) 展开宽度:0.50×2＋0.25＝1.25(m) 扣除:(4.50＋2.40)×0.12＝0.83(m^2) 抹灰面积:(8.16－1.50)×1.25－0.83 ＝7.50(m^2)	
80	外墙贴面砖		m^2	按实际尺寸计算	342.09
				外墙外周长:42.96m 高度 8.64＋0.45＝9.09(m) 扣除门窗洞口:46.26 m^2 台阶:4.8×0.45＝2.16(m^2) 贴面面积:42.96×9.09－46.26－2.16 ＝342.09(m^2)	
81	水泥砂浆粉女儿墙内侧		m^2	按实际抹灰面积计算	28.73
				抹灰高度:0.70m 女儿墙内侧长度:(12.6－0.24＋8.4－0.24)×2 ＝41.04(m) 女儿墙内侧抹灰面积:0.70×41.04＝28.73(m^2)	
82	水泥砂浆粉女儿墙压顶		m^2	按展开面积计算	15.12
				女儿墙压顶长度:42.00m 展开宽度:0.24＋0.12＝0.36(m) 女儿墙压顶抹灰面积:42.00×0.36＝15.12(m^2)	
83	外窗台贴面砖		m^2	按实贴面积计算	8.14
				C_1 窗:(2.7＋0.2)×0.36×2＝2.09(m^2) C_2、C_4 窗:(1.2＋0.2)×0.36×2＝1.01(m^2) C_3 窗:(1.8＋0.2)×0.36×7＝5.04(m^2) 外窗台面积:8.14m^2	
84	水泥砂浆粉雨篷底		m^2	按水平投影面积计算	4.32
				4.32m^2(见前计算)	
85	天棚抹灰		m^2	按主墙间天棚展开水平面积计算	202.96
				一层:96.94 m^2 L_1 梁:长度 6.00－0.24＝5.76 (m) 展开宽度 0.5×2＋0.25＝1.25 (m) L_1 梁抹灰面积:5.76×1.25＝7.20 (m^2) 二层:96.94 m^2 L_2 梁抹灰面积:1.25×1.50＝1.88 (m^2) 天棚抹灰面积:96.94×2＋7.20＋1.88 ＝202.96 (m^2)	
86	楼梯底面抹灰		m^2	按水平投影面积计算(斜板乘系数 1.5)	7.78
				(3.36＋1.16)×1.00×1.50＋1.00×1.00＝7.78(m^2)	

续表 14

序号	分部分项工程名称	部位与编号	单位	计算式	计算结果
	12. 油漆涂料工程				
87	木门油漆		m^2	按洞口面积乘以系数计算	21.93
				M_1(半玻门):9.9×0.9=8.91 (m^2) M_2:11.34 m^2 M_3:1.68 m^2 木门油漆面积:21.93 m^2	
88	木窗油漆		m^2	按洞口面积计算	37.44
				14.58+2.16+18.90+1.80=37.44 (m^2)	
89	楼梯木扶手、窗帘盒油漆		m	按延长米计算	37.37
				木扶手长度:9.65m 窗帘盒长度:25.2×1.10(系数)=27.72 (m) 合计:9.65+27.72=37.37(m)	
90	天棚及内墙面乳胶漆		m^2	按实际面积计算	
				内墙面 528.55m^2,天棚面 202.96m^2,楼梯底 7.78m^2	
91	雨篷刷乳胶漆两遍		m^2	按实际面积计算	4.32
				4.32m^2(见前计算)	
92	金属面刷银粉漆两遍		t	按重量(t)计算	0.14
				81.67(见前计算)×1.71(系数)=139.66(kg) =0.14(t)	

7. 钢筋用量汇总表(见表 7-15)

表 7-15 钢筋用量汇总表

构件	规格						
	ϕ20	ϕ16	ϕ14	ϕ12	ϕ10	ϕ8	ϕ6
基础					262.93	91.38	
基础梁				208.86			36.66
圈梁				349.80			70.12
过梁				129.12			31.58
单梁	85.20			10.57		55.69	
雨篷梁	35.02	16.83				18.20	
构造柱				182.64			70.33
板带			14.24			5.97	
压顶							52.85
楼梯				93.24	26.41		17.87
雨篷					26.07		5.52
小计(kg)	120.22	16.83	14.24	974.23	315.41	171.24	284.93
合计(kg)	(12<ϕ<25)151.29			(ϕ<12)1745.81			

8. 工程预算书(见表 7-16)

表 7-16　工程预算书表

编号	名　　称	单位	工程量	金额(元)	
				工料单价	合价
	1.土(石)方工程				
1-11	人工挖地槽(三类干土深＜1.5m)	$100m^3$	1.092	946	1033.03
1-21	平整场地	$100m^2$	0.21286	130	27.67
1-22	基槽原土打底夯	$100m^2$	0.11466	31	3.55
1-24	地面夯填回填土	$100m^3$	0.286	447	127.84
1-25	基槽夯填回填土	$100m^3$	0.6195	219	135.67
1-26	单(双)轮车运挖地槽土方运距＜50m	$100m^3$	1.092	389	424.79
1-26	单(双)轮车运基槽回填土方运距＜50m	$100m^3$	0.6195	389	240.99
1-26	单(双)轮车运室内回填土方运距＜50m	$100m^3$	0.286	389	111.25
1-27	单(双)轮车运地槽土方运距＜1000m 每＋50m	$100m^3$	3.276	86	281.74
1-27	单(双)轮车运基槽回填土方运距＜1000m 每＋50m	$100m^3$	1.8585	86	159.83
1-27	单(双)轮车运室内回填土方运距＜1000m 每＋50m	$100m^3$	0.858	86	73.79
1-51	自卸汽车运土运距＜1km	$1000m^3$	0.01865	8016	149.50
	小　　计	元			2769.65
	3.砌筑工程				
3-11	地面 3∶7 灰土垫层	$10m^3$	0.776	700	543.20
3-13	直形砖基础(混合砂浆 M5.0)	$10m^3$	1.064	1720	1830.08
3-21	标准 1 砖外墙(混合砂浆 M5.0)	$10m^3$	6.851	1826	12509.93
3-21	标准 1 砖内墙(混合砂浆 M5.0)	$10m^3$	1.902	1826	3473.05
3-23	$\frac{1}{2}$标准砖内墙(混合砂浆 M5.0)	$10m^3$	0.81	1939	1570.59
	小　　计	元			19926.85
	4.混凝土及钢筋混凝土工程				
4-3	现浇无梁式带形基础复合木模板	$100m^2$	0.223	1573	350.78
4-24	现浇构造柱复合木模板	$100m^2$	0.2301	2679	616.44
4-28	现浇基础梁复合木模板	$100m^2$	0.3434	2129	731.10
4-31	现浇过梁复合木模板	$100m^2$	0.162	2479	401.60
4-36	现浇圈梁复合木模板	$100m^2$	0.354	1726	611.00
4-40	现浇板厚度小于 20cm 复合木模板	$100m^2$	0.0088	1866	16.42
4-58	现浇楼梯复合木模板	$10m^2$	0.576	636	366.34
4-60	现浇复式雨篷复合木模板	$10m^2$	0.432	372	160.70

续表 1

编号	名　　称	单位	工程量	金额(元)	
				工料单价	合价
4-66	现浇台阶模板	$100m^2$	0.1008	2670	269.14
4-66	现浇压顶复合木模板	$100m^2$	0.3055	2670	815.69
4-125	C20 混凝土基础垫层(无筋)	$10m^3$	0.942	1963	1849.15
4-125	地面(C10 混凝土)垫层不分格	m^3	5.82	1660	9661.20
4-127	C20 混凝土无梁带形基础	$10m^3$	3.013	1931	5818.10
4-132	C20 混凝土构造柱	$10m^3$	0.342	2401	821.14
4-134	C20 混凝土基础梁	$10m^3$	0.336	1994	669.98
4-135	C20 混凝土单梁	$10m^3$	0.174	2110	367.14
4-136	C20 混凝土圈梁	$10m^3$	0.425	2393	1017.03
4-136	C20 混凝土过梁	$10m^3$	0.135	2393	323.06
4-136	C20 混凝土雨篷梁	$10m^3$	0.035	2393	83.76
4-138	C20 混凝土平板	$10m^3$	0.011	2204	24.24
4-146	C20 混凝土直形楼梯	$10m^2$	0.576	556	320.26
4-148	C20 混凝土复式雨篷	$10m^2$	0.432	226	97.63
4-152	C20 混凝土压顶	$10m^3$	0.121	2678	324.04
4-290	加工厂预制空心板模板	$10m^3$	1.425	582	829.35
4-367	工厂预制圆孔板	$10m^3$	1.461	2894	4228.13
4-393	现浇混凝土构件钢筋 $\phi<12$	t	1.757	2808	4933.66
4-394	现浇混凝土构件钢筋 $\phi<25$	t	0.172	2607	448.40
4-395	加工厂预制混凝土构件钢筋 $\phi<16$	t	0.27	2787	752.49
4-396	加工厂预制混凝土构件钢筋 $\phi>16$	t	0.61	2568	1566.48
4-415	Ⅱ类预制混凝土构件运输运距<5km	$10m^3$	1.461	1061	1550.12
	小　　计	元			40399.9
	6.金属结构工程				
6-57	型钢栏杆制作	t	0.099	3960	392.04
6-97	Ⅱ类金属构件运输运距<5km	10t	0.0099	301	2.98
	小　　计	元			395.02
	7.屋面及防水工程				
7-5	刚性水泥砂浆屋面无分格缝厚 2cm	$100m^2$	1.1317	982	1111.33
7-33	PVC 水落管屋面排水 $\phi100$	$100m^2$	1.634	3340	5457.56
7-34	PVC 水斗屋面排水 $\phi100$	10 只	0.20	187	37.40
7-39	平面粘贴沥青卷材(石油沥青粘贴)2 毡 3 油	$100m^2$	1.1317	2270	2568.96
7-40	平面粘贴沥青卷材(石油沥青粘贴)每±1 毡 1 油	$100m^2$	1.1317	644	728.81
7-96	防水砂浆墙基防潮层	$100m^2$	0.14	612	85.68
	小　　计	元			9989.74

续表 2

编号	名　　称	单位	工程量	金额(元)	
				工料单价	合价
	8. 耐酸防腐、保温隔热工程				
8-99	屋面铺水泥珍珠岩保温隔热	$10m^3$	1.715	2981	5112.42
	小　计	元			5112.42
	9. 附属工程				
9-92	墙脚护坡(散水,C10 混凝土)	$100m^2$	0.4216	2741	1155.61
9-100	C15 混凝土台阶	10^2	1.008	804	810.43
	小　计	元			1966.04
	10. 楼地面工程				
10-3	水泥砂浆楼地面厚 20mm	$100m^2$	1.9388	819	1587.88
10-4	水泥砂浆楼地面厚每±5mm	$100m^2$	-1.9388	117	-226.84
10-12 10-13	楼面现浇(C20 细石混凝土)找平层厚 40mm	$100m^2$	0.9694	1068	1035.32
10-85	水泥砂浆踢脚线	100m	1.448	1391	2014.17
10-100	水泥砂浆楼梯面	$100m^2$	0.0576	3094	178.21
10-136	木扶手制作安装型钢栏杆	10m	0.965	1085	1047.03
10-163	水泥砂浆台阶面	$100m^2$	0.1008	1593	160.57
	小　计	元			5796.34
	11. 墙柱面工程				
11-6	女儿墙压顶抹水泥砂浆	$100m^2$	0.1512	872	131.85
11-11	内砖墙面抹混合砂浆	$100m^2$	5.2855	806	4260.11
11-11	女儿墙面抹混合砂浆	$100m^2$	0.2873	806	231.56
11-54	雨篷抹水泥砂浆	$100m^2$	0.0432	2967	128.17
11-86	外墙面贴瓷砖(152×152)	$100m^2$	3.4209	3366	11514.75
11-86	外窗台贴瓷砖(152×152)	$100m^2$	0.0814	3366	273.99
	小　计	元			16540.44
	12. 天棚工程				
12-4	预制混凝土天棚混合砂浆面	$100m^2$	2.0296	839	1702.83
12-4	楼梯底混合砂浆面	$100m^2$	0.0778	839	65.27
	小　计	元			1768.11
	13. 门窗工程				
13-2	半截玻璃木门(有腰双扇)	$100m^2$	0.099	9602	950.60
13-6	胶合板门(无腰单扇)	$100m^2$	0.1302	9909	1290.15
13-71	有腰双扇玻璃木窗(平开窗)	$100m^2$	0.0396	8828	349.59
13-71	有腰多扇玻璃木窗(平开窗)	$100m^2$	0.03348	8828	295.56
13-120	窗帘轨	100m	0.252	1093	275.44
	小　计	元			3161.34

续表 3

编号	名　　称	单位	工程量	金额(元)	
				工料单价	合价
	14. 油漆、涂料、裱糊工程				
14-1 14-2	单层木门刷底油,油色,清漆两遍	$100m^2$	0.2193	2023	443.64
14-19 14-20	单层木窗刷底油,油色,清漆两遍	$100m^2$	0.3744	1342	502.44
14-37 14-38	楼梯木扶手(不带托板)刷底油,油色,清漆两遍	100m	0.0965	401	38.70
14-143	楼梯型钢表面银粉漆两遍	t	0.13966	185	25.84
14-165	内墙面乳胶漆(抹灰面),刷两遍混合腻子	$100m^2$	5.3855	799	4303.01
14-165	天棚乳胶漆(抹灰面),刷两遍混合腻子	$100m^2$	2.0296	799	1621.65
14-165	楼梯底乳胶漆(抹灰面),刷两遍混合腻子	$100m^2$	0.0778	799	62.16
14-178	阳台雨篷隔板等小面积乳胶漆两遍	$100m^2$	0.0432	140	6.05
	小　计	元			7003.49
	16. 脚手架工程				
16-28	高＞3.6m 独立柱、梁、墙混凝土浇捣脚手架	$100m^2$	0.5311	581	308.57
16-29	外墙砌墙脚手架单排外架子(13m 以内)	$100m^2$	4.4909	873	3920.56
16-35	砌墙脚手架里架子(3.6m 以内)	$100m^2$	1.7312	103	178.31
16-37	基本层满堂脚手架(5m 以内)	$100m^2$	1.9332	399	771.35
	小　计	元			5178.79
	17. 垂直运输工程				
17-3	卷扬机施工砖混结构　檐高＜20m,＜6 层	$100m^2$	2.2188	952	2112.30
	小　计	元			2112.30

9. 工程费用计算程序表(见表 7-17)

表 7-17　工程费用计算程序表

工程名称：　　　　　×××

序号	费用名称	费用计算表达式	金额
一	直接工程费	∑(分部分项工程量 × 工料单价)	122120
1	其中:1. 人工费	人工费	34297
2	2. 机械费	机械费	6022
二	施工技术措施费	∑(措施项目工程量 × 工料单价)	0
3	其中:3. 人工费	人工费	0
4	4. 机械费	机械费	0
三	施工组织措施费	∑[(1 + 2 + 3 + 4… + 9]	3729
	1. 环境保护费	(1+2+3+4)×0.15%	60
	2. 文明施工费	(1+2+3+4)×1.15%	464
	3. 安全施工费	(1+2+3+4)×0.55%	222

续表

序号	费用名称	费用计算表达式	金额
	4. 临时设施费	(1+2+3+4)×4.8%	1935
	5. 夜间施工增加费	(1+2+3+4)×0.05%	20
	6. 二次搬运费	(1+2+3+4)×1.1%	444
	7. 缩短工期增加费	(1+2+3+4)×%	0
	8. 已完工程及设备保护费	(1+2+3+4)×0.05%	20
	9. 检验试验费	(1+2+3+4)×1.4%	564
四	综合费用	(1+2+3+4)×34.5%	13910
五	机械费调整	(2+4−大型机械设备进出场及安拆费机械)×%	0
六	规费	(一+二+三+四+五)×4.39%	6135
七	计税不计费项目		
八	税金	(一+二+三+四+五+六+七)×3.513%	5125
九	不计税不计费项目		
十	建设工程费用	一+二+三+四+五+六+七+八+九	151019
十一	造价浮动	十×11.17%	16869
十二	建设工程造价	十+十一	167888
十三	造设工程造价大写	拾陆万柒仟捌佰捌拾捌元整	

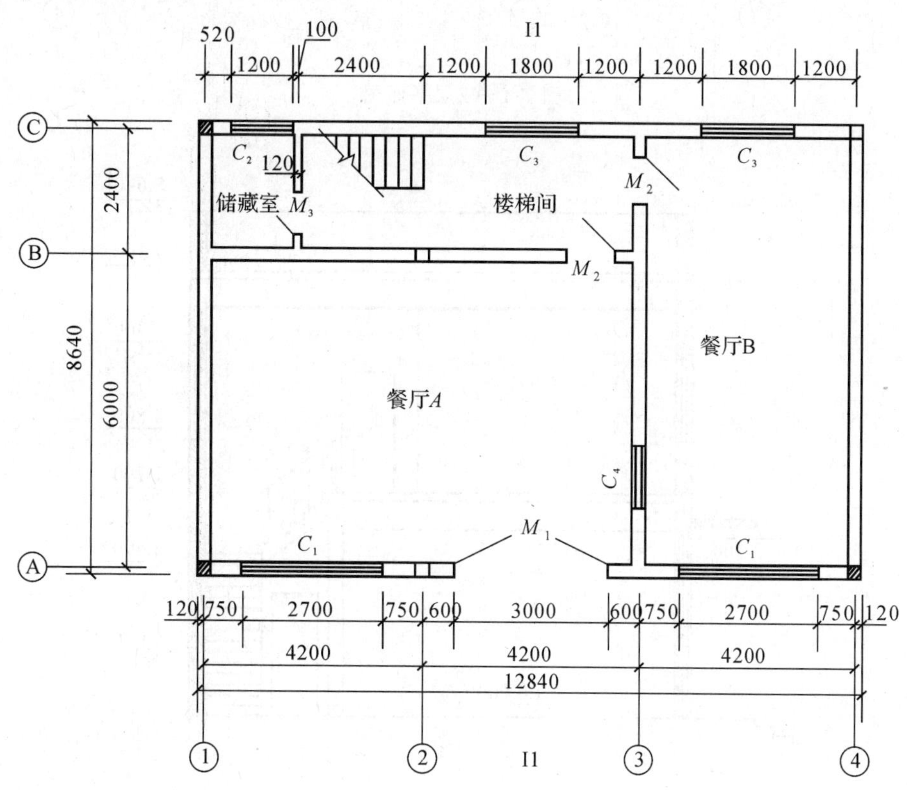

图 7-3　首层平面图

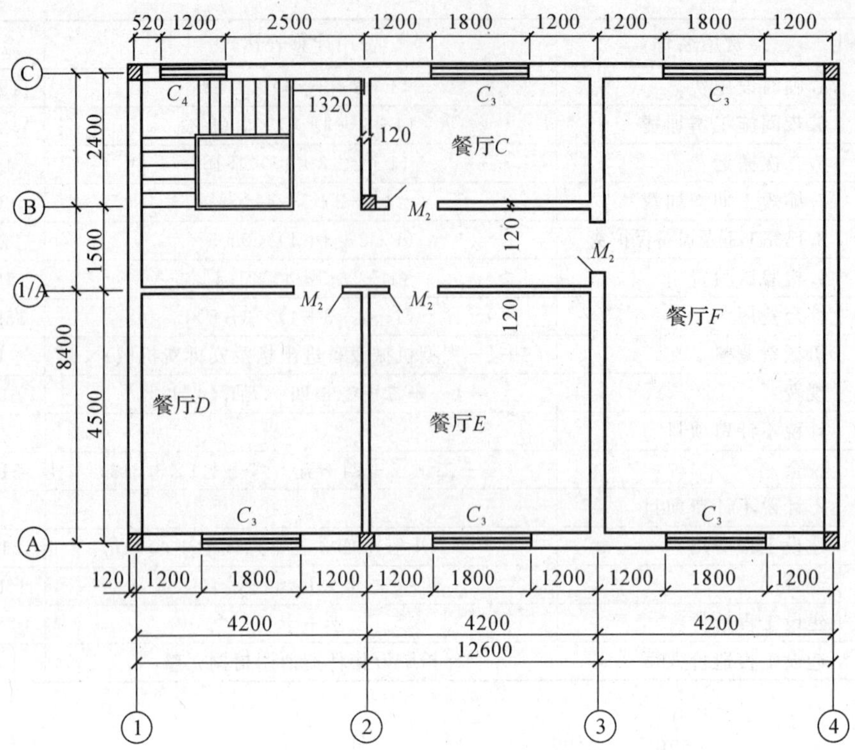

图 7-4 二层平面图

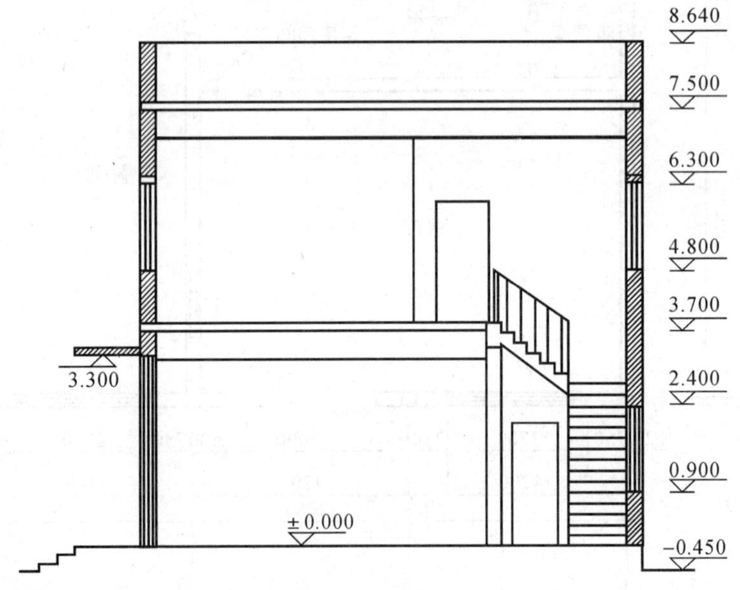

图 7-5 Ⅰ-Ⅰ剖面图

240
120
ϕ6@200
2ϕ6
900
三毡四油上撒绿豆砂
冷底子油一道
1∶2.5水泥砂浆找平层厚20
1∶10水泥珍珠岩找坡最薄处80
钢筋混凝土空心板
7.500
1∶2.5水泥砂浆找平层厚20
乳胶漆两遍
900
1∶2水泥砂浆面层厚15
C20细石混凝土找平面层厚40
钢筋混凝土空心板
3.700
100
3.300
1200
1∶2水泥砂浆面层厚15
C10混凝土土垫层厚60
3∶7灰土垫层80
素土夯实
1∶2水泥砂浆面层厚15
C10混凝土土垫层厚60
3∶7灰土垫层80
素土夯实
300 300
1200
-0.450
150
150
150
100

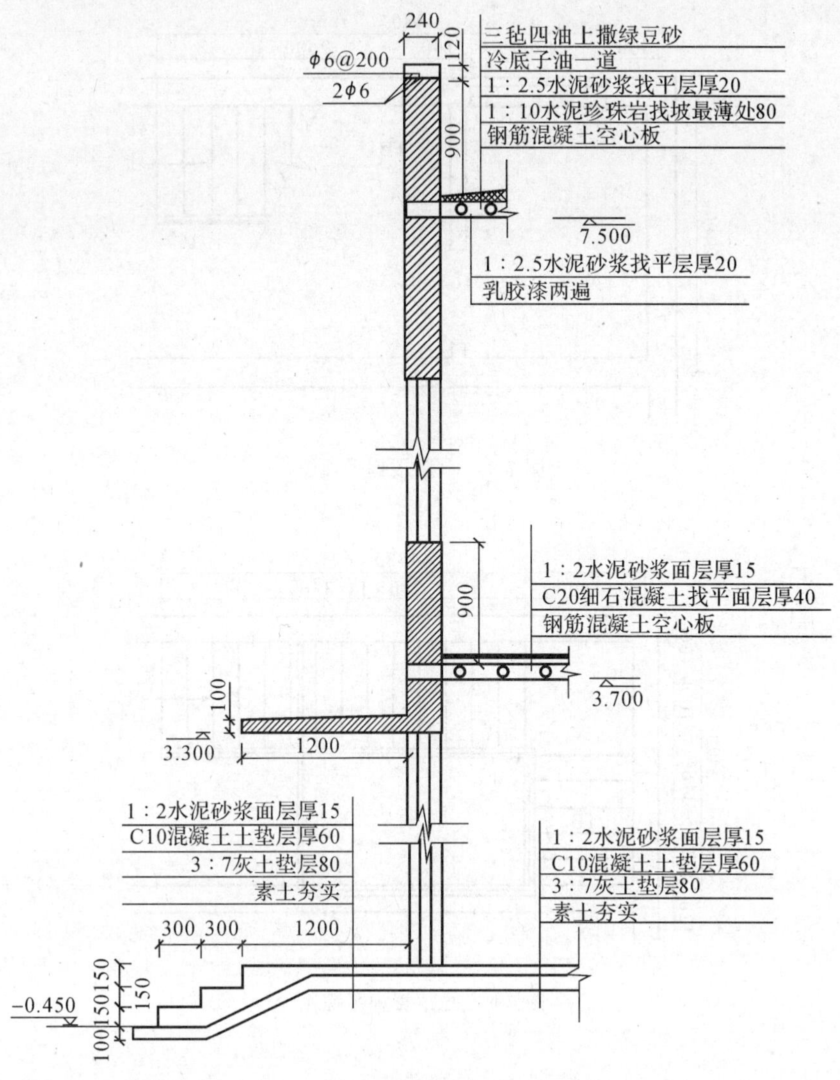

图 7-6　外墙剖面图

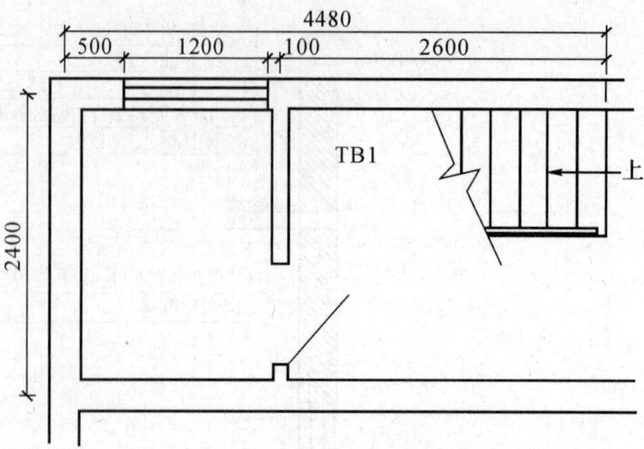

图 7-7 一层楼梯平面图

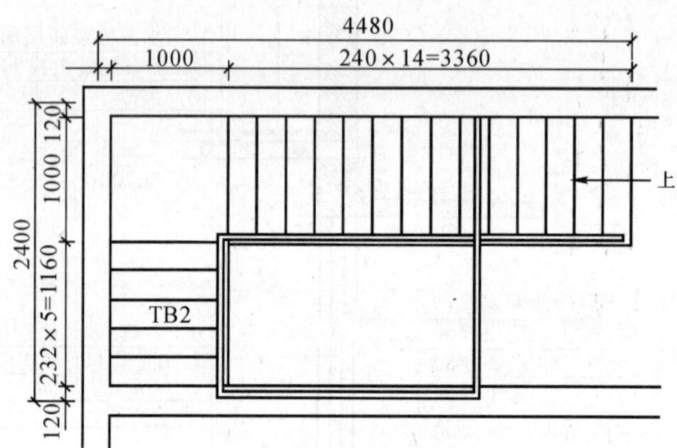

图 7-8 二层楼梯平面图

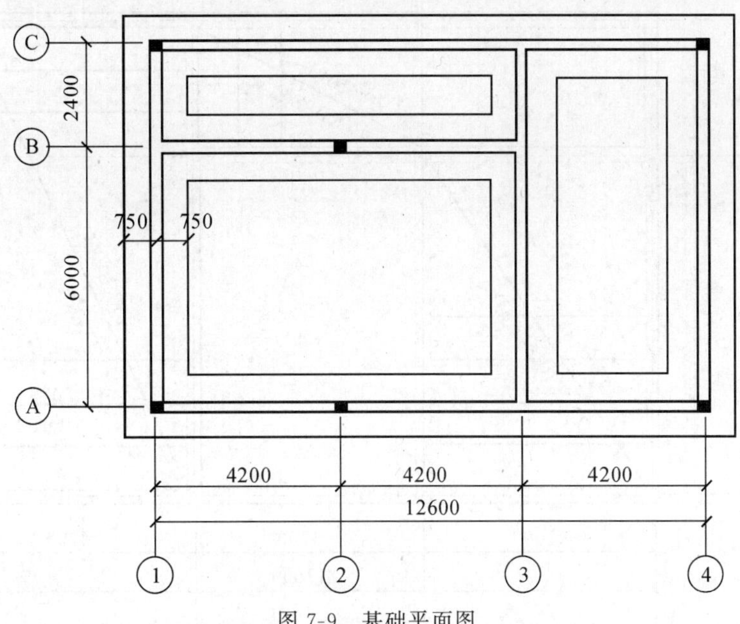

图 7-9　基础平面图

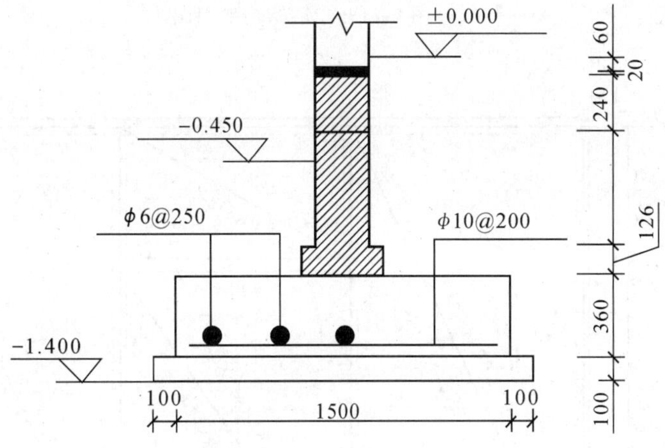

图 7-10　基础剖面图

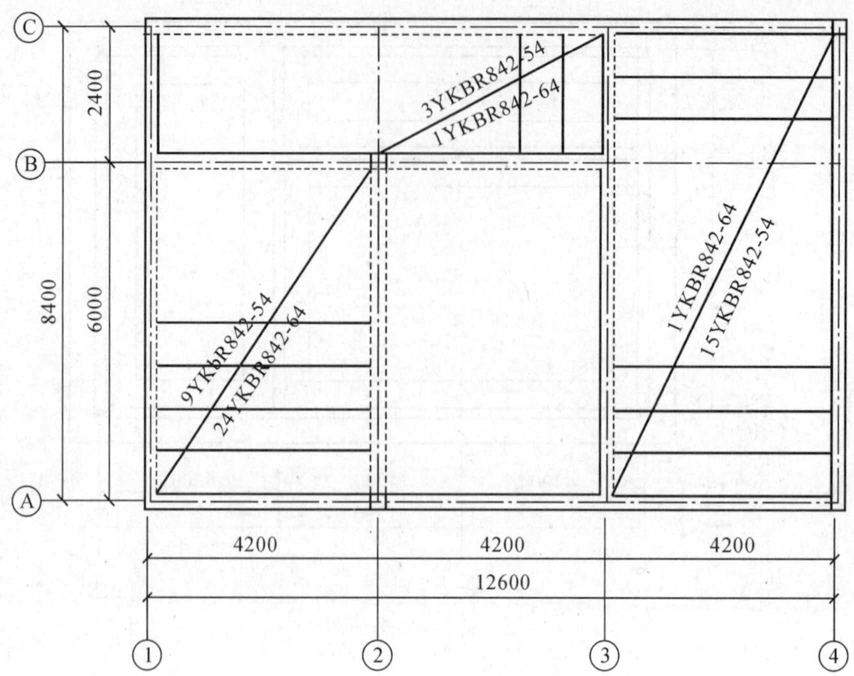

图 7-11 二层结构平面图

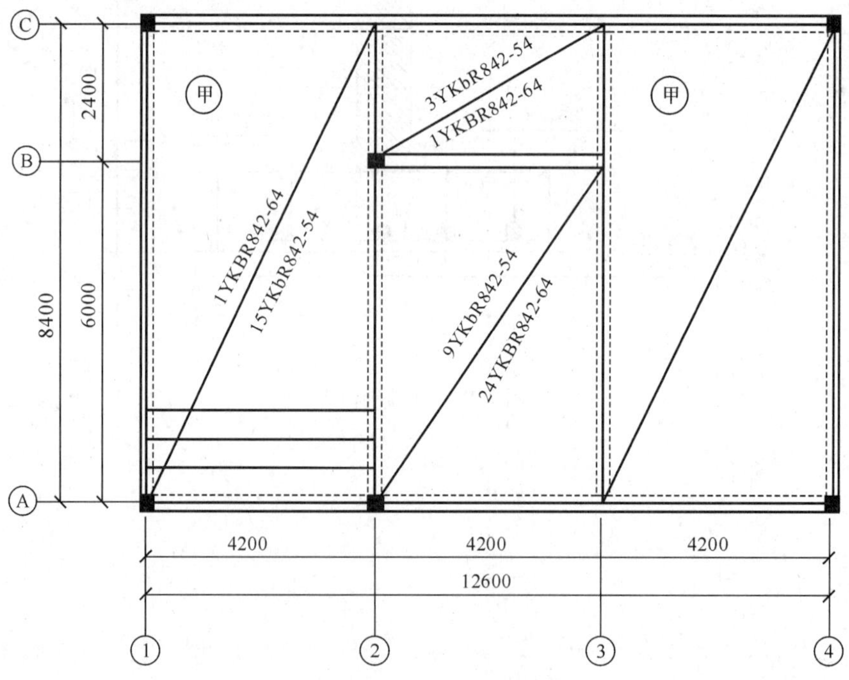

图 7-12 屋面结构平面图

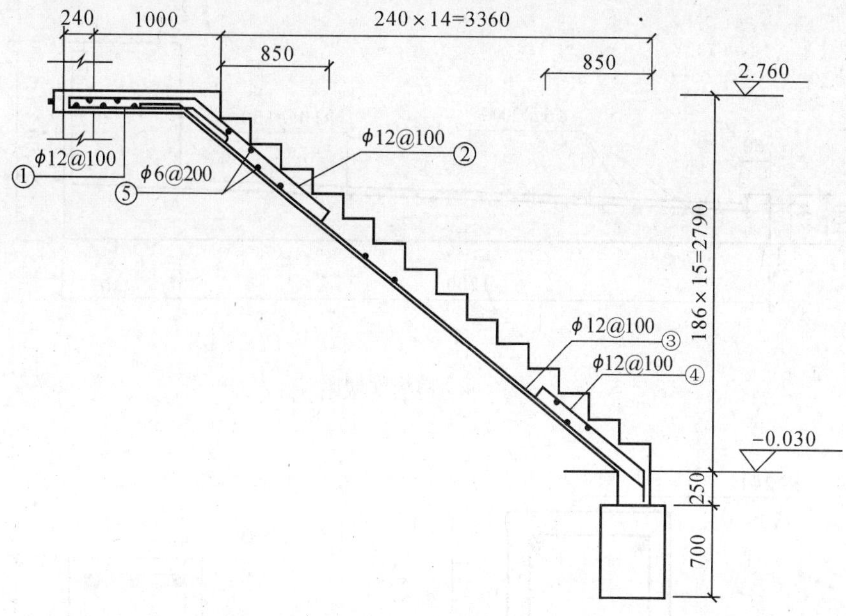

图 7-13　TB1 配筋图

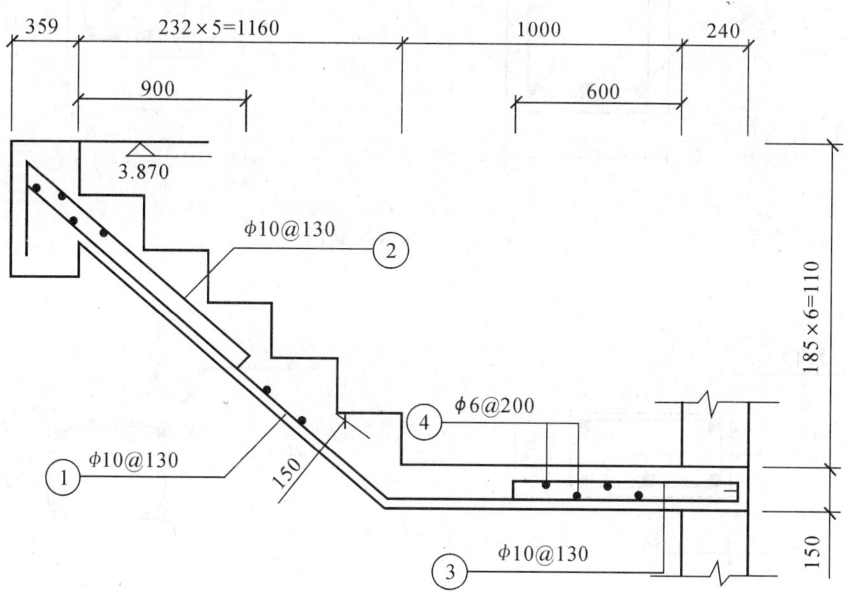

图 7-14　TB2 配筋图

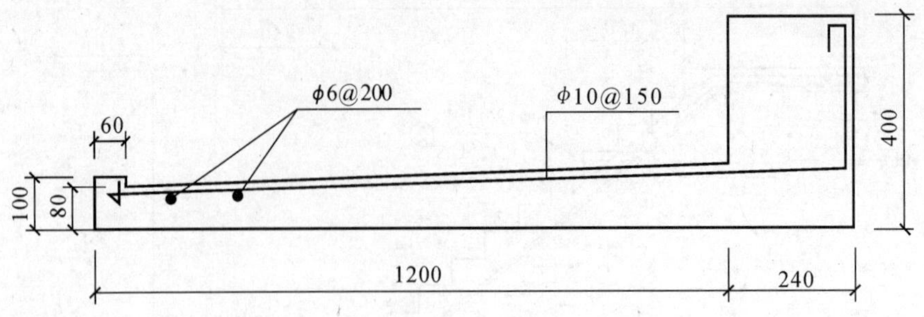

图 7-15 雨篷配筋图

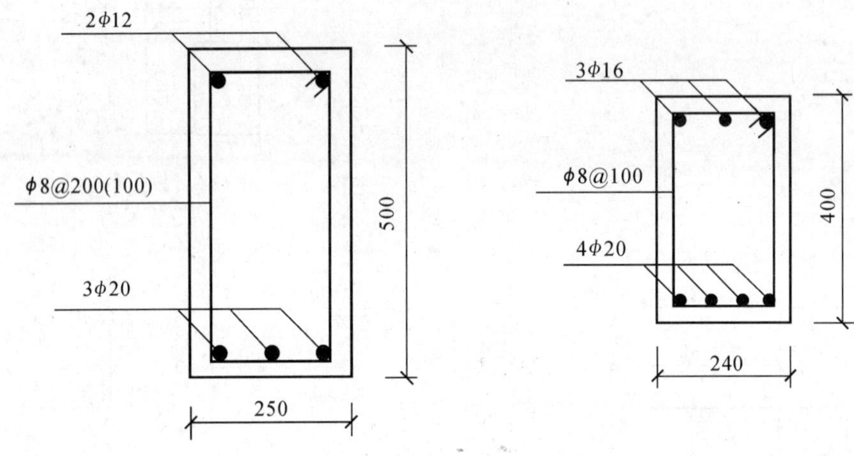

图 7-16 雨篷梁配筋图

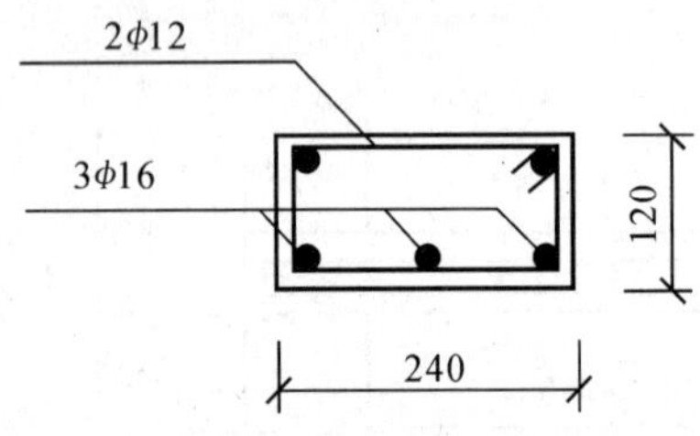

图 7-17 板带配筋图

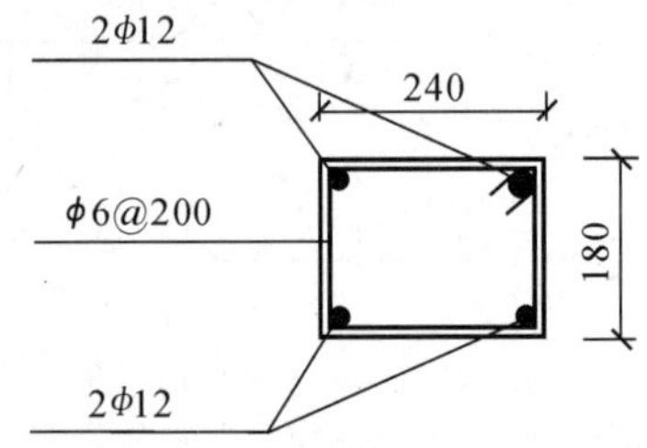

图 7-18 圈梁配筋图

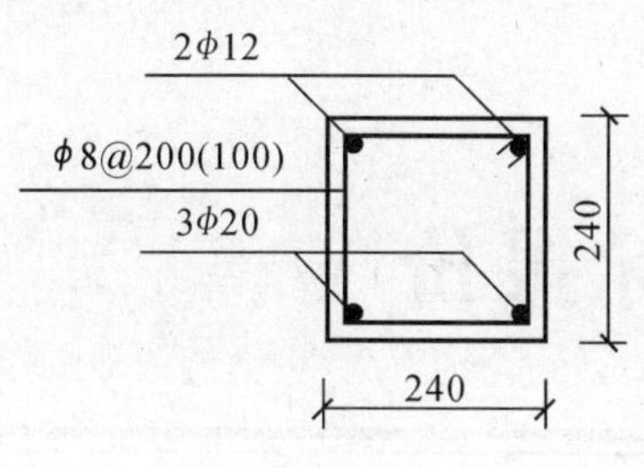

图 7-19　构造柱配筋图

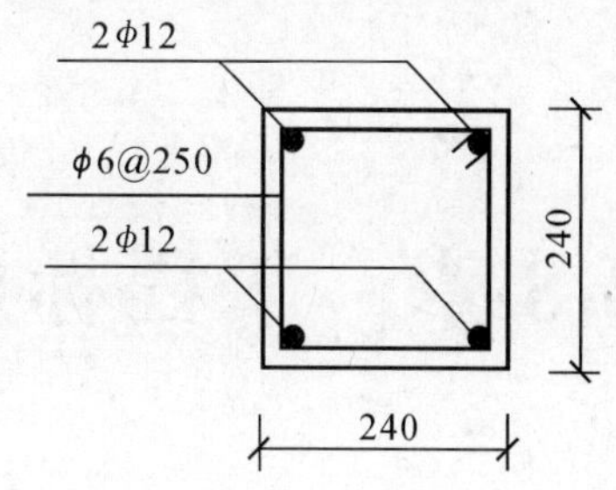

图 7-20　基础梁配筋图

思考题

1. 施工图预算的编制方法有哪些？

2. 应用单价法如何编制施工图预算？

练习题

1. 某土建工程的人工费为400万元，材料费为1200万元，机械使用费为500万元，措施费为4.6%，间接费率为4.4%，利润率为5%，利税为3.43%。试以直接费为计算基础的工料单价法计算工程造价。

2. 已知某工程建筑物采用标准砖砌墙：

每 $10m^3$ 砖砌体的预算定额单价：556.13元/$10m^3$

每 $10m^3$ 砖砌体，有关消耗量见表7-18。

表 7-18

	红砖	砂浆	水	综合工日	砂浆拌机
消耗量	5.32千块	2.26m^3	1 m^3	12.54工日	0.39台班
市场价	61.00元/千块	18.87元/m^3	0.15元/m^3	15.94元/工日	11.00元/台班

假定该建筑物的标准砖部分墙体工程量为 $200m^3$。

(1)请用单价法计算该墙体工程的直接工程费。

(2)请用实物法计算该墙体工程的直接工程费。

第 8 章　工程标底与投标报价

【教学目标和要求】

● 了解工程招投标的基本理论；

● 熟悉工程招标文件的主要内容；

● 掌握以工程量清单为基础的标底编制方法；

● 重点是工程量清单法进行投标报价，其中综合单价的确定以及工程投标报价的策略应同时重点关注。

8.1　工程招投标概述

在我国现阶段，多数工程建设都要经过招投标环节。在工程招投标过程中，建设单位作为甲方应提供招标文件，招标文件包括与工程投标有关的各种说明以及工程量清单。施工单位作为投标单位应按招标文件中规定的时间递交投标文件。投标文件一般包括商务标和技术标。商务标的主要体现形式是根据甲方招标文件中提供的工程量清单进行清单报价表的编制。本节重点讲授甲方在工程招标中工程量清单和标底的编制以及乙方清单投标报价表的计算。

8.1.1　招投标概念与程序

建设工程招标投标，是指招标人以招标的方式，将建设项目的勘察设计、施工（含建筑装饰装修）、咨询监理、工程总承包、材料设备供应等任务，一次或者分步发包，由投标人通过竞争承接任务的行为。

建设工程招标投标应当公开条件，坚持公正合法、诚实信用、平等竞争的原则，不受地区、部门和所有制性质的限制。任何部门和单位不得以行业、专业等为理由强行承接工程。建设工程招标投标是当事人依法进行的经济活动，受国家法律的保护和约束。任何单位和个人不得非法干预招标投标活动的正常进行。

根据《中华人民共和国建筑法》、《中华人民共和国招标投标法》和国家建设部等关于建设工程招标投标的有关规定，一般建设工程招标投标办事程序如下。

1. 公开招标办事程序

（1）建设单位在适当的时候向招投标管理部门提出工程项目招标申请。同时由招投标管理部门审查建设单位的招标资格，不具备招标能力的应委托经批准的具有相应资质的中介机构（即招标代理机构）代理招标。具备能力的建设单位可组成招标机构，并将招标机构人员情况报招投标管理部门核准。经批准的建设单位或中介机构以下简称“招标单位”。

(2)招标单位的招标申请被批准后，根据工程项目具体情况和要求编写资格预审文件、招标文件(包括招标范围、要求投标单位资质等级、要求工程质量等级、评标定标办法、其他合同条件等)，报送招投标管理部门审查。

(3)资格预审文件及招标文件经审查同意后，统一在相关城市建设信息网和交易中心信息发布厅内电子屏幕等媒体上发布经招投标管理部门审查批准的资格预审通告、招标通告，公布报名办法，明确投标报名地点、起止时间和具体要求等内容。

(4)投标单位在规定的时间内通过计算机网络或直接到指定地点报名，向招标单位领取资格预审文件，并经网络获得或向招投标管理部门领取投标申请表。

(5)投标单位应在资格预审文件规定的时间内到招标单位报送资格预审文件及投标资格证明材料，资格证明材料包括企业营业执照、资质证书、企业经营业绩、项目负责人及其他人员配备情况、招标人要求提供的其他资料。

(6)招标单位成立资格预审小组，按照有关规定和标准对投标单位填报的资格预审文件和资格证明材料进行评比和分析，写出资格预审报告，列出拟定的投标候选人名单，并注明投标申请单位预审未通过的原因，报招投标管理部门审查核准，核准通过的投标单位即为本次招标项目的投标候选人。对不进行资格预审的招标项目，投标单位的投标申请经招投标管理部门批准后，即成为本次招标项目投标候选人。

(7)在招投标管理部门监督下，交易中心工作人员对投标候选人进行编号，并输入微机，招标单位从投标候选人中按预定的数目进行随机抽取，选中的投标候选单位即为本次招标项目的投标单位。

投标单位确定后，招标单位须在招投标管理部门的监督下，3 日内向投标单位发送投标邀请书及招标文件、图纸、有关技术资料等。投标单位法定代表人或委托代理人必须持有关证件出席招标发布会，否则不予发放招标文件。

(8)招标单位组织投标单位进行现场勘察，以了解工程场地和周围环境情况，获取投标单位认为有必要的信息。

(9)招标单位通过招标预备会或计算机网络，对招标文件、图纸和有关技术资料及勘察现场中提出的疑问进行解答。会议结束后，由招标单位整理会议记录和解答内容，报招投标管理部门核准同意后，尽快以书面形式或通过计算机网络将问题及解答同时发送到获得招标文件的投标单位。口头答复无效。

(10)投标单位应根据招标文件、现场情况和工程技术规范要求，计算投标报价和编制投标文件，并按招标文件规定进行密封，按规定时间递交至交易中心。投标报价在按要求密封并加盖招标管理机构骑缝印章递交后，在开标前不得改动。

(11)在招投标管理机构现场监督下，招标单位从招投标管理机构确定的标底编制单位数据库中，随机抽取标底编制单位编制工程招标的标底价格，并按规定送招投标管理部门审定。

(12)招标单位应在开标前 1 天向招投标管理机构报批建设单位推选参加评标的专家人员，并按招投标管理部门规定和在其现场监督下，公开从城市建设工程招标投标专家评委库中随机抽取规定数额评标专家，组成评标委员会，按规定准时开标。

(13)在招投标管理部门的全过程监督下，招标单位在交易中心内组织完成工程招投标的开标、评标、定标工作。确定中标单位后招标单位应于5日内持评标报告到招投标管理部门核准中标结果，经核准同意后，向中标单位发放经招投标管理部门签证的“中标通知书”。

2. 邀请招标办事程序

(1)建设单位在适当的时候向招投标管理部门申请建设工程项目邀请招标。同时由招投标管理部门审查建设单位的招标资格，不具备招标能力的应委托经批准的具有相应资质的中介机构代理招标。具备能力的建设单位可组成招标机构，并将招标机构人员情况报招投标管理部门核准。

(2)招标单位的邀请招标申请被批准后，招标单位根据工程项目具体情况和要求编写招标文件，报送招投标管理部门审查。招标文件经审查同意后，统一在城市建设信息网和交易中心信息发布厅内电子屏幕等媒体上发布招标信息。

(3)招标单位向招投标管理部门提出建设工程招标申请，同时提交拟邀请投标单位投标申请(或被邀请投标单位直接从网络报送)，经批准后，须在招投标管理部门的监督下，3日内向投标单位发送投标邀请书及招标文件、图纸、有关技术资料等。投标单位法定代表人或委托代理人必须持有关证件出席招标发布会，否则不予发放招标文件。

(4)招标单位组织投标单位进行现场勘察，以了解工程场地和周围环境情况，获取投标单位认为有必要的信息。

(5)招标单位通过招标预备会或计算机网络，对招标文件、图纸和有关技术资料及勘察现场中提出的疑问进行解答。会议结束后，由招标单位整理会议记录和解答内容，报招投标管理部门核准同意后，尽快以书面形式或通过计算机网络将问题及解答同时发送到获得招标文件的投标单位。口头答复无效。

(6)投标单位应根据招标文件、现场情况和工程技术规范要求，计算投标报价和编制投标文件，并按招标文件规定进行密封，按规定时间递交至交易中心。投标报价在按要求密封并加盖招标管理机构骑缝印章递交后，在开标前不得改动。

(7)在招投标管理机构现场监督下，招标单位从招标管理机构确定的标底编制单位数据库中，随机抽取标底编制单位编制工程招标的标底价格，并按规定送招投标管理部门审定。

(8)招标单位应在开标前1天向招投标管理机构报批建设单位推选参加评标的专家人员，并按招投标管理部门规定和在其现场监督下，公开从城市建设工程招标投标专家评委库中随机抽取规定数额评标专家，组成评标委员会，按规定准时开标。

(9)在招投标管理部门的全过程监督下，招标单位在交易中心内组织完成工程招投标的开标、评标、定标工作。确定中标单位后，招标单位应于5日内持评标报告到招投标管理部门核准中标结果，经核准同意后，向中标单位发放经招投标管理部门签证的“中标通知书”。

8.1.2 招标文件编制内容

工程招投标时，招标人需向前来参加投标并已通过资格审查的投标人提供招标文件，招标文件是进行工程招投标的纲要性文本，是工程评标的基础和依据，对于保证工程招投标的公平性与公正性有重要作用。其主要内容如下。

1. 工程概况

工程概况包括工程名称、建设地点、建筑面积、勘测单位(资质)、设计单位(资质)、招标代理单位、资金来源、建筑概况和结构概况等。其中，建筑概况可列举外墙装饰方法、门窗类型和种类、内墙装饰方法、屋面防水保温防腐方式等。结构概况可具体列举工程类别、单位工程名称、结构形式、层数、总高度、基础形式等。此外，工程概况中应该提及工程的主要使用功能、施工图设计及设计资料、施工现场三通一平情况等。

2. 招标投标有关事宜

(1)招标范围

简要介绍工程的招标范围，包括土石方工程、基础工程、土建工程、装饰工程、给排水工程、电气安装工程、设备安装工程、附属建筑物工程和构筑物工程等。

(2)工程承包方式

确定工程的承包方式。例如，按中标价以包工包料的方式进行承包或其他方式。

(3)投标报价中应注意的问题、工期要求、质量要求

投标报价中应注意的问题，如投标单位应根据工程情况、建筑市场行情以及各施工企业自身承受能力报出工程量清单综合单价和投标总价。质量要求，如中标单位在施工过程中应按国家规定的施工规范和质量验收标准施工，工程质量必须达到工程设计和现行施工及验收规范的要求标准。

(4)投标须知

投标须知应包括关于投标书的编制与投送问题、标书必须具备的内容罗列。如：投标书一式三份，商务标一正本两副本，技术标不分正副本等。封面内容包括：招标项目名称、投标单位名称、法人代表姓名、填报日期；加盖单位和法人代表印鉴。标书内容包括投标书目录、投标书总说明、投标报价、施工组织设计、施工组织机构等。

(5)关于招标答疑与现场查勘

关于招标答疑与现场查勘应包括：工程招标单位在现场组织现场查勘和招标答疑的时间、地点安排等。

(6)关于开标、评标与定标

评标组织由招标单位、项目主管部门及邀请的专业经济、技术人员、其他人员组成评标委员会或评标小组。招投标管理部门、公证部门及招标单位的监察部门的代表负责开标、评标、定标全过程的监督工作。评标原则应坚持平等、自主、客观、公正和注重信誉的原则，力求标价合理、工期适当、质量可靠、技术先进、方案可行。对投标单位的报价(或优惠条件)、工期、质量、施工组织设计、企业实力与信誉等方面，按照招标文件确定的评价标准和方法进行评审和比较。

(7)关于无效投标书的规定

例如标书未按规定时间送达的规定，标书未按规定密封，投标书未加盖单位和法人代表印鉴，投标书未按招标书要求编制或字迹辨认不清，投标单位的法定代表人或者其委托代理人未参加开标会议等。

(8)关于投标纪律

例如：投标单位不得哄抬标价、不准串通投标；不得虚报企业资质等级及其他有关资料情况；不得与招标方的有关人员勾结，排挤其他投标单位的公平竞争；不得扰乱招标会场秩序；招标单位人员和评标小组成员不得作为投标单位的代理人参与投标活动等。

(9)其他事项

投标单位申请领取招标书和其他有关资料，应向招标单位交纳投标保证金。投标单位在

投标书送达截止时间后退出投标活动的，中标后逾期或者拒绝签订合同的，其交纳的保证金不予退回。投标单位中标后，在30天内凭中标通知书与招标单位签订工程承包合同协议，其合同条款应根据招标书、中标单位投标书的内容及有关规定，由合同双方当事人协商确定。各投标单位的投标费用自理，无论中标与否，建设单位不承担任何补偿费用。

3. 合同主要条款

依据《建设工程施工合同示范文本》的“合同条件”，编制合同文本。

(1)合同协议条款内容

结合具体工程情况，涉及招标单位的条款，在招标书中提出；涉及投标单位的条款，在投标书中进行承诺。

(2)工程合同主要条款

工程合同主要条款包括工程价款拨付、材料和设备供应、工程用的主要材料采购和质量监控方式以及合同价款的调整内容等。

4. 工程量清单

采用工程量清单进行工程招标是一种国际通行及惯用的工程招标方式。工程量清单是招标文件的重要组成部分，也是整个招标文件中报价的核心，并对工程将来的顺利实施起着重要作用。施工招标一般采用单价合同模式，即按工程量清单项目进行计量和支付。这就要求在工程招标阶段就要对其规模和性质有足够的了解，完整地列出工程量清单中的各项。清单中各项的名称和计量单位应准确，符合行业习惯；工程量应尽量接近实际，具有综合性和可计量性，不能漏项。

招标文件的工程量清单的编写应满足下列要求：

(1)工程细目的划分应和《工程量清单计价规范》保持一致。每一个工程细目的性状和特点是通过《工程量清单计价规范》来描述的，《计价规范》详细地规定了每一个工程细目的主要内容、质量要求、验收标准、计量和支付方式等。当两者不一致时，会给投标报价及合同执行造成一系列问题。工程量细目的划分应便于计量与支付。工程细目如果划分得不科学，计量工作便难以开展，计量工作量也会大增。

(2)工程量清单中的工程量应尽可能准确。投标人是根据清单中的工程量进行施工组织设计和资源配备的，一旦工程量变化超出合同规定范围，必然会引起承包人的施工资源重组和费用的变更。

(3)应考虑到合同管理过程中便于处理工程变更及简化施工索赔等问题，最大限度地发挥单价合同的优势。

在项目招标阶段，由于工程量清单是投标报价的依据；在项目实施阶段，已标价的工程量清单是合同实施的支付依据；工程细目和量的变化又是承包人索赔的因素。因此，工程量清单应引起标书编制人员的高度重视，工程量的准确性应予保证。而对于基础处理、灌浆等隐蔽性工程，不确定的因素较多，应作专门规定，尽量减少可能或潜在的变更和索赔。

8.2 工程标底的编制

标底是建筑安装工程造价的表现形式之一，是招标人对招标项目在方案、质量、工期、价格、措施等方面自我预期控制的指标，是由建设单位自行编制或委托有编制标底资格和能力的中介机构代理编制、并经过核准审定的发包造价。标底应控制在批准的总概算和投资包干的限额内。

在建设部《建筑工程施工发包与承包计价管理办法》(建设部 107 号令)中,对招标标底的编制作了规定,指出标底应根据国务院和省、自治区、直辖市人民政府建设行政主管部门制定的工程造价计价有关规定和市场价格信息进行编制。

8.2.1 以施工图预算为基础编制

1. 标底费用的构成

标底费用的构成一般由分部分项工程费用、措施项目费用、材料预计调价费用、工程预留费用和工程保险费用构成。

2. 标底编制的依据、作用和原则

工程标底一般由招标单位组织编写,其主要依据如下:

(1)招标文件;

(2)国家或地方颁发的各类定额及定额相关文件;

(3)工程施工图纸、设计说明;

(4)有关材料的预算价格、材料调价文件、费用调整文件;

(5)现场勘察所搜集到的有关资料;

(6)施工图预算书或设计概算。

工程标底编制能使招标单位预先明确在拟建工程中所应当承担的财务义务,即在未来工程建设过程中所应当承担的费用总额。标底提交上级主管部门,为其提供核定工程规模的基本依据,是正确判断投标单位投标报价的合理性、可靠性的依据。

标底应在开标前编出,并报工程招标管理机构审定。当审定的数值与标底不一致时,以审定后的数值为准。标底的制定对投标竞争有很重要的作用,标底的编制应该符合政策,实事求是,科学合理。标底在开标前应严格保密,密封保存。

3. 标底编制的步骤

以施工图预算为基础的标底编制,除与施工图预算相同外,还应提供准确的主要材料用量、施工措施费、包干费等因素,以保证投资控制。

标底的编制应从施工图预算审核入手,首先对比招标文件,确定工程拟招标的范围,把招标文件中未列入招标范围的内容从施工图预算中剔除,把预算中未列入的部分加进去。其次要对施工图纸进行审核,经仔细审核图纸,对未列入施工图预算而又在招标范围内的项目,要按照图纸和定额的规定计算费用,计入标底。

标底编制的步骤如下:

(1)准备资料,熟悉图纸。

编制标底前针对工程内容准备相关资料,熟悉定额内容和使用范围,掌握工程量计算规则和方法。编制前要对施工图纸进行全面审查,检查图纸是否完整,图面意图是否明确,尺寸标注是否清楚,有无施工说明等。

(2)计算工程量。

计算工程量是编制标底的重要工作,实际上编制标底的大部分时间要花在识别图纸和计算工程量上。根据图纸和定额划分工程的分部分项工程是相当重要的。为了准确计算工程量,要注意分项工程的工作内容和范围必须与定额子目一致,计量单位应一致。工程量计算规则也必须与定额中规定的计算规则一致。工程量的计算顺序一般是标准层、底层,基础、屋面;先结构后建筑,先主体后钢筋等。大型复杂工程应先划分区域,编成区号,分区计算,以免遗漏。

(3)套取定额。

工程量计算无误,计量单位与定额单位一致时,可进行套取定额单价的工作。套价时应仔细核对分项工程内容与定额单位估价表中的内容是否一致,如果某分项工程的材料品种、配合比与规定的不同而在定额中说明可以换算的,应进行换算。如果有生项,要编生项定额,并把生项定额作为附件一并送审。

(4)计算各项费用,并汇总造价。

根据工程量并套定额单价计算汇总的费用仅为直接工程费,措施费中的施工技术措施费可以根据定额单价乘以相应的工程量计算,措施费中的施工组织措施费应根据费率以直接工程费和施工技术措施费合计中的人工费、机械费为基础计提。企业管理费、利润、规费、税金等皆可根据《浙江省建筑工程施工取费定额》(2003)中规定的费率以相应的基数提取。

(5)复核。

复核是为了及时发现差错,提高准确性。在复核中应对工程项目列项、工程量计算式、计算结果、套用的单价、采用的各项取费费率等进行全面复核。

(6)编写说明、填写封面、装订成册。

8.2.2 以扩初概算为基础编制

以扩初概算为基础进行标底的编制,方法与以施工图预算为基础编制基本相同,所不同的是,其利用的是概算定额,有的在概算基础上进行了“并费”。即将施工管理费、措施费、利润、税金等因素摊入每项单价内,而不是单独计算。另外,编制标底应考虑以下问题:

(1)材料的计价方法和材料价差的确定。根据招标文件的规定确定调价文件的截止日期和市场价格的参照标准。

(2)提前竣工奖和优质优价奖。国家规定对合同工期提前竣工的施工企业可给予一次性奖励,即提前竣工奖。国家规定对完成工程优良以上质量的企业给予优质优价奖。

(3)发包方式。编制标底时应根据招标文件中规定的发包方式采用相应的取费标准。

(4)材料供应方式。编制标底时一定要明确材料设备的供应方式,材料供应包括甲方采购和乙方自采两种方式。若为甲方采购,在编制标底时应注明材料设备的标底价格;若为乙方自采,甲方可提供限价,再计取差价。若甲方不限价,则由乙方自行承担风险。

8.2.3 以工程量清单为基础编制

《工程量清单计价规范》中强调:实行工程量清单计价招标投标建设工程,其招标标底、投标报价的编制、合同条款的确定与调整、工程结算应按本规范进行。并进一步规定:招标工程如果设标底,标底应根据招标文件中的工程量清单和有关要求、施工现场实际情况、合理的施工方法以及按照建设行政主管部门制定的有关工程造价计价办法进行编制。

以工程量清单为基础编制标底应注意以下问题:

(1)深刻理解工程量清单计价的规则和清单招标的实质,真正休现出工程量清单计价的优势。无论采用何种计价方式，招标投标法中规定的程序是基本保持不变的。不同的是，招标过程中计价形式和招标文件的组成及相应的评标办法等有所变化。

(2)若编制工程量清单与招标标底是同一单位，应注意发放招标文件中的工程量清单与编制标底的工程量清单在格式、内容、描述等各方面保持一致，避免由此而造成招标的失败或评标的不公正。

(3)工程量清单的描述必须准确全面，避免由于描述不清而引起理解上的差异，造成投标企业报价时不必要的失误，影响招投标的工作质量。

(4)注意区分清单中分部分项工程量清单费、措施项目清单费、其他项目清单费和规费、税金等各项费用的组成，避免重复计算。

1. 标底编制中分项工程综合单价的确定

综合单价法是建筑安装工程费计算中的一种计价方法(与之对应的还有一种是工料单价法)，综合单价法的分部分项工程单价为全费用单价，全费用单价经综合计算后生成，其内容包括完成分部分项工程清单项目所需的各项费用，包括人工费、材料费、机械费、管理费和利润，并考虑风险因素(措施费也可按此方法生成全费用价格)。各分项工程量乘以综合单价的合价汇总后，再加计规费和税金，便可生成建筑或安装工程造价的标底。

由此可见，以工程量清单计价法进行招标标底的编制，主要的工作内容是参照已建项目或根据招标单位的工程经验确定相应分项工程的综合单价。如果招标单位对自行确定综合单价没有把握，可以参照定额中的工料单价，在确定管理费和利润率，同时考虑风险因素后计算得出。其中，管理费和利润率的确定可由招标单位自行确定，如果招标单位同样缺乏经验，也可参照《浙江省建筑工程施工取费定额》(2003 年版)。具体可参考如下步骤：

(1)确定与清单项目对应的定额子目；

(2)计算相应定额子目的工程量；

(3)套定额单价，计算相应定额子目的人、材、机合价；

(4)以人工费、机械费合计为基数计算管理费、利润和风险因素；

(5)汇总定额子目的各项费用除以清单项目的工程量得到综合单价。

例 8-1　某工程为多层砖混住宅，土壤类别为三类土，基础为钢筋混凝土带形基础，垫层宽度为 1600mm，挖土深度为 1.8m，基础总长度为 1560m，弃土运距按 4km 考虑。试从业主方角度确定土方工程的分部分项工程量清单综合单价。

解：清单工程量＝1.6×1.8×1560＝4493(m^3)

按工料单价法，由于挖土深度超过 1.5 米应该放坡，定额项目土方工程量要比清单工程量为大。设工作面宽为每边 300mm，土壤三类土，坡度系数为 1 ∶ 0.33。

定额项目土方挖方总量＝(1.6＋0.3×2＋0.33×1.8)×1.8×1560＝7846(m^3)

假设施工中采用人工挖土方，工程量为 7846m^3。套《浙江省建筑工程预算定额》(2003 年版)，土方工程套综合定额 1-2。

人工挖三类土直接工程费＝2049×(7846÷100)＝160765(元)

人工挖三类土人工费＝2011.20×(7846÷100)＝157799(元)

人工挖三类土机械费＝37.45×(7846÷100)＝2938(元)

则：挖土方直接工程费合计＝160765(元)

挖土方人工费与机械费合计＝157799＋2938＝160737(元)

管理费费率、利润率考虑了费用定额中的企业管理费取值区间24%～17%和利润的取值区间16%～12%，分别取定19%和13%。风险费费率按5%取定。

管理费＝(人工费＋机械费)×19%＝160737×19%＝30540(元)

利润＝(人工费＋机械费)×13%＝160737×13%＝20896(元)

风险费＝(人工费＋机械费)×5%＝160737×5%＝8037(元)

则：综合合价＝直接工程费＋管理费＋利润＋风险费

＝160765＋30540＋20896＋8037＝220238(元)

综合单价＝220238÷4493＝49.02(元/m^3)

例8-2 某工程为三类建筑，内外墙均采用实心砖墙砌筑，其中外墙、内墙分户墙、楼梯间墙为1标准砖砌筑，其余内墙为1/2标准砖。1标准砖墙工程量合计为679.55m^3，1/2砖墙工程量合计为40.46 m^3。试从业主方角度分析计算清单中实心砖墙项目的综合单价。

解：砖墙清单工程量为679.55＋40.46＝720.01(m^3)

砖墙清单项目包含定额中1标准砖墙和1/2标准砖墙两个子目。套《浙江省建筑工程预算定额》(2003年版)，1标准砖墙和1/2标准砖墙两个定额子目的工料单价分别为1826元/10m^3和1939元/10m^3

1标准砖墙直接工程费＝1826×(679.55÷10)＝124086(元)

其中：1标准砖墙人工费＝377×(679.55÷10)＝25619(元)

1标准砖墙机械费＝17.43×(679.55÷10)＝1184(元)

1/2砖墙直接工程费＝1939×(40.56÷10)＝7865(元)

其中：1/2砖墙人工费＝491×(40.56÷10)＝1991(元)

1/2砖墙机械费＝14.75×(40.56÷10)＝60(元)

砖墙直接工程费中

人工费＋机械费＝25619＋1184＋1991＋60＝28854(元)

管理费、利润费率考虑了费用定额中的企业管理费取值区间24%～17%和16%～12%，分别取定为20%和15%。风险因素取5%。

那么，管理费＝(人工费＋机械费)×20%＝28854×20%＝5771(元)

利润＝(人工费＋机械费)×15%＝28854×15%＝4328(元)

风险费＝(人工费＋机械费)×5%＝28854×5%＝1443(元)

则：综合合价＝直接工程费＋管理费＋利润＋风险

＝124085＋7865＋5771＋4328＋1443＝143492(元)

综合单价＝143492÷(679.55＋40.46)＝199.29(元/m^3)

2. 标底的编制

招标人可根据工程的实际情况决定是否编制标底。但多数情况下，它无法回避，即使采用无标底方式招标，招标人也需对工程的建造费用事先进行估计，以便心中有数。采用清单计价法进行标底的编制，当所有分项工程项目的综合单价都已经确定后，进行分部分项工程费、措施项目费和其他项目费的汇总工作过程。如：×××建筑工程分部分项工程费、措施项目费和其他项目费汇总计算。

(1)分部分项工程直接工程费

×××建筑工程分部分项工程直接工程费计算如表8-1所示，项目特征省略。

表8-1　×××建筑工程分部分项工程直接工程费

工程名称:×××建筑工程　　　　第1页　共1页

序号	项目编码	项目名称	计量单位	数量	金额(元)	
					综合单价	合价
		A.1　土石方工程				6870.33
1	010101003001	挖基础土方	m^3	130.11	49.02	6377.99
2	010103001001	土(石)方回填	m^3	84.74	5.81	492.34
		A.3　砌筑工程				16610.82
3	010302001001	实心砖墙	m^3	83.35	199.29	16610.82
		A.4　混凝土及钢筋混凝土工程				40220.21
4	010401002001	独立基础	m^3	7.93	517.67	4105.12
5	010402001001	矩形柱	m^3	9.65	288.3	2782.09
6	010403001001	基础梁	m^3	9.22	258.71	2385.31
7	010403005001	过梁	m^3	1.60	280.11	448.18
8	010405001001	有梁板	m^3	26.71	269.66	7202.62
9	010405007001	天沟、挑檐板	m^3	3.28	325.15	1066.49
10	010405008001	雨篷、阳台板	m^3	8.44	28.1	237.16
11	010407002001	散水、坡道	m^2	43.40	29.99	1301.57
12	010416001001	现浇混凝土钢筋	t	7.49	2760.73	20691.67
		A.7　屋面及防水工程				10956.44
13	010702001001	屋面卷材防水	m^2	142.62	73.43	10472.59
14	010702002001	屋面涂膜防水	m^2	142.62	1.44	205.37
15	010702005001	屋面天沟、沿沟	m^2	37.01	3.35	123.95
16	010703003001	砂浆防水(潮)	m^2	17.64	8.76	154.53
		A.8　防腐、隔热、保温工程				9561.24
17	010803001001	保温隔热屋面	m^2	142.62	67.04	9561.24
		B.1　楼地面工程				5825.63
18	020101003001	细石砼楼地面	m^2	139.85	40.47	5659.73
19	020105001001	水泥砂浆踢脚线	m^2	9.97	16.64	165.9
		B.2　墙、柱面工程				5995.3
20	020201001001	墙面一般抹灰	m^2	616.82	9.72	5995.3
		B.3　天棚工程				1371.46
21	020301001001	天棚抹灰	m^2	154.27	8.89	1371.46
		B.4　门窗工程				12144.48
22	020401004001	胶合板门	樘	1	453.93	453.93
23	020402007001	钢质防火门	樘	3	1590.45	4771.35
24	020406007001	塑钢窗	樘	10	691.92	6919.2
		B.5　油漆、涂料、裱糊工程				4021.54
25	020507001001	刷喷涂料	m^2	616.83	6.52	4021.54
		合　　计				113577.45

(2)措施项目费

1)施工技术措施项目费

参考《浙江省建筑工程预算定额》(2003)中相应复合木模的定额基价和脚手架、垂直运输机械的定额基价以及《浙江省建筑工程预算定额》(2003)中相应混凝土构件的模板系数，施工技术措施项目费用计算如下：

现浇混凝土基础垫层模板:(8.22×1.38÷100)×1686=191.25(元)

现浇混凝土独立基础模板:(7.93×1.88÷100)×1675=249.72(元)

现浇混凝土矩形柱复合木模:(9.65×14.73÷100)×1996=2837.20(元)

现浇混凝土基础梁复合木模:(9.22×10.6÷100)×2129=2080.71(元)

现浇混凝土矩形梁复合木模:(1.60×9.68+9.95×10.6)÷100×2479=2998.55(元)

现浇混凝土板复合木模:(16.76×8.04÷100)×1866=2514.44(元)

现浇混凝土阳台、雨篷复合木模:(8.44×25.25÷100)×371.69=792.11(元)

现浇混凝土天沟、挑檐板复合木模:(3.28×18.50÷100)×2004.56=1216.37(元)

脚手架:157.5(建筑面积)×698÷100=1099.35(元)

垂直运输机械:157.5(建筑面积)×952÷100=1499.40(元)

2)施工组织措施项目费

通过统计，已知×××建筑工程直接工程和施工技术措施费中的人工费、机械费合计为28713元。参考《浙江省建筑工程施工取费定额》(2003)，环境保护费、文明施工费、安全施工费、临时设施费费率取定分别为0.1%、0.9%、0.3%、4.5%。夜间施工增加费、二次搬运费、缩短工期增加费、已完工程及设备保护费暂不计取。其施工组织措施费用计算如下：

环境保护费:28713×0.1%=28.71(元)

文明施工费:28713×0.9%=258.42(元)

安全施工费:28713×0.3%=86.14(元)

临时设施费:28713×4.5%=1292.09(元)

则×××建筑工程措施项目费计算如表8-2所示。

其他项目费不计，则该工程标底总价计算如下：

分部分项工程费=113577元

措施项目费=24216元

其他项目费=0元

规费=(113577+24216)×4.39%=6049(元)

税金=(113577+24216+6049)×3.513%=5053(元)

则工程标底=113577+24216+6049+5053=148895(元)

8-2　×××建筑工程措施项目费

工程名称:×××建筑工程　　第1页　共1页

序号	项　目　名　称	金额(元)
1	环境保护费	28.71
2	文明施工费	258.42
3	安全施工费	86.14
4	临时设施费	1292.09
5	大型机械设备进出场及安拆	0
6	混凝土、钢筋混凝土模板及支架 6.1 现浇混凝土基础垫层模板 6.2 现浇混凝土独立基础模板 6.3 现浇混凝土矩形柱复合木模 6.4 现浇混凝土基础梁复合木模 6.5 现浇混凝土矩形梁复合木模 6.6 现浇混凝土板复合木模 6.7 现浇混凝土阳台、雨篷复合木模 6.8 现浇混凝土天沟、挑檐板复合木模	 191.24 249.78 2779.91 2081.03 2998.39 2514.05 7921.09 1216.37
7	脚手架	1099.35
8	垂直运输机械	1499.40
9	夜间施工增加费	0
10	二次搬运费	0
11	缩短工期增加费	0
12	已完工程及设备保护费	0
	合　计	24215.97

8.3　投标报价的编制

8.3.1　施工工程量的确定

施工工程量是建筑工程在实际施工过程中发生的工程量,其数量与清单工程量或定额工程量由于计算规则和工作内容的范围不同,部分项目会有所差异。

(1)土石方工程

土石方工程中例如平整场地项目,如施工组织设计规定超面积平整场地时,超出部分应包括在报价内。挖基础土方项目应根据施工方案规定的放坡、操作工作面和机械挖土进出施工工作面的坡道等增加的施工量,应包括在挖基础土方报价内,施工增量的弃土运输也需要包括在报价内。深基础的支护结构以及施工降水等,应列入工程量清单措施项目费内,简单的挡土板费用则纳入本项目报价。土(石)方回填项目基础土方放坡等施工的增加量,应包括在报价内。

(2)基础工程

基础工程中的混凝土桩工程,灌注桩的钢筋笼应按混凝土及钢筋混凝土的有关项目另行报价。人工挖孔时采用的护壁(如砖砌护壁、预制钢筋混凝土护壁、现浇钢筋混凝土护壁、钢模周转护壁、竹笼护壁等),应包括在报价内。钻孔灌注泥浆的搅拌运输,泥浆池、泥浆沟槽的砌筑、拆除,应包括在报价内。各种桩的混凝土充盈量,应包括在报价内。沉管灌注若使用预制钢筋混凝土桩尖时,应包括在报价内。显然,对桩的报价需要熟悉施工工艺过程,对施工方案及现场布置等要进行优化。

基础工程中的带形基础,工程量清单计价的工程量计算规则与消耗量定额配套的工程量计算规则比较,当两者之间是一致时,施工主要工序的工程量与清单工程量相等,投标报价就显得简单得多。

(3)砌筑工程

砌筑工程中砖构筑物项目在《计价规范》中包括:砖烟囱、水塔(010303001),砖烟道(010303002),砖窨井、检查井(010303003)以及砖水池、化粪池(010303004)。其中,“砖窨井、检查井”、“砖水池、化粪池”项目适用于各类砖砌窨井、检查井、砖水池、化粪池、沼气池、公厕生化池等。在计价时应注意:

①工程量的“座”包括挖土、运输、回填、井池底板、池壁、井池盖板、池内隔断、隔墙、隔栅小梁、隔板、滤板等全部工程。

②井、池内爬梯需要另列项目计算,构件内的钢筋按混凝土及钢筋混凝土相关项目应编码列项。

(4)楼地面工程

楼地面的构造包括基层(楼板、夯实土基)、垫层、填充层、隔离层、找平层、结合层、面层等,比较复杂。这些所有构造层的工程内容均应包括在报价中。在具体工程投标报价时,应当首先把握构造做法,然后分析各构造部分的施工工程量。事实上,楼地面构造组成部分的施工工程量之间具有客观的内在联系。

例如:某工程石材楼地面(020102001001)项目构成中的面层施工工程量为 62.30m^2,则碎石垫层施工工程量为 62.30×0.10(厚)=6.23(m^3),混凝土垫层施工工程量为 62.30×0.06(厚)=3.74(m^3)。面层施工工程量 62.30m^2 大于此工程的清单工程量 61.98m^2。其原因是,清单工程量计算规则规定:块料地面工程量对门窗洞口等部位不增加计算面积,而实际施工以及与消耗量定额配套的工程量计算规则都是按照实际铺贴面积考虑的。

8.3.2 综合单价的确定

例 8-3 某工程为多层砖混住宅,土壤类别为三类土,基础为钢筋混凝土带形基础,垫层宽度为 1.6m,挖土深度为 1.8m,基础总长度为 1560m,弃土运距为 4km。试从承包商角度确定土方工程的分部分项工程量清单报价中的综合单价。

解:清单工程量=1.6×1.8×1560=4493(m^3)

投标人实际施工挖基础土方时,由于挖土深度超过 1.5m 应该放坡,再考虑施工时工作面的需要,工程量要比清单工程量为大。工作面宽为每边 300mm,土壤三类土,坡度系数为 1∶0.33。

土方挖方总量=(1.6+0.3×2+0.33×1.8)×1.8×1560=7846(m^3)

根据施工方案采用人工挖土方,工程量为 7846 m^3。除沟边堆土外,现场堆土采用人工运输,工程量为 2150m^3,运距 40m;另一部分土方采用自卸汽车运土,运距为 4km,工程量为 3520m^3。

人工挖三类土直接工程费＝1130×(7846÷100)＝88660(元)

人工挖三类土人工费＝88660(元)

人工运土方直接工程费＝389×(2150÷100)＝8364(元)

人工运土方人工费＝8364(元)

人工装土直接工程费＝3384×(3520÷1000)＝11912(元)

人工装土人工费＝11912(元)

自卸汽车运土直接工程费＝(4868＋1183×3)×(3520÷1000)＝29628(元)

自卸汽车运土人工费＝144×(3520÷1000)＝507(元)

自卸汽车运土机械费＝(4724＋1183×3)×(3520÷1000)＝29121(元)

挖土方直接工程费合计＝88660＋8364＋11912＋29628＝138564(元)

挖土方人工费与机械费合计＝88660＋8364＋11912＋507＋29121＝138564(元)

管理费、利润费率考虑了费用定额中的企业管理费取值区间 24%～17%和利润的取值区间 16%～12%，分别取 19%和 15%。风险费费率按 8%取定。

那么，管理费＝(人工费＋机械费)×19%＝138564×19%＝26327(元)

利润＝(人工费＋机械费)×15%＝138564×15%＝20785(元)

风险费＝(人工费＋机械费)×8%＝138564×8%＝11085(元)

则：综合合价＝直接工程费＋管理费＋利润＋风险费

＝138564＋26327＋20785＋11085＝196761(元)

综合单价＝196761÷4493＝43.79(元/m^3)

例 8-4　某工程为三类建筑，内外墙均采用实心砖墙砌筑，其中外墙、内墙分户墙、楼梯间墙为 1 标准砖，其余内墙为 1/2 标准砖。1 标准砖墙工程量合计为 679.55m^3，1/2 砖墙工程量合计为 40.46m^3。试从承包商角度分析计算投标报价中实心砖墙项目的综合单价。

解：该项目清单工程量＝679.55＋40.46＝720.01(m^3)

1 标准砖墙直接工程费＝1826×(679.55÷10)＝124086(元)

其中：1 标准砖墙人工费＝377×(679.55÷10)＝25619(元)

1 标准砖墙机械费＝17.43×(679.55÷10)＝1184(元)

1/2 砖墙直接工程费＝1939×(40.56÷10)＝7865(元)

其中：1/2 砖墙人工费＝491×(40.56÷10)＝1991(元)

1/2 砖墙机械费＝14.75×(40.56÷10)＝60(元)

砖墙直接工程费中

人工费＋机械费＝25619＋1184＋1991＋60＝28854(元)

管理费、利润费率考虑了费用定额中的企业管理费取值区间 24%～17%和利润的取值区间 16%～12%，分别取 22%和 12%。风险费率取定 8%。

那么，管理费＝(人工费＋机械费)×20%＝28854×22%＝6348(元)

利润＝(人工费＋机械费)×12%＝28854×12%＝3462(元)

风险＝(人工费＋机械费)×8%＝28854×8%＝2308(元)

则：综合合价＝直接工程费＋管理费＋利润＋风险

＝124086＋7865＋6348＋3462＋2308＝144069(元)

综合单价＝144069÷720.01＝200.09(元/m^3)

8.3.3 投标报价的确定

承包商进行投标报价时应关注投标策略问题，即投标人从项目接洽到投标完备的全过程进行布置及其所采取的手段。投标人在参加工程投标前，首先要关注招标文件的制定过程，然后组织相关人员进行投标策略分析及标书评审工作。

1. 投标报价因素分析

投标报价时主要考虑以下三个方面因素。

(1)项目情况

需要充分了解业主的社会地位，掌握业主对价格的态度和倾向，分析其项目的前景、工程特点、建设规模、项目性质、市场环境以及施工现场条件，研究招标文件内容。

(2)对手情况

研究对手是确定报价的基础之一，针对业主倾向来决定自己的报价。为此，需要重点分析投标单位的背景及实力强的单位，了解对承接工程跟踪的深度，掌握对方过去投标的报价规律，相互了解程度和准备争取的报价手段与策略等各方面信息。

(3)自身情况

需要对自身的状况以及竞争优劣、利弊等各方面因素进行综合分析，结合当前生产经营情况，特别是项目组织及成本控制的情况，这是最终决定报价的关键。

2. 投标报价的技巧运用

投标报价以企业的投标策划为基础，经历询价、估价、报价三个阶段，期间可考虑相关技巧的巧妙运用。一般情况下，在总价基本确定后，关键技巧是运用“不平衡报价法”调整各个子目的报价。其作用在于，既可巧妙地化险为夷，提高中标机率；又能在竣工后结算时取得良好的经济效益，加快资金回笼。重点归纳如下几点：

(1)常用项目可报高价，如土方工程、砼、砌体、铺装等。大多在前期施工中能早日回收工程款，而在后期施工项目适当可低一些，同时可以解决资金回笼快的问题。

(2)通过现场勘查，分析施工图纸与提供的工程量清单，预计工程量会增加项目，单价适当提高，这样在最终结算时可增加工程造价。将工程量可能减少的项目单价降低，工程结算时损失不大。

(3)与设计单位联系，掌握设计阶段的讨论内幕，了解设计方面有争议并可能导致变更的项目，对于可能变更的项目要报低价。

(4)设计图纸不明确，根据经验估计会增加的项目和暂定项目估计自己能承包的项目可报高一些，对概念含糊，将来可能发生争议的项目和暂定项目中，估计自己将受到专业限制不能承接的项目可报低一点。

(5)对固定单价和工程量可调的合同，应注意控制量，调高价。

(6)招标文件中明确投标人附“分部分项工程量清单综合单价分析表”的项目，应注意将单价分析表中的人工费和机械费报高，将材料费适当报低。通常情况下，材料往往采用业主认价，从而可获得一定的利益。

(7)特种材料和设备安装工程编标时，由于目前参照的定额仍是主材、辅材、人工费用单价分开的，对特殊设备、材料，业主不一定熟悉，市场询价困难，则可将主材单价提高。而对常用器具、辅助材料报价低。在实际施工中，为了保证质量，往往会产生对设备和材料指定品牌，承包商则可利用品牌的变更，向业主要求适当的单价。

(8)对于需要分期建设的大型项目，可将先期工程总价报低一些。发挥自身技术优势，抓好过程签证，提高效果，取得效益。通过先期施工中建立起来的社会关系、信誉以及成功的经验可以继续施工，节约开办费用。

(9)不少招标文件中存在缺陷，对投标人有利而含糊的过错或错误的条款，答疑时注意策略，以免提醒业主及其他投标人。在项目施工中，可利用含糊或错误进一步洽商，以达到效益最大化。

(10)技术标是投标文件的重要组成部分，项目子项可多项选择或设计降低标准时，可在方案中明示，中标后可以追溯。

虽然运用技巧可以降低风险，取得中标或能争取利益的效果，但投标报价时必须认真核对施工图纸、复核工程量清单，特别是对报低单价的项目，若实际工程量增加，将会造成巨大的经济损失，同时容易引起业主的反感。因此，报低单价也要控制在合理的幅度内。

3. 投标报价的原则

清单报价遵循“量价分离”的原则，要求投标人根据提供的统一工程量和拟建项目情况的描述要求，结合项目、市场、风险以及企业的综合实力自主进行报价的新型计价模式，其实质内容是“统一量、指导价、竞争费”。所以，投标报价应遵循合理报价，以低价取胜，低价中标、高价索赔，以缩短工期取胜，以改进设计取胜，以退为进或以长远发展为目标的原则。

(1)合理报价的原则

通过分析业主、竞争对手、自身等综合因素，确定其合理的报价。

报价规律为：合理的成本加造价管理部门发布的指导利润。

(2)合理低价的原则

报价规律为：集约型成本加低于行业造价管理部门发布的指导利润。当前面临的竞标仍不是越低越好，而是科学合理地计算和测算得出的适当低价。一般而言，投标的目的是为了承接业务并争取利润，绝对不能出现无利可图的投标报价。否则，很容易面临落标，甚至会产生废标的危险。同时，无序竞争也将极大地降低企业的信誉度，致使社会对企业的综合实力产生质疑。

(3)低价中标、高价索赔的原则

报价规律为：集约型成本加微利。这是当前国际社会上最常用的一种方法，国内大多承包商有畏惧心理。实际上，中标后既可以向管理要效益，也可以通过索赔等方式取得投标时无法取得的利润，尤其是在利用标准合同示范文本的情况下，坚持把握文本的条件，将会给企业带来某些无法预计的利润空间。

工程量清单投标报价中的投标竞争，不仅仅是技术、管理、装备、信誉、专业水平、资本等多方面的竞争，更取决于投标策略和方法的正确性和预见性，同时也非常讲究技巧，即技巧的运用。只有通过实践，针对不同工程的特点和自身优势、劣势，谨慎运用，不断积累，不断探索，才能从中获胜。

投标报价不能完全依赖企业的现行经营及成本管理水平，而应当注意积累收集投标市场的数据，参考同行企业的先进水平至少是主要竞争对手的管理状况，这才是真正的竞争力，使企业得到可持续发展。

4.清单计价法编制投标报价实例

一般工程的商务标标书应该由单位工程费汇总表、分部分项工程量清单报价表、措施项目工程量清单报价表、其他项目清单报价表、零星工作项目计价表构成。各类表格的编制应考虑投标报价的技巧运用和报价原则。

(1)单位工程汇总表的编制

×××建筑工程单位工程费汇总表如表 8-3 所示。

表 8-3 ×××建筑工程单位工程费汇总

工程名称:×××建筑工程 第1页 共1页

序号	项 目 名 称	金额(元)
1	分部分项工程量清单	109374
2	措施项目清单	26655
3	其他项目清单	1000
4	规费	6016
5	税金	5025
	合计	148070

其中,148070 元为投标单位土建部分的投标总价。

(2)分部分项工程量清单报价表的编制

分部分项工程量清单报价表的编制以招标文件中的清单工程量乘以施工单位所报综合单价并汇总而成。考虑到矩形柱项目工程量有可能要增加,投标报价时报相对高价 15.44 元/m^3。屋面卷材防水项目有可能会发生设计变更,投标报价报相对低价 68.35 元/m^3。前期项目单价可适当报高些,如混凝土及钢筋混凝土工程中的相关项目等。

×××建筑工程分部分项工程量清单计价表如表 8-4 所示,项目特征省略。

表 8-4 ×××建筑工程分部分项工程量清单计价

工程名称:×××建筑工程 第1页 共1页

序号	项目编码	项 目 名 称	计量单位	数量	金额(元)	
					综合单价	合 价
		A.1 土石方工程				6588.54
1	010101003001	挖基础土方	m^3	130.11	43.79	5697.08
2	010103001001	土(石)方回填	m^3	84.74	10.52	891.46
		A.3 砌筑工程				16673.33
3	010302001001	实心砖墙	m^3	83.35	200.04	16673.33
		A.4 混凝土及钢筋混凝土工程				43164.16
4	010401002001	独立基础	m^3	7.93	537.67	4263.72
5	010402001001	矩形柱	m^3	9.65	297.31	2869.04
6	010403001001	基础梁	m^3	9.22	268.22	2472.99
7	010403005001	过梁	m^3	1.60	279.87	447.79

续表

序号	项目编码	项目名称	计量单位	数量	金额(元)	
					综合单价	合　价
8	010405001001	有梁板	m^3	26.71	281.16	7509.78
9	010405007001	天沟、挑檐板	m^3	3.28	315.95	1036.32
10	010405008001	雨篷、阳台板	m^3	8.44	38.16	322.07
11	010407002001	散水、坡道	m^2	43.40	30.39	1318.93
12	010416001001	现浇混凝土钢筋	t	7.49	3060.55	22923.52
		A.7　屋面及防水工程				10143.48
13	010702001001	屋面卷材防水	m^2	142.62	68.35	9748.08
14	010702002001	屋面涂膜防水	m^2	142.62	1.23	175.42
15	010702005001	屋面天沟、沿沟	m^2	37.01	2.35	86.97
16	010703003001	砂浆防水(潮)	m^2	17.64	7.54	133.01
		A.8　防腐、隔热、保温工程				8269.11
17	010803001001	保温隔热屋面	m^2	142.62	57.98	8269.11
		B.1　楼地面工程				6037.70
18	020101003001	细石砼楼地面	m^2	139.85	42.35	5922.65
19	020105001001	水泥砂浆踢脚线	m^2	9.97	11.54	115.05
		B.2　墙、柱面工程				5354.00
20	020201001001	墙面一般抹灰	m^2	616.82	8.68	5354.00
		B.3　天棚工程				1283.53
21	020301001001	天棚抹灰	m^2	154.27	8.32	1283.53
		B.4　门窗工程				6450
22	020401004001	胶合板门	樘	1	450	450
23	020402007001	钢质防火门	樘	3	1000	3000
24	020406007001	塑钢窗	樘	10	300	3000
		B.5　油漆、涂料、裱糊工程				3688.64
25	020507001001	刷喷涂料	m^2	616.83	5.98	3688.64
		合　计				109373.92

(3)措施项目工程量清单报价表的编制

措施项目工程量清单报价表的编制根据施工单位所需实际确定。例如×××建筑工程施工技术措施项目费用计算可参见下式：

现浇混凝土基础垫层模板：(8.22×1.38÷100)×1800＝204.18(元)

现浇混凝土独立基础模板：(7.93×1.88÷100)×1800＝268.35(元)

现浇混凝土矩形柱复合木模(9.65×14.73÷100)×2000＝2842.89(元)

现浇混凝土基础梁复合木模(9.22×10.6÷100)×2000＝1954.64(元)

现浇混凝土矩形梁复合木模(1.60×9.68＋9.95×10.6)÷100×2000＝2419.16(元)

现浇混凝土板复合木模(16.76×8.04÷100)×2000＝2695(元)

现浇混凝土阳台、雨篷复合木模(8.44×25.25÷100)×500＝1065.55(元)

现浇混凝土天沟、挑檐板复合木模(3.28×18.50÷100)×2000=1213.60(元)

脚手架:157.5(建筑面积)×8=1260(元)

垂直运输机械:157.5(建筑面积)×10=1575(元)

其中:1800 元/100m²、2000 元/100m²、500 元/100m²、8 元/m²、10 元/m² 是施工企业对于复合木模、脚手架、垂直运输机械单价的估计。而 1.38、1.88、14.73、10.6、9.68、10.6、8.04、25.25、18.50 等系数参考了《浙江省建筑工程预算定额》(2003)中相应混凝土构件的模板系数。

通过估算,已知×××建筑工程直接工程和施工技术措施费中的人工费、机械费合计约为 25000 元。环境保护费、文明施工费、安全施工费、临时设施费费率可参考《浙江省建筑工程施工取费定额》(2003)取定为 0.15%、1%、0.55%、4.8%。夜间施工增加费、二次搬运费、缩短工期增加费、已完工程及设备保护费由于工程较简单可考虑忽略不计。施工组织措施费用计算如下:

环境保护费:25000×0.15%=37.50(元)

文明施工费:25000×1%=250.00(元)

安全施工费:25000×0.55%=137.50(元)

临时设施费:25000×4.8%=1200.00(元)

×××建筑工程措施项目清单计价表如表 8-5 所示。

表 8-5 ×××建筑工程措施项目清单计价

工程名称:×××建筑工程 第 1 页 共 1 页

序号	项 目 名 称	金额(元)
1	环境保护费	37.50
2	文明施工费	250.00
3	安全施工费	137.50
4	临时设施费	1200.00
5	大型机械设备进出场及安拆	0
6	混凝土、钢筋混凝土模板及支架	
	6.1 现浇混凝土基础垫层模板	204.17
	6.2 现浇混凝土独立基础模板	268.42
	6.3 现浇混凝土矩形柱复合木模	2785.48
	6.4 现浇混凝土基础梁复合木模	1954.94
	6.5 现浇混凝土矩形梁复合木模	2419.03
	6.6 现浇混凝土板复合木模	2694.59
	6.7 现浇混凝土阳台、雨篷复合木模	10655.51
	6.8 现浇混凝土天沟、挑檐板复合木模	1213.60
7	脚手架	1260
8	垂直运输机械	1575
9	夜间施工增加费	0
10	二次搬运费	0
11	缩短工期增加费	0
12	已完工程及设备保护费	0
	合 计	26655.74

(4)其他项目清单报价表的编制

其他项目清单报价表的编制根据施工单位所需实际确定,如表 8-6 所示。

表 8-6　×××建筑工程其他项目清单计价

工程名称:×××建筑工程　　　　第1页　共1页

序号	项 目 名 称	金额(元)
1	招标人部分	0
1.1	预留金	0
1.2	材料购置费	0
	小计	0
2	投标人部分	0
2.1	总承包服务费	0
2.2	零星工作项目费	2000
2.3	其他	0
	小计	2000
	合计	2000

思考题

1. 简述工程招投标的程序,并指出工程招投标的主要适用范围。
2. 简述招标文件的内容。
3. 简述“平整场地”、“挖基础土方”项目的清单计算规则与定额计算规则的差异。
4. 何谓综合单价?简述综合单价与工料单价的区别。
5. 论述以施工图预算为基础的标底的编制方法。
6. 论述以清单计价为基础的标底的编制方法,并指出与以施工图预算为基础的标底的编制之间的差异。
7. 投标报价的原则有哪些?
8. 如何确定投标报价总价?
9. 如何进行分项工程的综合单价分析?

练习题

1. 某别墅工程基础施工图如图 8-1 所示,该基础为 M5 水泥砂浆砌标准砖基础,C10 混凝土垫层 100mm 厚,基础深 1.55m。请列出项目名称、确定项目编码、列出项目特征、列出工程内容、确定计量单位、计算清单工程量、填制工程量清单项目表。

序号	项目编码	项目名称及特征	计量单位	工程量

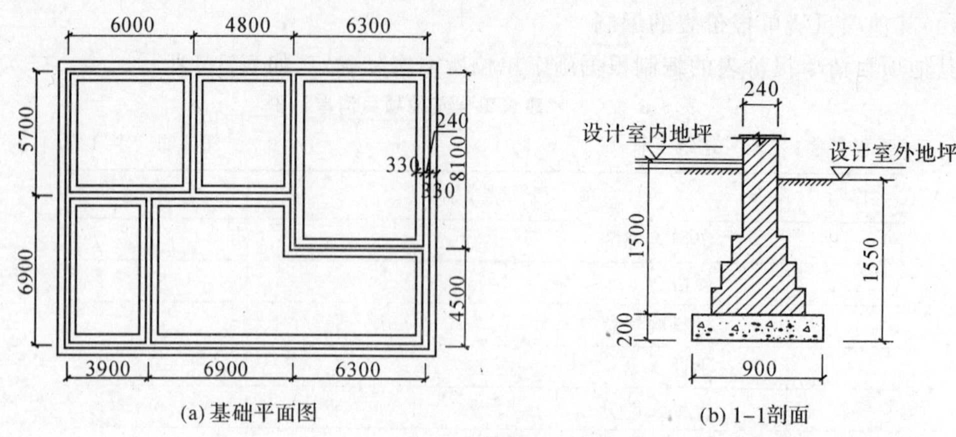

图 8-1

2. 某砖混结构住宅，预制 C20 钢筋混凝土矩形梁 20 根，其详细尺寸如图 8-2 所示。请列出项目名称、确定项目编码、列出项目特征、列出工程内容、确定计量单位、计算清单工程量、填制工程量清单项目表。

序号	项目编码	项目名称及特征	计量单位	工程量

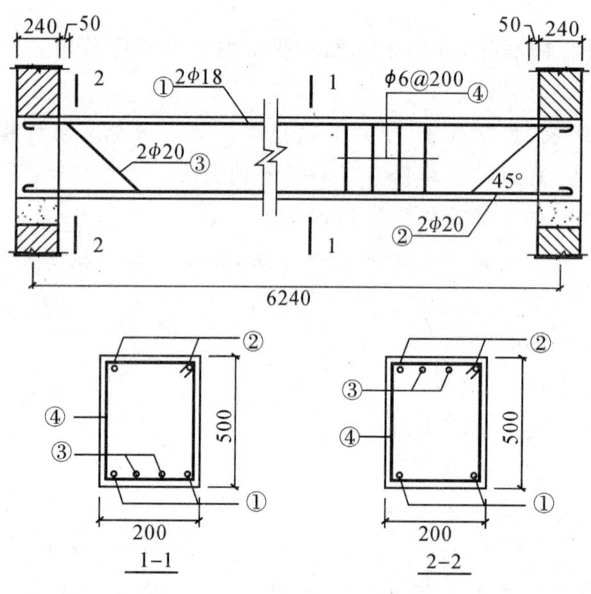

图 8-2

3. 已知某工程的工程量清单见表 8-7。

表 8-7　分部分项工程量清单

序号	项目编码	项目名称及特征	计量单位	工程数量
		A.1　土石方工程		
1	010101003001	挖基础土方 土壤类别:一二类土 基础类型:钢筋混凝土带形基础 挖土深度:2.50m	m^3	865.193
		A.3　砌筑工程		
2	010302001001	实心砖墙 砖的品种:MU10 多孔粘土砖 墙体类型:空斗墙 墙体厚度:240mm 砂浆强度等级:M5 混合砂浆	m^3	700.002
		A.4　混凝土及钢筋混凝土工程		
3	010401001001	带形基础 基础垫层:素混凝土垫层 混凝土强度等级:C20	m^2	222.506
4	010403001001	基础梁 梁底标高:−2.40m 梁截面:240×240 混凝土强度等级:C20	m^3	4.737
5	010402001001	矩形柱 柱高度:20.8m 柱截面尺寸:360×360 混凝土强度等级:C25	m^3	128.324
6	010403004001	圈梁 梁底标高:3.060m,6.360m 等共六层 梁截面:240×240 混凝土强度等级:C20	m^3	73.753
7	010405001001	有梁板 板底标高:3.180m,6.48m 等共六层 板厚:120mm 混凝土强度等级:C25		
8	010405004001	拱板 板厚:120mm 混凝土强度等级:C25	m^3	4.969
9	010406001001	直形楼梯 混凝土强度等级:C25	m^2	196.298
10	010416001001	现浇混凝土钢筋 钢筋种类:现浇构件圆钢 钢筋规格:一级钢筋	t	39.571
11	010416001002	现浇混凝土钢筋 钢筋种类:现浇构件螺纹钢 钢筋规格:二级钢筋	t	40.220
		A.7　屋面及防水工程		

续表

序号	项目编码	项目名称及特征	计量单位	工程数量
		A.7 屋面及防水工程		
12	010702003001	屋面刚性防水 防水层厚度:20cm 嵌缝材料:弹性聚氨酯填实 混凝土强度等级:C20	m^2	171.12
13	010701001001	瓦屋面 瓦品种:小青瓦 基层材料:木檩条	m^2	237.141
14	010702001001	屋面卷材防水 卷材种类:三元乙丙防水卷材	m^2	408.261
		A.8 防腐、隔热、保温工程		
15	010803001001	保温隔热层面 保温隔热方式:夹心保温 保温材料:聚苯乙烯泡沫塑料板	m^2	171.117
		B.1 楼地面工程		
16	020101001001	水泥砂浆楼地面 找平层厚 20mm 砂浆配合比:1∶2	m^2	1544.913
17	020109004001	水泥砂浆零星项目 砂浆配合比:1∶2	m^2	864.437
18	020101003001	细石砼楼地面 150mm 厚片石灌砂垫层 100mm 厚 C15 素混凝土找平层 30mm 厚细石混凝土随捣随抹	m^2	32.192
19	020105001001	水泥砂浆踢脚线 踢脚线高 120mm 1∶3 水泥砂浆底 1∶2.5 水泥砂浆面层	m^2	299.032
20	020201001001	墙面一般抹灰 砖墙面 1∶1.6 混合砂浆分层赶平 纸筋灰面	m^2	6872.879
		B.3 天棚工程		
21	020301001001	天棚抹灰 钢筋混凝土板底 纸筋混合灰浆层 1∶2 纸筋灰砂浆分层赶平	m^2	1801.726
		B.4 门窗工程		
22	020401004001	胶合板门	樘	114

续表

序号	项目编码	项目名称及特征	计量单位	工程数量
23	020402005001	塑钢门	樘	33
24	020402006001	防盗门	樘	6
25	020404003001	电动对讲门	樘	3
26	020406007001	塑钢窗	樘	94
		B.5　油漆、涂料、裱糊工程		
27	020507001001	刷喷涂料 14mm 厚水泥砂浆打底 6mm 厚水泥砂浆罩面 外墙苯丙涂料	m^2	3127.509
		合　计		

根据工程量清单完成下列项目：

(1)根据工程量清算计算下列项目的计价工程量。

(2)计算上述项目的综合单价。

(3)制作并填写分部分项工程量清单综合单价分析表。

(4)制作并填写分部分项工程量清单计价表。

(5)计算措施项目费和其他项目费(自行确定)。

(6)用清单计价模式确定承包商的工程报价。

第9章　工程结算与竣工决算

【教学目标和要求】

- 掌握工程价款的结算程序；
- 掌握工程价款的结算方法；
- 掌握工程价差的调整方法；
- 掌握竣工结算的编制内容；
- 掌握竣工结算的编制步骤。

9.1　工程结算

工程结算，亦称工程价款结算，是指依据施工合同进行工程预付款、工程进度款、工程竣工价款结算的活动。在履行施工合同过程中，工程价款结算分为预付款结算、进度款结算和竣工价款结算三个阶段。

竣工结算的分类如图9-1所示。

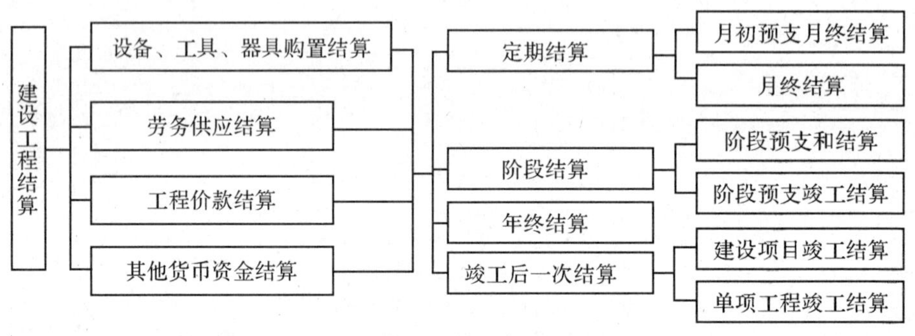

图9-1　竣工结算分类

9.1.1　工程价款的结算程序

1. 工程预付款结算

(1)工程预付款的概念

预付款是施工合同订立后由发包人按照合同约定，在正式开工前预先支付给承包人的备料款。承包人承包工程，一般实行包工包料，需要有一定数量的备料周转金，由发包人在开工前拨给承包人一定数额的预付款，构成承包人为该承包工程项目储备和准备主要材料、结构件所需的流动资金。因此，预付款习惯上称为预付备料款。预付款还可以包括开办费，供施工人员组织、完成临时设施工程等准备工作之用。例如，有的地方建设行政主管部门明确规定：临时设施费作为预付款，发包人应在开工前全额支付。

支付预付款是公平合理的，因为承包人早期使用的金额相当大，这亦是国际工程发承包的一种通行做法。预付款相当于发包人给承包人的无息贷款。国际上的工程预付款不仅有材料、设备预付款，还有为施工人员组织、完成临时设施工程等准备工作之用的动员预付款。预付款一般为合同总价的 10%～15%。世界银行贷款的工程项目，预付款较高，但不会超过 20%。近年来，国际上减少工程预付款额度的做法有扩展的趋势，一些国家纷纷压低预付款的额度，但无论如何，工程预付款仍是履行合同的基本条件。

凡是没有签订施工合同和不具备施工条件的工程，发包人不得预付备料款，不准以备料款为名转移资金；承包人收取备料款后两个月仍不开工或发包人无故不按合同规定付给备料款的，可以根据合同约定分别要求收回或拨付备料款。

(2)工程预付款的拨付

施工合同约定由发包人供应材料的，按招标文件提供的“发包人供应材料价格表”所示的暂定价，由发包人将材料转给承包人，相应的材料款在结算工程款时陆续抵扣。这部分材料，承包人不应收取备料款。预付备料款的计算公式为

$$预付备料款=施工合同价或年度建安工程费\times预付备料款额度(\%) \tag{9-1}$$

预付备料款的额度由合同约定，招标时应在合同条件中约定工程预付款的百分比，根据工程类型、合同工期、承包方式和供应方式等不同条件而定。《建设工程价款结算暂行办法》规定：包工包料工程的预付款按合同约定拨付，原则上预付比例不低于合同金额的 10%，不高于合同金额的 30%，对重大工程项目，按年度工程计划逐年预付。执行《计价规范》的工程，实体性消耗和非实体性消耗部分应在合同中分别约定预付款比例。

在具备施工条件的前提下，发包人应在双方签订合同后的一个月内或不迟于约定的开工日期前的 7 天内预付工程款；发包人不按约定预付的，承包人应在预付时间到期后 10 天内向发包人发出要求预付的通知；发包人收到通知后仍不按要求预付的，承包人可在发出通知 14 天后停止施工，发包人应从约定应付之日起向承包人支付应付款的利息(按同期银行贷款利率计取)，并承担相应的违约责任。

(3)工程预付款的扣还

备料款属于预付性质，在工程后期应随工程所需材料储备的逐步减少而逐步扣还，以抵充工程价款的方式陆续扣还。预付的工程款必须在施工合同中约定起扣时间和比例等，在工程进度款中进行抵扣。

①按公式计算起扣点和抵扣额

按公式计算起扣点和抵扣额方法的原则是：以未完工程和未施工工程所需材料价值相当于备料款数额时起扣；每次结算工程价款时，按主要材料比重扣抵工程价款，竣工时全部扣清。一般情况下，当工程进度达到 60%左右时，开始抵扣预付备料款。起扣点计算公式为

$$起扣点已完工程价值=施工合同总值-\frac{预付备科款}{主要材料比重} \tag{9-2}$$

例如，主要材料比重为 56%，预付备料款额度为 18%，则预付备料款起扣时的工程进度

为 1－(18％÷ 56％)＝67.86％，这时未完工程的 32.14％所需的主材费接近 18％(即32.14％×56％≈18％)。

结算时应扣还的预付备料款的计算公式为

第一次扣抵额＝(累计已完工程价值－起扣点已完工程价值)×主要材料比重 (9-3)

以后每次扣抵额＝每次完成工程价值×主要材料比重 (9-4)

主要材料比重可以按照工程造价中的材料费结合材料供应方式确定。

②按合同约定办法扣还备料款

按公式计算确定起扣点和抵扣额，理论上较为合理，但获得有关计算数据比较繁琐。在实际工作中，常参照上述公式计算出起扣点，在施工合同中采用约定起扣点和固定比例扣还备料款的办法，双方共同遵守。

例如，约定工程进度达到 60％，开始抵扣备料款，扣回的比例是按每完成 10％进度，扣预付备料款总额的 25％。

③工程最后一次抵扣备料款

工程最后一次抵扣备料款的方法适用于结构简单、造价低、工期短的工程。备料款在施工前一次拨付，施工过程中不分次抵扣，当备料款加已付工程款达到施工合同总值的 95％时(当留 5％尾款时)，停付工程款。

2. 工程进度款结算

工程进度款结算，也称为中间结算，指承包人在施工过程中，根据实际完成的分部分项工程数量计算各项费用，向发包人办理工程结算。工程进度款结算的核心是完成多少工程付多少款。工程进度款结算，是履行施工合同过程中的经常性工作，具体的支付时间、方式和数额等都应在施工合同中作出约定。合同工期在两个年度以上的工程，在年终应进行工程盘点，办理年度结算。

众所周知，工程施工过程必然会产生一些设计变更或施工条件变化，从而使合同价款发生变化。对此，发包人和承包人均应加强施工现场的造价控制，及时对施工合同外的事项如实记录并履行书面手续，按照合同约定的合同价款调整内容以及索赔事项，对合同价款进行调整，进行工程进度款结算。

(1)工程计量及其程序

计量支付，是指在施工过程中间结算时，工程师按照合同约定，对核实的工程量填制中间计量表，并作为承包人取得发包人付款的凭证；承包人根据施工合同所约定的时间、方式和工程师所做的中间计量表，按照构成合同价款相应项目的单价和取费标准提出付款申请；经工程师审核签字后，由发包人予以支付。

《建设工程价款结算暂行办法》对工程计量有如下规定：

①承包人应当按照合同约定的方法和时间，向发包人提交已完工程量的报告。发包人接到报告后 14 天内核实已完工程量，并在核实前 1 天通知承包人，承包人应提供条件并派人参加核实。承包人收到通知后不参加核实的，以发包人核实的工程量作为工程价款支付的依据。发包人不按约定时间通知承包人，致使承包人未能参加核实的，核实结果无效。

②发包人收到承包人报告后 14 天内未核实完工程量的，从第 15 天起，承包人报告的工程量即视为被确认，作为工程价款支付的依据。如果双方合同另有约定的，按合同执行。

③对承包人超出设计图纸(含设计变更)范围和因承包人原因造成返工的工程量,发包人不予计量。

工程计量应当注意严格确定计量内容,严格计量的方法,并且加强隐蔽工程的计量。为了切实做好工程计量与复核工作,工程师应对隐蔽工程作预先测量。测量结果必须经各方认可,并以签字为凭。

通过工程计量支付来控制合同价款,由工程师掌握工程支付签认权,约束承包人的行为,在施工的各个环节上发挥其监督和管理的作用。把工程财务支付的签认权和否决权交给工程师,对控制造价十分有利。在施工过程的各个工序上,设置由工程师签认的质量检验程序,同时设置中期支付报表的一系列签认程序;没有工程师签认的工序或分项工程检验报告的,该工序或该分项工程不得进人支付报表,且未经工程师签认的支付报表无效。这样做,能有效地控制工程造价,并提高承包人内部的管理水平。

(2)工程量价款的计算

按照施工合同约定的时间、方式和工程师确认的工程量,承包人按构成合同价款相应项目的单价和取费标准计算,要求支付工程进度款。

工程进度款的计算主要涉及两个方面:一是工程量的计量;二是单价的计算方法。施工合同选用工料单价还是综合单价,其工程进度款的计算方法不同。

在工程量清单计价方式下,能够获得支付的项目必须是工程量清单中的项目,综合单价必须按已标价的工程量清单确定。采用固定综合单价法计价,工程进度款的计算公式为

$$\text{工程进度款} = \sum(\text{计量工程量} \times \text{综合单价}) \times (1 + \text{规费费率}) \times (1 + \text{税金率}) \tag{9-5}$$

工程进度款结算的性质是按进度临时付款,这是因为在有工程变更但又未对变更价款达成协议时,工程师可以提出一个暂定的价格作为临时支付工程进度款的依据;有些合同还可能为控制工程进度而提出一个每月最低付款额,不足最低付款额的已完工程价款会延至下个月支付;另外,在按月支付时可能还存在计算上的疏漏,工程竣工结算将调整这些结算差异。

(3)工程款支付的有关规定

承包人提出的付款申请除了对所完成的工程量要求付款以外,还包括变更工程款、索赔款、价格调整等。按照《建设工程价款结算暂行办法》及其他有关规定,发承包双方应该按照以下要求办理工程支付:

①根据确定的工程计量结果,承包人向发包人提出支付工程进度款申请后 14 天内,发包人应按数额不低于工程价款的 60%,不高于工程价款的 90%,向承包人支付工程进度款。

②发包人向承包人支付工程进度款的同时,按约定发包人应扣回的预付款、供应材料款、调价合同价款、变更合同价款及其他约定的追加合同价款,与工程进度款同期结算。需要说明的是,发包人应扣回的供应材料款,应按照施工合同规定留下承包人的材料保管费,并在合同价款总额计算之后扣除,即税后扣除。

③发包人超过约定的支付时间不支付工程进度款的,承包人应及时向发包人发出要求付款的通知;发包人收到承包人通知后仍不能按要求付款的,可与承包人协商签订延期付款协议,经承包人同意后可延期支付。协议应明确延期支付的时间和从工程计量结果确认后第 15 天起计算应付款的利息(利率按同期银行贷款利率计)。

④发包人不按合同约定支付工程进度款，双方又未达成延期付款协议，导致施工无法进行的，承包人可停止施工，由发包人承担违约责任。

3. 工程竣工结算

一般地，竣工结算的程序如下：

(1)承包人提交竣工结算

承包人在工程竣工验收合格、工程竣工验收报告经发包人认可后的约定期限内(一般为28天)，向发包人递交竣工结算报告及完整的结算资料(见表9-1)，双方按照施工合同约定的合同价款及约定的合同价款调整内容，进行工程竣工结算。

表9-1 建设工程竣工结算

<table>
<tr><td colspan="4">一、原预算造价</td></tr>
<tr><td rowspan="10">二、调整预算</td><td rowspan="5">增加部分</td><td>1.补充预算</td><td></td></tr>
<tr><td>2.</td><td></td></tr>
<tr><td>3.</td><td></td></tr>
<tr><td>⋮</td><td></td></tr>
<tr><td>合计</td><td></td></tr>
<tr><td rowspan="5">减少部分</td><td>1.</td><td></td></tr>
<tr><td>2.</td><td></td></tr>
<tr><td>3.</td><td></td></tr>
<tr><td>⋮</td><td></td></tr>
<tr><td>合计</td><td></td></tr>
<tr><td colspan="4">三、竣工结算总造价</td></tr>
<tr><td rowspan="4">四、财务结算</td><td colspan="2">已收工程款</td><td></td></tr>
<tr><td colspan="2">报产值的甲供设备价值</td><td></td></tr>
<tr><td colspan="2">⋮</td><td></td></tr>
<tr><td colspan="2">实际结算工程款</td><td></td></tr>
<tr><td>说　明</td><td colspan="3"></td></tr>
<tr><td colspan="2">建设单位：
经办人：

年　月　日</td><td colspan="2">施工单位：
经办人：

年　月　日</td></tr>
</table>

如果承包人未在规定时间内提供完整的工程竣工结算资料，经发包人催促后14天内仍未提供或没有明确答复的，发包人有权根据已有资料进行审查，责任由承包人自负。

如果承包人未在规定时间内提供完整的工程竣工结算资料，造成工程竣工结算不能正常进行或工程竣工结算价款不能及时支付，发包人要求交付工程的，承包人应当交付；发包人不要求交付工程的，承包人承担保管责任。

(2)发包人核实竣工结算

发包人收到承包人递交的竣工结算报告及完整的结算资料后，在国家规定或合同约定期限内(称为答复期，一般为28天)，对结算报告及资料进行核实，给予确认或者提出修改意见。工程竣工结算文件经发包人与承包人确认即应作为竣工结算的依据。

发包人应在收到竣工结算文件后的约定期限内予以答复，逾期未答复的，竣工结算文件视为已被认可。

(3)双方协商竣工结算

发包人对竣工结算文件有异议的，应在答复期内向承包人提出，并可以在提出之日起的约定期限内(称为协商期)与承包人协商。

(4)发包人支付竣工结算款

根据确认的竣工结算报告，承包人向发包人申请支付工程竣工结算款。发包人向承包人支付工程竣工结算价款时，保留 5%左右的质量保证(保修)金，待工程交付使用一年质保期(质量缺陷保证期)到期后再清算(合同另有约定的，从其约定)。质保期内如果有返修，发生费用应在质量保证(保修)金内扣除。

发包人一般应在收到支付申请后 14 天内支付结算款，到期没有支付的应承担违约责任。承包人收到竣工结算价款后 14 天内将竣工工程交付发包人。

承包人可以催告发包人支付结算价款，如果达成延期支付协议的，发包人应按同期银行贷款利率支付拖欠工程价款的利息。如果未达成延期支付协议的，承包人可以与发包人协商将该工程折价，或申请人民法院将该工程依法拍卖，承包人就该工程折价或者拍卖的价款优先受偿。

9.1.2　工程价款的结算方法

工程进度款的结算，根据建筑生产和产品的特点，常有按月结算、分段结算、一次结算等三种结算办法，此外还有双方约定的其他方式。

1. 按月结算

按月结算是指对在建施工工程，每月由施工单位提出已完工程月报表及其工程款结算单，经建设单位签证后，交建设银行办理已完工程的工程款结算，具体做法又分以下两种：

(1)月中或月初预支部分工程款，月终一次结算。月中预支部分工程款，按当月施工计划工作量的 50%支付。施工单位根据施工图预算和月度施工作业计划，填列“工程款预支账单”，送交建设单位审查签证同意后，办理预支拨款；待至月终时，施工单位根据已完工程的实际统计进度，编制“工程款结算账单”，送交建设单位签证同意后，办理月终结算。施工单位在月终办理工程价款结算时，应将月中预支的部分工程款额抵作工程价款。

(2)月中或月初不预支部分工程款，月终一次结算。月中(或月初)不实行预支，月终施工企业按统计的实际完成分部分项工程量，编制已完工程月报表和工程价款结算账单，经建设单位签证，交建设银行审核办理结算。

对于跨年度竣工工程，由甲、乙双方进行已完和未完工程量盘点，办理年度结算，结清本年度工程款。

2. 分段结算

分段结算是指以单项(或单位)工程为结算对象，按建筑工程施工形象进度，将工程划分为几个段落进行结算。工程按进度计划规定的段落完成后，立即进行结算，所以它是一种不定期的结算方法。具体做法有以下几种：

(1)按段落预支，段落完工后结算。这种方法是根据建筑工程的特性，将在建的建筑物划分为几个施工段落，然后测算确定出每个施工段落的造价占整个单位工程预算造价的金额比重，作为每次预支金额。施工单位据此填写“工程价款预支账单”，送交建设单位签证同意后交建设银行审查并办理该阶段的结算，同时办理下一段落的预支款。

(2)按段落分次预支，完工后一次结算。这种方法与前一种方法比较，其相同点均是按段落预支；不同点是不按段落结算，而是完工后一次结算。

3. 一次结算

一次结算是指工程分次按每月预支或每阶段预支，竣工后一次结算工程的方法。分次预支，竣工一次结算。分次预支，每次预支金额数，也应与施工工程的进度大体一致。其优点是可以简化结算手续，适用于投资少(100 万元以内)、工期短(一年以内)、技术简单的工程。

9.1.3 工程价差的调整方法

调价是指因人工工资、材料价格、施工机械台班费等从预算编制期(国际惯例规定是投标截止日前 28 天)至工程竣工期这一结算期内的增减变化，按照施工合同约定允许调整的范围进行合理调整。

调价也称为动态结算，是把各种影响造价的动态因素渗透到工程结算过程中，使工程结算价能更好地反映实际消耗费用。调价体现施工合同的合理分担风险的精神。在市场经济条件下，建筑市场价格尤其是建筑材料价格随市场行情的变化而上下波动，必然造成材料的实际购买价格与预算价格或投标价格之间有差异，这种材料价格差应由谁来承担，施工合同必须有明确规定。

发包人为控制工程造价，在编制工程投资计划和招标工程标底时，应充分考虑工程实施过程中可能存在的价格差异的因素。承包人在工程投标报价时，也必须考虑应该承担的风险。施工合同必须明确施工期间价格变动的结算方法，以便进行工程结算。

调价结算主要存在于可调价合同，但固定价合同可能也会遇到规定的承包风险范围之外的调价。工程价款是否实行调价结算以及采用什么方法结算应在施工合同中明确规定。

1. 实际价格结算法

实际价格结算法在国际惯例中称为“票据法”。

如果施工合同规定，对一些主要工程材料(如钢材、木材、水泥等)及市场价格变化幅度大的特殊材料的价格按实际价格结算，承包人可凭发票按实报销。这种方法操作方便，但由于是实报实销，因而承包人对降低成本不感兴趣。实行按实际价格结算，施工合同一般规定承包人在采购前要先经发包人核价。

(1)实际价格结算的要素

显然，确定施工合同中的预算价格(或投标价格)和证实采购的实际价格是这一结算法的两大要素。承包人为证明实际采购价格的真实性，必须保存所有有关发票、收据、订货单、账簿、账单、其他文件或记录以及发包人要求的其他信息。按实结算法，应当注意以下问题(按照定额计价法)。

①材料消耗量的确定应以预算用量为准

影响材差计算正确与否的关键因素之一是材料消耗量，应以预算用量为准。

钢材用量应按设计图纸要求计算重量，套用相应定额求得总耗用量。使用含钢量方法报价的，竣工结算时亦应依设计图纸调整。值得注意的是，在实际工作中，钢材的消耗量可能有三种不同的用量：一是按图计算的用量；二是根据定额(含钢量)计算出的定额用量；三是承包人购买量。在计算材差时，只能取按图计算量。除非有特殊原因，例如：能采购到的钢材直径或类型与图纸要求不一致需要替换，钢材的理论重量与实际重量不一致等，否则无论承包人实际购买了多少吨钢材，均不予以承认，只按设计用量计算。造成购买量与实用量不同的原因很多，例如：材料现场管理不严，丢失严重；施工技术不过硬，造成实际施工损耗增大；将该批购买钢材的一部分挪用到另外的工程项目等等。

木材主要用于制作木门窗、木结构构件、木墙裙等，预算木材用量均为规格材用量。如果木结构部位的实际作法与定额要求完全一致，则木材的定额消耗量即为木材的实际用量（已含损耗量在内）。如果木材断面尺寸、作法等与定额规定作法不一样，则按定额规定进行调整。

在水泥制品中所使用的水泥标号若与定额规定标号完全一致，且水泥制品的制作要求也同定额，则水泥用量按定额消耗量标准计算。如果与定额规定不符，则按定额规定进行调整。

其他特殊材料需要量一般按图纸用量与定额规定的损耗率标准计算的损耗量之和计算。

②按实结算部分材料实际价格的确定

材差按实调整的关键是要掌握市场行情，把所定的实际价格控制在市场平均价格范围内。

建筑材料的实际价格应首先用同时期的材料指导价或信息价为标准进行衡量。如果承包人能够出具材料购买发票，且经核实材料发票是真实的，则按照发票价格，考虑运杂费、采购保管费，测定实际价。但如果发票价格与同质量的同种材料的指导价相差悬殊，并且没有特殊原因的话，不认可发票价，因为，这种发票不具有真实性。因此，确定建筑材料实际价格，应综合参考市场标准与购买实际等多种因素测定，以保证材料成本计算的准确与合理。

③材料购买的时间性

材料的购买时间应与工程施工进度基本吻合，即按施工进度要求，确定与之相适应的市场价格标准，但如果材料购买时间与施工进度之间偏差太大，导致材料购买的真实价格与施工时的市场价格不一致，也应按施工时的市场价格为依据进行计算。

(2)单项材料价差调整

工程主要材料和特殊材料一般采用单项调差法计算材差。

单项材料价差调整，也叫抽料补差，是指按照结算期内已完工程的材料用量乘以价差予以调差，是对施工合同允许调价的各种材料逐一调整价格差异，其计算方法是：根据材料分析得到材料预算用量，乘以该项材料调整前后的价差，即得单项材料的价差。调整前的材料价格为合同约定的主要材料价格表中明列的材料投标价格（即预算价格），调整后的材料为经发包人或其授权的工程师确认的材料实际采购价格（即核定价格）。计算公式为

$$\text{各项材料预算用量} = \sum \text{结算期内已完分项工程工程量} \times \text{定额用量} \tag{9-6}$$

$$\text{单项材料价差调差值} = \sum (\text{核定价格} - \text{预算价格}) \times \text{相应材料预算用量} \tag{9-7}$$

例如，某工程钢材预算用量 150t，核定价格为 3520 元/t，预算价格为 2800 元/t，则钢材价差为(3520－2800)×150＝108000(元)。

(3)按调价文件指导价结算

按调价文件指导价结算材差的方法在定额计价法中最为常用。

发包人、承包人双方采取按工程发包当时的预算价格签订施工合同，在履行施工合同期

内，按照工程造价管理机构调价文件规定的指导价格，进行单项价差调整。这种指导价格一般是与竣工调价系数同时定期发布。

在操作中，发包人在招标文件中列出需要调整的主要项目表及其基期价格（一般采用当时当地工程造价管理机构公布的信息价或指导价），工程竣工结算时按竣工当时当地工程造价管理机构公布的指导价，与招标文件中列出的基期价比较计算差价。

2. 调价系数结算法

(1)系数法调价的基本方法

采用定额计价法，施工合同双方应以预算价作为合同的承包价，在合理的工期内按当地工程造价管理机构规定的调价系数对原合同造价在预算价格的基础上，调整由于建筑材料市场价格上涨等因素造成的价差。调整系数的计算基础一般为直接工程费或材料费。

调价系数法的主要公式如下：

$$\text{结算期定额直接工程费}=\sum\text{结算期已完分项工程工程量}\times\text{定额工料单价} \tag{9-8a}$$

$$\text{调价值}=\text{结算期定额直接工程费}\times\text{调价系数} \tag{9-9a}$$

或

$$\text{结算期定额材料费}=\sum\text{结算期已完分项工程工程量}\times\text{定额材料费单价} \tag{9-8b}$$

$$\text{调价值}=\text{结算期定额材料费}\times\text{调价系数} \tag{9-9b}$$

建筑工程中的次要材料一般采用系数法调差。

应用调价系数结算法，要求认真核实在每一结算期内的已完工程量。

调价系数按不同建筑物结构类型、建筑面积、高度及工程种类如土建、水、暖、通风空调、电气等，由当地工程造价管理机构分别制定和定期公布，并规定调价计算方法及有关计算口径。

由于材料品种繁多，一般选定若干种材料作为调整的范围，并按材料价差占直接工程费（或材料费）的百分比来确定调价幅度，这个调价幅度即为调价系数。

调价系数是根据典型工程的各种材料消耗量制定的，而这种消耗量与具体工程结算期内的材料消耗量差别较大，例如：主体混凝土结构施工期间主要消耗水泥、石子、黄砂等，砌筑砖砌体期间主要消耗砖、水泥、黄砂、石灰（膏）等。因此，用调价系数法结算只能相对合理地反映工程造价的价差。

(2)系数法调价的分析

用调价系数法进行价差调整，具有综合性强，使用方便的特点。但实践表明，由于工程设计标准、材料消耗内容变化、综合采价水平等因素，该法调整的偏差较大。

采用调价系数法造成偏差值较大的主要原因在于：某个在建工程项目与选择测算系数的典型工程不一定接近；同类工程由不同的设计院或设计人员设计，采用的结构形式和建筑风格不同，其材料含量也不尽相同；同类工程在不同地点的规划要求不同或发包人使用功能及装饰要求不同，使直接工程费产生了较大的差距。

例 9-1 有三个工程采用不同的设计标准，材差调整计算如表 9-2 所示。

表 9-2　材料差价计算示例　单位:万元

工程项目	一般费用	设计标准因素			直接工程费小计	材差调整系数(20%)	合计价
		高档	中档	低档			
甲	100	50			150	30	180
乙	100		25		125	25	150
丙	100			0	100	20	120

解:从表 9-2 中可以看出,甲、乙、丙三个工程仅因为设计标准因素的变化,直接影响到材料价差的调整结果。如果再加上建筑师的创作思想和设计水平不同,而导致材料含量不同,其偏差值将会更大。因为在设计标准较高的材料中,大理石、花岗岩、马赛克、瓷砖、铝合金门窗等材料费是系数法计算材料价差的基数,而这些材料的价差还要按实进行单项调整。

又例如,某功能基本相同的两幢民用混合结构的七层住宅楼计 $3000m^2$。甲幢地基条件较好,设计中采用了钢筋混凝土带形基础,$1m^2$ 建筑面积用钢量 15 kg,共计 45t,耗钢量处于一般住宅工程的下限值。乙幢地基条件较差,设计中采用了钢筋混凝土整板基础,上部结构中构造柱、圈梁钢筋普遍加大,底层墙体也增加了加固钢筋,$1m^2$ 建筑面积用钢量 40 kg,共计 120t,耗钢量处于一般住宅工程的上限值。如果典型工程测算是用 $1m^2$ 建筑面积用钢量 25kg,共计 75t,处于中值水平。这样,甲、丙两幢住宅的用钢量分别与典型工程中值差距为 −30t 和 +45t,而材差调整系数与直接工程费挂钩后,仅结构设计中钢材用钢量造成的材料差价计算值就有较大偏差。

材差系数的调整中,主要材料含量和价值越高,而得到的补差越多;反之,一般地方材料含量多,实际得到的补差并不多,形成了苦乐不均的现象。由此可见,工程主要材料含量多少、直接工程费高低往往使一些承包人因材差调整的原因出现亏损或非正常的盈利现象,使得一些承包人不得不把竞争的焦点放在结构类别或设计标准较高的工程上。

3. 调价公式法

调价公式法又称动态结算公式法、调值公式法。应用调价公式法进行动态结算是一种很好的方法,正在逐步得到应用。

国际惯例中一般采用调价公式法对已完工程进行结算,并且绝大多数情况是在签订合同中就规定了明确的调价公式。调价公式是一个线性公式,调价金额与物价上涨成正比,即物价上涨越多,调价越多。

9.2　竣工决算

建设项目竣工决算是指所有建设项目竣工后,建设单位按照国家有关规定,对新建、改建和扩建工程建设项目在竣工验收阶段编制的竣工决算报告的活动。

建设项目竣工决算有如下作用:

(1)建设项目竣工决算是综合、全面地反映竣工项目建设成果及财务情况的总结性文件。它采用货币指标、实物数量、建设工期和各种技术经济指标综合、全面地反映建设项目自开始建设到竣工为止的全部建设成果和财物状况。

(2)建设项目竣工决算是办理交付使用资产的依据,也是竣工验收报告的重要组成部分。

(3)建设项目竣工决算是分析和检查设计概算的执行情况,考核投资效果的依据。

9.2.1 竣工决算的编制依据

一般地,建设工程竣工决算的主要依据包括:

(1)经批准的可行性研究报告及其投资估算书;

(2)经批准的初步设计及其概算(或扩大初步设计及其修正概算书);

(3)经批准的施工图设计及其施工图预算书;

(4)设计交底或图纸会审会议记要;

(5)招投标的标底、承包合同、工程结算资料;

(6)施工记录或施工签证单及其他施工发生的费用记录如索赔报告与记录、停(交)工报告等;

(7)竣工图及各种竣工验收资料;

(8)历年基建资料、历年财务决算及批复文件;

(9)设备、材料调价文件和调价记录;

(10)有关财务核算制度、办法和其他有关资料、文件等。

9.2.2 竣工决算的编制内容

竣工决算由“竣工决算报表”和“竣工情况说明书”两部分组成。

一般大、中型建设项目的竣工决算报表包括:竣工工程概况表、竣工财务决算表、建设项目交付使用财产总表和建设项目交付使用财产明细表等。

小型建设项目的竣工决算报表一般包括:竣工决算总表和交付使用财产明细表两部分。除此以外,还可以根据需要,编制结余设备材料明细表、应收应付款明细表、结余资金明细表等,将其作为竣工决算表的附件。

大、中型和小型建设项目的竣工决算包括建设项目从筹建开始到项目竣工交付生产使用为止的全部建设费用,其内容包括以下四个方面:

(1)竣工决算报告情况说明书

竣工决算报告情况说明书主要反映竣工工程建设成果和经验,是对竣工决算报表进行分析和补充说明的文件,是全面考核分析工程投资与造价的书面总结,其内容主要包括:

①建设项目概况,对工程总的评价;

②资金来源及运用等财务分析;

③基本建设收入、投资包干结余、竣工结余资金的上交分配情况;

④各项经济技术指标的分析;

⑤工程建设的经验及项目管理和财务管理工作以及竣工财务决算中有待解决的问题;

⑥需要说明的其他事项。

(2)竣工财务决算报表

竣工决算报表应根据建设项目的规模,分别编制大中型建设项目竣工决算表和小型建设项目竣工决算表。

①大中型建设项目竣工决算表,包括竣工工程概况表,见表 9-3;竣工财务决算表,见表 9-4;交付使用资产总表,见表 9-5。

表 9-3　大、中型建设项目竣工工程概况表

建设项目（单项工程）名称			建设地址				
主要设计单位			主要施工企业				
	计划	实际	总投资/万元	设计		实际	
占地面积(m²)				固定资产	流动资产	固定资产	流动资产
新增生产能力	能力（效益）名称		设计	实际			
建设起止时间	设计		从　年　月开工至　年　月　竣工				
	实际		从　年　月开工至　年　月　竣工				
设计概算批准文号							
完成主要工程量	建设面积/m²		设备/台套吨				
	设计	实际	设计			实际	
收尾工程	工程内容		投资额			完成时间	

	项目	概算	实际	主要指标
基建支出	建筑安装工程			
	设备、工具、器具			
	待摊投资 其中：建设单位管理费			
	其他投资			
	待核销基建支出			
	非经营项目转出投资			
	合计			

	名称	单位	概算	实际
主要材料消耗	钢材	t		
	木材	m²		
	水泥	t		
主要技术经济指标				

表 9-4 大、中型建设项目竣工财务决算表

资金来源	金额	资 金 运 用	金额	补充资料
一、基建拨款		一、基本建设支出		1.基建投资借款期末余额
1.预算拨款		1.交付使用资产		
2.基建基金拨款		2.在建工程		2.应收生产单位投资借款期末余额
3.进口设备转账拨款		3.待核销基建支出		
4.器材转账拨款		4.非经营项目转出投资		3.基建结余资金
5.煤代油专用基金拨款		二、应收生产单位投资借款		
6.自筹资金拨款		三、拨款所属投资借款		
7.其他拨款		四、器材		
二、项目资本		其中:待处理器材损失		
1.国家资本		五、货币资金		
2.法人资本		六、预付及应收款		
3.个人资本		七、有价证券		
三、项目资本公积		八、固定资产		
四、基建借款		1.固定资产价值		
五、上级拨入投资借款		减:累计折旧		
六、企业债券资金		2.固定资产净值		
七、待冲基建支出		3.固定资产清理		
八、应付款		4.待处理固定资产损失		
九、未交款				
1.未交税金				
2.未交基建收入				
3.未交基建包干节余				
4.其他未交款				
十、上级拨入资金				
十一、留成收入				
合 计		合 计		

表 9-5 大、中型建设项目交付使用资产总表

单项工程项目名称	总计	固 定 资 产					流动资产	无形资产	递延资产
		建筑工程	安装工程	设备	其他	合计			
1	2	3	4	5	6	7	8	9	10

支付单位盖章 年 月 日 接收单位盖章 年 月 日

竣工工程概况表是用设计概算所确定的主要指标与实际完成的各项主要指标进行对比,以说明大中型建设项目概况。其内容一般有占地面积、新增生产能力、建设时间、完成主要工程量、建筑面积和设备、收尾工程、建设成本、主要材料消耗、主要技术经济指标等。

竣工财务决算表采用基建资金来源合计等于基建资金运用合计的平衡表形式,来反映竣工的大中型建设项目的全部资金来源和资金运用情况。

交付使用资产总表反映竣工大中型建设项目交付使用固定资产和流动资产的详细内容。

②小型建设项目竣工决算表，包括竣工决算总表（见表 9-6），交付使用财产明细表（见表 9-7）。

表 9-6　小型建设项目竣工决算总表

建设项目名称				建设地址				资　金　来　源		资　金　运　用	
初步设计概算批准文号								项　目	金额/元	项　目	金额/元
								一、基建拨款 其中：预算拨款		一、交付使用资产	
占地面积（m^2）	计划	实际	总投资/万元	设　计		实　际				二、待核销基建支出	
				固定资产	流动资金	固定资产	流动资金	二、项目资本		三、非经营项目转出投资	
								三、项目资本公积			
新增生产能力	能力（效益）名称		设计	实　际				四、基建借款		四、应收生产单位投资借款	
								五、上级拨入借款			
建设起止时间	设　划		从　年　月开工至　年　月　竣工					六、企业债券资金		五、拨付所属投资借款	
	实　际		从　年　月开工至　年　月　竣工					七、待冲基建支出		六、器材	
基建支出	项　目				概算/元		实际/元	八、应付款		七、货币资金	
	建筑安装工程							九、未付款 其中： 未交基建收入 未交包干收入		八、预付及应收款	
	设备工器具									九、有价证券	
	待摊投资 其中：建设单位管理费									十、原有固定资产	
								十、上级拨入资金			
	其他投资							十一、留成收入			
	待核销基建支出										
	非经营项目转出投资										
	合计							合计		合计	

竣工决算总表反映竣工小型建设项目的概况、全部资金来源和资金运用情况。其内容一般有占地面积、新增生产能力、建设时间、建设成本、资金来源、资金运用等。

支付使用财产明细表反映竣工小型建设项目交付使用的固定资产和器具、工具、家具的详细内容。

表 9-7　交付使用财产明细表

单项工程项目名称	建筑工程			设备、工具、器具、家具					流动资产		无形资产		递延资产	
	结构	面积/m²	价值/元	规格型号	单位	数量	价值/元	设备安装费/元	名称	价值/元	名称	价值/元	名称	价值/元
合计														

支付单位盖章　　年　月　日　　　接收单位盖章　　年　月　日

此外，建筑施工企业也依照单位工程进行竣工成本决算，其决算以表格形式表达，如表 9-8 所示，它反映了单位工程预算成本、实际成本和成本降低情况。

表 9-8　单位工程竣工成本决算表

建设单位：××××　　　　开工日期　　年　　月　　日

工程名称：住宅

工程结构：砖混　建筑面积：2696.82m²　　　　竣工日期　　年　　月　　日

成本项目	预算成本	实际成本	降低额	降低率（%）	人工材料机械使用分析	预算用量	实际用量	实际用量与预算用量比较	
								节约或超支	节约或超支率（%）
人工费	88484	87799	685	0.8	材料				
材料费	1078836	1052082	26754	2.5	钢材	290t	286t	4	1.4
机械费	144183	156557	−12374	−8.6	木材	195m³	195m³	2	1.0
其他直接费	5926	6197	−271	−4.6	水泥	484t	491t	−7	−1.4
直接成本	1317429	1302635	14794	1.1	砖	1293千块	1277千块	16	1.2
施工管理费	239758	235008	4750	1.98	砂	544m³	564m³	−20	−3.7
其他间接费	79039	82252	−3213	−4.1	石子	467t	483t	−16	−3.4
资金		3921			沥青	20t	19t	1	5
总计	1636226	1623816	12410	0.75	生石灰	115t	109t	6	32
预算总造价 1752931元（土建工程费用） 单方造价 650.00元/m² 单位工程成本　预算成本606.72元/m² 实际成本602.12元/m²					人工	18363工日	18510工日	−147	−0.8
					机械费	144183	156557	−12374	−8.6

9.2.3　竣工决算的编制步骤

竣工决算可按以下步骤进行编制。

(1)收集、整理、分析原始资料。从工程开始就按编制依据的要求，收集、清点、整理有关资料，如设计文件、施工记录、上级批文、概(预)算文件、工程结算的归集整理，财务处理、财产物资的盘点核实及债权债务的清偿，做到账账、账证、账实、账表相符。对各种设备、材料、工具、器具等要逐项盘点核实并填列清单，妥善保管，或按照国家有关规定处理，不准任意侵占和挪用。

(2)工程对照、核实工程变动情况，重新核实各单位工程、单项工程造价。将竣工资料与原设计图纸进行查对、核实，必要时可实地测量，确认实际变更情况；根据经审定的施工单位竣工结算等原始资料，按照有关规定对原概(预)算进行增减调整，重新核定工程造价。

(3)经审定的待摊投资、其他投资、待核销基建支出和非经营项目的转出投资，按照国家财政部印发的财基字[1998]4 号关于《基本建设财务管理若干规定》的通知要求，严格划分和核定后，分别计入相应的基建支出(占用)栏目内。

(4)编制竣工财务决算说明书。按前面已述要求编制，力求内容全面、简明扼要、文字流畅、说明问题。

(5)认真填报竣工财务决算报表。

(6)认真作好工程造价对比分析。

(7)清理、装订好竣工图。

(8)按国家规定上报审批，存档。

思考题

1. 竣工结算常见的方式有哪些？
2. 简述工程备料款、工程进度款、竣工结算的程序。
3. 工程价差调整有哪些常见的方法？
4. 怎样编制工程竣工决算表？
5. 比较竣工结算和竣工决算。

参考文献

[1] 中华人民共和国建设部标准定额研究所.建设工程工程量清单计价规范(GB 50500—2003).北京:中国计划出版社,2003

[2] 中华人民共和国建设部标准定额研究所.建设工程工程量清单计价规范(GB 50500—2003)宣贯辅导教材.北京:中国建筑工业出版社,2003

[3]《浙江省建筑工程预算定额》(上、下册).北京:中国计划出版社,2003

[4] 郑君君等.工程估价.武汉:武汉大学出版社,2004

[5] 杨博.工程造价咨询.合肥:安徽科学技术出版社,2004

[6] 严玲等.工程造价导论.天津:天津大学出版社,2004

[7] 何康维等.建设工程计价原理与方法.上海:同济大学出版社,2004

[8] 中国建设工程造价管理协会.建设工程造价管理相关文件汇编.北京:中国计划出版社,2004

[9] 胡琼等.工程量清单计价造价员培训教程——建筑工程.北京:中国建筑工业出版社,2004

[10] 计富元.工程量清单计价编制与典型实例应用图解－建筑工程.北京:中国建材工业出版社,2005

[11] 李建峰.工程计价与造价管理.北京:中国电力出版社,2005

[12] 曾繁伟.工程估价学.北京 中国经济出版社,2005

[13] 闫瑾.建筑工程计量与计价.北京:机械工业出版社,2005

[14] 谭大璐.工程估价.北京:中国建筑工业出版社,2005

[15] 郭婧娟.工程造价管理.北京:清华大学出版社,2005

[16] 沈杰.工程估价.南京:东南大学出版社,2005

[17] 严玲等.工程计价学.北京:机械工业出版社,2006

[18] 全国造价工程师考试培训教材编审委员会.工程造价计价与控制.北京:中国计划出版社,2006

[19] 全国造价工程师考试培训教材编审委员会.工程造价案例分析.北京:中国城市出版社,2006

[20] 全国造价工程师执业资格考试培训教材编审委员会.建设工程技术与计量.北京:中国计划出版社,2006